数据工程师系列精品教材

总主编　肖红叶

应用概率基础

主　编　罗良清

副主编　徐慧植　刘　展

科学出版社

北　京

内 容 简 介

本书主要介绍概率论和随机过程的基础知识和基本概念，内容包括概率论和随机过程两部分. 第 1~5 章介绍概率论的基本概念及定理，主要包括随机事件与概率、离散型随机变量及其分布、连续型随机变量及其分布、随机变量的数字特征、大数定律与中心极限定理；第 6 章介绍随机过程的基本概念、泊松过程、马尔可夫过程、鞅、布朗运动、随机积分和伊藤公式. 各章节在叙述上均按由浅入深、由简入繁的渐进模式展开，理论严谨、文字通俗. 各章节均配有习题，便于读者自学提高. 本书注重应用，不过多强调理论，读者具备高等数学、线性代数和初等概率论的知识，就可阅读全书.

本书可作为非数学类专业研究生应用概率论课程的教材，也可作为非数学类专业研究生、理工科专业高年级本科生和从事相关工作的科技工作者的参考用书.

图书在版编目(CIP)数据

应用概率基础/罗良清主编. —北京：科学出版社，2021.3
数据工程师系列精品教材/肖红叶总主编
ISBN 978-7-03-068376-2

Ⅰ. ①应… Ⅱ. ①罗… Ⅲ. ①概率论-应用-教材 Ⅳ. ①O211.9

中国版本图书馆 CIP 数据核字 (2021) 第 046200 号

责任编辑：方小丽 孙翠勤 / 责任校对：贾娜娜
责任印制：张 伟 / 封面设计：蓝正设计

科学出版社 出版
北京东黄城根北街 16 号
邮政编码：100717
http://www.sciencep.com

北京中科印刷有限公司 印刷
科学出版社发行 各地新华书店经销
*
2021 年 3 月第 一 版 开本：787 × 1092 1/16
2021 年 3 月第一次印刷 印张：11 1/2
字数：270 000

定价：39.00 元

(如有印装质量问题，我社负责调换)

“数据工程师系列精品教材”
编审委员会

总 序

经过近 6 年的工作, 这套以 "数据工程师" 命名的系列教材付印出版了. 教材是以经济领域大数据应用本科专业教学为目标的. 但因该系列教材集中在相关技术主题, 也应该适用于其他领域大数据应用的学习参考. 当然这取决于教材内容能否满足其他领域大数据应用的要求. 经受住教学及其学生就业适应性的检验, 一直是教材编写的重压. 核心在于对大数据应用的认知, 总是滞后大数据技术的进步及其应用场景的多样化扩张. 教材只能以一定的基础性和通用性应对, 并及时迭代. 即使如此, 相关编写内容的选择, 也考察编写者对大数据应用目标与发展趋势大背景及人才培养创新探索的理解与把握.

一、时代背景

2010 年前后, 计算机网络数据技术及其应用大爆发, 大数据概念问世. 涌现出在 "大数据" 认知中造梦追梦的激情潮流. 相应搜集、处理和深度分析大数据的专业技术人才受到热捧追逐. 一晃十年. 虽然目前该技术驱动出现网购、社交、金融、教育医疗、智慧城市等一系列新商业模式和新兴产业, 引发传统生产、生活方式发生深刻变革, 但其仍然没有破除生产率悖论①②, 成长为推动实体经济整体发展的通用技术③. 原因在于, 不同于以物质和能量转换为特征的历次技术产业革命, 信息技术是以智能化方式释放出历次产业革命所积蓄的巨大能量的. 但其能量释放机制高度复杂, 远非传统生成要素重新组合就能解决问题. 信息技术与传统领域融合, 需要基于以新技术、新基础设施和新要素组织机制构成的新技术经济范式的创建④. 新范式应该包括相关人才支撑及其培养机制.

2015 年, 我国提出实施大数据战略. 2017 年, 习近平总书记就实施国家大数据战略主

---

① John L. Solow. 1987. The capital-energy complementarity debate revisited. The American Economic Review, 77(4): 605-614.

② Tyler Cowen. 2011. The Great Stagnation: How America Ate All the Low-Hanging Fruit of Modern History, Got Sick, and Will Feel Better. Dutton.

③ Andrew G. Haldane. 2015. How low can you go?. https: //www.bankofengland.co.uk/-/media/boe/files/speech/2015/how-low- can-you-can-go.pdf.

④ Carlota Perez. 2008. The Big Picture: More Than 200 Years of Financial Bubbles, Where are We now and Where Will We end up? Harvard Business School's 100th Anniversary, Oslo Conference, September [EB/OL]. http: //www.konverentsid.ee/files/doc/Carlota Perez.pdf.

持中共中央政治局第二次集体学习时就指出, 要构建以数据为关键要素的数字经济, 推动互联网、大数据、人工智能同实体经济深度融合, 并要求培育造就一批大数据领军企业, 打造多层次、多类型的大数据人才队伍. 国务院则在 2015 年 8 月 31 日印发《促进大数据发展行动纲要》①, 专门提出创新人才培养模式, 建立健全多层次、多类型的大数据人才培养体系, 鼓励高校设立数据科学和数据工程相关专业, 重点培养专业化数据工程师等大数据专业人才的规划要求.

二、教学创新探索

2013 年 10 月, 中国统计学会在杭州以 "大数据背景下的统计" 为主题召开第十七次全国统计科学讨论会. 众多著名专家学者深入讨论了大数据背景下政府统计变革等问题, 发出经济统计应对大数据的呼吁. 天津财经大学迅速响应, 在时任副校长兼任珠江学院院长高正平教授支持下, 经过大量调查研究, 以经济管理领域大数据应用技术专业人才培养为目标, 开始经济统计学专业对接大数据的改革探索, 形成 "数据工程" 专业方向培养方案. 2015 年, 天津财经大学珠江学院和统计学院启动改革实践, 引发国内同行热切反响. 2016 年 1 月, 天津财经大学在珠江学院召开教学会议, 联合江西财经大学、浙江工商大学、浙江财经大学、河南财经政法大学、内蒙古财经大学、河南大学以及国家统计局统计教育培训中心、科学出版社等 26 所高校和机构, 共同发起成立 "全国统计学专业数据工程方向教学联盟", 通过了联合推进教学改革的计划. 2016 年 7 月, 在浙江工商大学召开教学联盟第二次会议, 47 所高校参会, 讨论了课程体系及其主要课程教材大纲, 成立教材编写委员会, 建议进一步推进高校经济管理各专业学生数据素质培养教学活动. 天津财经大学数据工程教学改革取得较好实践效果, 2018 年获天津市优秀教学成果一等奖. 其中数据工程人才培养定位、主要技术课程及教学内容是改革探索的核心, 也是这套系列教材形成的具体背景.

三、"数据工程" 定位

"数据工程" 定位基于两方面考虑.

其一, "工程" 概念是以科学理论应用到具体产品生产过程界定的. "数据工程" 定位在大数据的应用, 就是通过开发从数据中获取解决问题所需信息的技术, 为用户提供信息与服务产品. 其直接产生数据的信息价值, 具体体现数据要素的生产力. 另外, 鉴于数据存在非竞争和非排他性, 规模报酬递增性, 多主体交互生成与共享的权属难以界定性, 以及可无限复制性等基本特征, 一般性掌握原生数据并没有现实意义, 数据价值来自从中获取的能够驱动行为的信息. 数据配置交易一般通过提供数据的信息服务产品, 特别是以长期服务方式完成. 数据工程开发产品为数据要素实现市场配置提供了基础支撑.

其二, 标示与 "数据科学" 区分. 早年分别基于计算机科学与数理统计学体系的理解, 由图灵奖获得者诺尔②和著名统计学家吴建福③提出的 "数据科学" 概念, 历经多年沉寂,

① 国务院关于印发促进大数据发展行动纲要的通知. http: //www.gov.cn/zhengce/content/2015-09/05/content_10137. htm.

② Peter Naur. 1974. Concise survey of computer methods Hardcover, Studentlitteratur, Lund, Sweden, ISBN 91-44-07881-1.

③ 吴建福. 从历史发展看中国统计发展方向 [J]. 数理统计与管理, 1986, (1): 1-7.

在大数据背景下爆发[①②③]. 统计学在数据科学概念上与计算机科学产生交集. 但两个学科的数据科学概念解读并不一致. 其中, 计算机科学偏向为将数据问题纳入系统处理架构研究提供一个概念框架. 统计学偏向开展促进大数据技术发展的方法论理论研究. 计算机的系统架构研究和统计的基础理论研究非常重要. 数据科学家是国家实施大数据战略需要的高端人才. 当前大数据底层系统技术进展迅速, 通用化瓶颈在于其与实体领域的融合应用. 我国经济与产业体系规模决定了大数据领域应用对应的各类型、各层次专业人才需求场景扩展迅速, 相应人才需求空间足够大并存在长期短缺趋势. 培养大批掌握成熟数据技术, 并能够在领域中发挥应用创新作用的 “数据工程师”, 是我国较长时期就业市场的选择.

四、主要课程

主要课程解决三方面问题.

其一, 总体要求课程设置涵盖大数据应用三阶段全流程. 第一阶段是领域主题数据生成. 支撑领域用户信息需求主题的形成, 及其对应原生数据的采集与搜集. 第二阶段是数据组织与管理. 保障大数据应用资源合理配置, 方便使用. 第三阶段是数据信息获取. 产生信息产品与服务, 实现数据要素价值.

其二, 课程结构及内容调整重组. 这是基于大数据应用流程, 将应用领域、计算机和统计学三个专业课程汇集到数据工程专业后, 教学课时总量约束要求的. 重组原则为在适用性基础上, 兼顾知识体系的基础性和系统性.

(1) 领域课程. 以经济学等基础课为主体, 精炼相关专业课程.

(2) 计算机课程. 其覆盖大数据应用全流程, 且工程技术专业定位决定其专业基础仍然紧密联系应用. 相关课程包括计算机基础、Python 程序设计和计算机网络等基础课程, 数据库原理与应用以及信息系统安全等数据组织管理课程, 数据挖掘技术和深度学习、文本数据挖掘和图像数据挖掘以及数据可视化技术等数据信息获取技术课程.

(3) 统计课程分为基础与应用两组. 基础包括应用概率基础和应用数理统计. 前者以概率论为主体加入随机过程基本概念. 后者综合数理统计、贝叶斯统计和统计计算三部分内容. 应用包括三门统一命名的统计建模技术 (I　II　III). 其中 I 为多元统计建模与时间序列建模, II 为离散型数据建模与非参数建模, III为抽样技术与试验设计. 另外还有统计软件应用课程.

其三, 注重实践操作. 这是应用人才的规定. 除课程中包含实践教学环节之外, 独立开设程序设计实践、数据库应用实践、数据分析实践等课程. 引入真实数据, 提高学生实际数据感知能力.

五、系列教材

有关系列教材, 做如下两点说明.

---

① Thomas H. Davenport and D. J. Patil. 2012. Data scientist: the sexiest job of the 21st century. Harvard Business Review, 90(10): 70-76, 128.

② Chris A. Mattmann. 2013. A vision for data science. Nature, 493: 473-475.

③ Vasant Dhar. 2013. Data Science and Prediction, Communications of the ACM. https://doi.org/10.1145/2500499.

其一, 关于系列教材组成及特点. 课程结构及其内容调整重组后, 教学面临对应的教材问题. 基于统计学专业改革背景, 以能够较好把握为出发点, 从统计课程和关联性较强的部分计算机数据处理技术切入教材编写. 该系列教材第一批由《应用数据工程技术导论》《数据挖掘技术》《深度学习基础》《图像数据挖掘技术》《数据可视化原理与应用》《应用概率基础》《应用数理统计》《统计建模技术 I —— 多元统计建模与时间序列建模》《统计建模技术 II —— 离散型数据建模与非参数建模》《统计建模技术 III —— 抽样技术与试验设计》《数据分析软件应用》11 本组成. 其特点总体表现在, 基于实际应用需要安排教材框架, 精炼相关内容.

其二, 编写组织过程. 2016 年 1 月, 教学联盟第一次会议提出教材建设目标. 2016 年 7 月, 教学联盟召开第二次会议, 基于天津财经大学相应课程体系的 11 门课程大纲和讲义, 就教材编写内容和分工进行深入讨论. 成立了教材编写委员会. 委托肖红叶教授担任系列教材总主编, 提出编写总体思路. 诚邀著名统计学家邱东、曾五一和房祥忠教授顾问指导. 杨贵军和尚翔教授分别负责统计和计算机相关教材编写的组织. 天津财经大学、江西财经大学、浙江财经大学、浙江工商大学、河南财经政法大学、内蒙古财经大学等高校共同承担编写任务. 杨贵军和尚翔教授具体组织推动编写工作, 其于 2018 年 10 月 20 日、2019 年 9 月 19 日、2020 年 11 月 29 日三次主持召开教材编写研讨会.

系列教材采用主编负责制. 各个教材主编都是由国内著名教授担当. 他们具有丰富的教学经验, 曾主编出版在国内产生很大影响的诸多相关教材, 对统计学与大数据对接有着独到深刻的理解. 他们的加盟是系列教材质量的有力保证.

这套系列教材是落实国家大数据战略, 经济统计学专业对接大数据教学改革, 培养大数据应用层次人才的探索. 其编写于 “十三五” 时期, 恰逢 “十四五” 开局之时出版. 呈现出跨入发展新征程的时代象征. 这预示本系列教材培养出的优秀数据工程师, 一定能够在大数据应用中发挥一点实际作用, 为国家现代化贡献一点力量. 既然是探索, 教材可能存在许多缺陷和不足. 恳请读者朋友批评指正, 以利于试错迭代, 完善进步.

教材编写有幸得到方方面面的关注、鼓励、参与和支持. 教材编写委员会及我本人, 对经济统计学界的同仁朋友鼎力支持教学联盟, 对天津财经大学珠江学院高正平教授、刘秀芳教授及天津财经大学领导和同事对数据工程专业教学探索提供的强力支撑, 对科学出版社领导的大力支持和方小丽编辑的热心指导表示衷心的感谢!

肖红叶

2021 年 3 月

前言

本书主要讨论了概率论的基本理论, 在此基础上进一步介绍了随机过程的相关知识. 希望通过本书的学习, 读者能对常用的概率论和随机过程理论有一定的认知, 并能达到以下要求.

(1) 掌握事件的关系及性质、概率的统计定义和概率的公理化定义、概率的性质及运算法则, 熟悉古典概型和几何概型的解法.

(2) 了解离散型和连续型随机变量的定义及性质, 掌握一些常用分布和相关计算以及它们之间的关系, 学会求随机变量的函数的分布, 了解多维随机变量的定义及性质.

(3) 掌握随机变量的数字特征的概念, 重点了解数学期望和方差的意义, 熟悉一些常用分布的数字特征, 掌握大数定律和中心极限定理.

(4) 理解随机过程基础知识和模型 (不要求理论性质的理论证明), 了解随机过程模型应用的基本方法.

(5) 针对所研究的统计问题, 掌握如何利用随机过程理论描述社会经济现象, 选择适当的随机过程模型.

(6) 能够运用常用的软件包, 分析简单数据, 建立随机过程模型, 解释随机现象的变化规律.

本书编写过程中得到了江西财经大学统计学院全体老师的支持, 尤其是徐慧植老师和傅波老师, 在此特别提出感谢! 由于编者水平有限, 书中难免存在疏漏之处, 欢迎读者不吝指正.

罗良清

2021 年 1 月

目 录

第 5 章

第 6 章

附表

第1章 概率论的基本概念

引言

1. 必然现象与随机现象

在自然界和人类实践活动中经常遇到各种各样的现象, 这些现象大体可分为两类: 一类是确定的, 例如 "向上抛一块石头必然下落." "同性电荷相斥, 异性电荷相吸." 等等, 这种在一定条件下有确定结果的现象称为**确定性现象**.

另一类现象是随机的, 例如, 在相同的条件下, 向上抛一枚质地均匀的硬币, 其结果可能是正面朝上, 也可能是反面朝上, 在每次抛掷之前无法肯定抛掷的结果是什么, 这个试验多于一种可能结果, 但是在试验之前不能肯定试验会出现哪一种结果. 但人们经过长期实践和深入研究后, 发现这类现象在大量重复试验或观察下, 它的结果却呈现出某种规律性. 例如, 多次重复抛同一枚硬币得到正面朝上大致有一半. 这种在大量重复试验或观察中所呈现出的固有规律性, 我们称之为**统计规律性**. 我们把在个别试验中其结果呈现出不确定性, 在大量重复试验中其结果又具有统计规律性的现象称为**随机现象**.

2. 概率论的研究对象

概率论是从数量侧面研究随机现象及其统计规律性的数学学科, 它的理论严谨, 应用广泛, 并且有独特的概念和方法, 同时与其他数学分支有着密切的联系, 它是近代数学的重要组成部分.

概率论的应用相当广泛, 不仅在天文、气象、水文、地质、物理、化学、生物、医学等学科, 而且在农业、工业、经济、管理、军事、电信等部门也有广泛的应用. 现在概率论与数理统计是数学系各专业的必修课之一, 也是工科、经济类学科学生的重要基础课, 许多高校都成立了统计学院或统计系 (特别是财经类高校).

1.1 随机事件及其运算

1.1.1 随机试验与事件

为了叙述方便, 我们把对某种现象作一次观察或进行一次科学实验, 通称为一个试验. 如果这个试验在相同条件下可以重复进行, 而且每次试验的结果事前不可预测, 但却呈现出统计规律性, 我们称之为**随机试验**. 本书讨论的试验都是指随机试验. 随机现象有以下特点:

(1) 试验可以在相同的条件下重复进行;

(2) 试验的所有可能结果是明确的, 可知道的 (在试验之前就可以知道的) 并且不止一个;

(3) 每次试验总是恰好出现这些可能结果中的一个, 但在一次试验之前却不能肯定这次试验出现哪一个结果.

例 1.1.1 E_1: 抛一枚硬币, 观察正面 H、反面 T 出现的情况;

E_2: 将一枚硬币抛掷三次, 观察正面 H、反面 T 出现的情况;

E_3: 将一枚硬币抛掷三次, 观察出现正面的次数;

E_4: 记录某城市 120 急救电话台一昼夜接到的呼叫次数;

E_5: 在一批灯泡中任意取一只, 测试它的寿命;

E_6: 记录某城市一昼夜的最高温度和最低温度.

进行一个随机试验总有一个观察的目的, 试验中会观察到有多种不同的结果. 例如抛一枚硬币, 我们的目的是要观察它哪一面朝上, 这里只有两个不同的结果: 正面或反面.

试验的每一个可能的结果称为**随机事件**, 简称**事件**, 一般用大写英文字母 $A,B,C,\cdots$ 表示.

例 1.1.2 E_2: 将一枚硬币抛掷三次, 观察正面 H、反面 T 出现的情况, 可能有八种不同的结果: $HHH,HHT,HTH,THH,HTT,THT,TTH,TTT$. 但还有其他可能: 出现 0 次正面朝上, 出现 1 次正面朝上, 出现 2 次正面朝上, 出现 3 次正面朝上, 等等.

我们把不可能再分的事件称为**基本事件**. 例如在例 1.1.2 中, "出现 HHH", "出现 HHT", $\cdots$, "出现 TTT" 都是基本事件. 由若干个基本事件组合而成的事件称为**复合事件**. 例如 "出现 2 次正面朝上" 是一个复合事件, 它由 "出现 HHT" , "出现 HTH", "出现 THH" 三个事件组合而成.

随机试验的每一基本事件, 用一个只包含一个元素 ω 的单点集 $\{\omega\}$ 表示, 由若干个基本事件组合而成的复合事件, 则用包含若干个元素的集合表示, 由所有基本事件对应的全部元素组成的集合, 称为**样本空间**, 样本空间中的每一元素称为**样本点**, 样本空间一般用 Ω 表示. 这样一来, 概率论的基本概念纳入集合论的轨道: 样本空间是一集合 (全集), 样本点是其中的一个元素, 随机事件是样本空间的子集.

1.1.2 事件的关系与运算

做一次随机试验, 一定有一个结果, 即有一个随机事件发生. 设随机试验 E 的样本空

间为 Ω, A 为随机试验 E 的事件, 显然 $A \subset \Omega$, 我们称**事件A发生**当且仅当 A 中的一个样本点出现.

样本空间 Ω 包含所有的样本点, 且 $\Omega \subset \Omega$, 在每次试验中它总会发生, Ω 称为**必然事件**. 空集 $\varnothing$ 不包含任何样本点, 它也是样本空间的子集, 在每次试验中都不发生, $\varnothing$ 称为**不可能事件**.

事件是一集合, 因而事件间的关系与事件的运算自然按照集合论中集合之间的关系和集合运算来处理. 下面给出这些关系和运算在概率论中的提法, 并根据 "事件发生" 的含义, 给出它们在概率论中的含义.

设试验 E 的样本空间为 Ω, 而 $A, B, A_k(k=1,2,\cdots)$ 是 Ω 的子集.

1° 若 $A \subset B$, 则称事件 B 包含事件 A, 这指的是事件 A 发生必然导致事件 B 发生. 若 $A \subset B$ 且 $B \subset A$, 即 $A = B$, 则称事件 A 与事件 B 相等.

2° 事件 $A \bigcup B = \{x \,|x \in A或x \in B\}$ 称为事件 A 与事件 B 的和事件. 当且仅当 A, B 中至少有一个发生时, 事件 $A \bigcup B$ 发生.

类似地, 称 $\bigcup\limits_{k=1}^{n} A_k$ 为 n 个事件 $A_1, A_2, \cdots, A_n$ 的和事件; $\bigcup\limits_{k=1}^{\infty} A_k$ 为可列个事件 $A_1, A_2, \cdots$ 的和事件.

3° 事件 $A \bigcap B = \{x \,|x \in A或x \in B\}$ 称为事件 A 与事件 B 的积事件. 当且仅当 A, B 同时发生时, 事件 $A \bigcap B$ 发生. $A \bigcap B$ 也记作 AB.

类似地, 称 $\bigcap\limits_{k=1}^{n} A_k$ 为 n 个事件 $A_1, A_2, \cdots, A_n$ 的积事件; $\bigcap\limits_{k=1}^{\infty} A_k$ 为可列个事件 $A_1, A_2, \cdots$ 的积事件.

4° 事件 $A - B = \{x \,|x \in A或x \notin B\}$ 称为事件 A 与事件 B 的差事件. 当且仅当 A 发生、B 不发生时, 事件 $A - B$ 发生.

5° 若 $A \bigcap B = \varnothing$, 则称事件 A 与 B 是互不相容的, 或互斥的. 这指的是事件 A 与事件 B 不能同时发生. 显然基本事件是两两互不相容的.

6° 若 $A \bigcup B = \Omega$ 且 $A \bigcap B = \varnothing$, 则称事件 A 与事件 B 互为逆事件, 或互为对立事件. 这指的是对每次试验而言, 事件 A 与事件 B 中必有一个发生, 且仅一个发生. A 的对立事件记为 $\bar{A}$, $\bar{A} = \Omega - A$. 显然 $\bar{\bar{A}} = A$.

图 1.1(文氏图) 直观地表示了上述关于事件的各种关系及运算.

可以验证事件的运算满足以下关系.

(1) 交换律：$A \bigcup B = B \bigcup A, A \bigcap B = B \bigcap A$.

(2) 结合律：$A \bigcup (B \bigcup C) = (A \bigcup B) \bigcup C, A \bigcap (B \bigcap C) = (A \bigcap B) \bigcap C$.

(3) 分配律：$A \bigcup (B \bigcap C) = (A \bigcup B) \bigcap (A \bigcup C)$,

$$A \bigcap (B \bigcup C) = (A \bigcap B) \bigcup (A \bigcap C)$$

分配律可以推广到有穷或可列的情形, 即

$$A \bigcup \left(\bigcap_i A_i \right) = \bigcap_i (A \bigcup A_i), \quad A \bigcap \left(\bigcup_i A_i \right) = \bigcup_i (A \bigcap A_i)$$

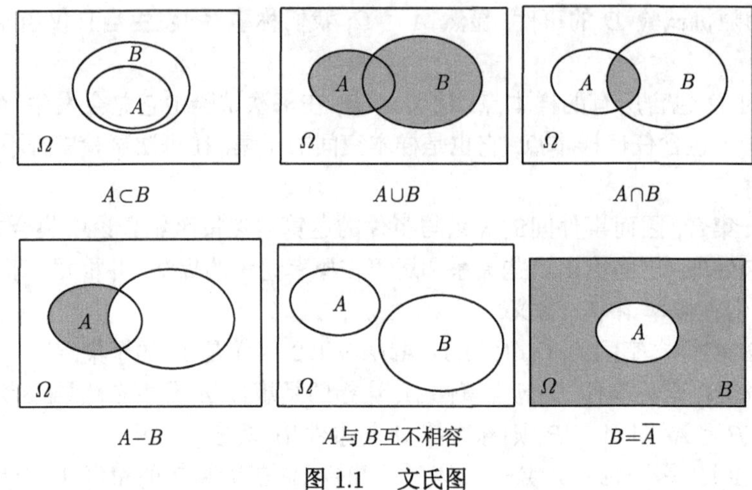

图 1.1 文氏图

(4) 对偶律：对有穷个或可列无穷个 A_i, 有

$$\overline{\bigcup_i A_i} = \bigcap_i \overline{A_i}, \quad \overline{\bigcap_i A_i} = \bigcup_i \overline{A_i}$$

关于事件间的关系, 有一些需要注意的地方.

(1) 由 $A - B = C$ 推不出 $A = B \bigcup C$.

事实上, 令 $A = \{1,2,3,4\}, B = \{1,3,5\}$, 于是 $C = A - B = \{2,4\}$, 而 $B \bigcup C = \{1,2,3,4,5\} \neq A$.

注 但 $A \supset B$ 时, 能由 $A - B = C \Rightarrow A = B \bigcup C$.

(2) 由 $A = B \bigcup C$ 推不出 $A - B = C$.

令 $A = \{1,2,3,5\}, B = \{1,2\}, C = \{1,3,5\}$, 则 $A = B \bigcup C$ 但 $A - B = \{3,5\} \neq C$.

注 当 $B \subset A, C \subset A$, 且 $BC = \varnothing$ 时可由 $A = B \bigcup C \Rightarrow A - B = C$.

(3) 一般 $A \bigcup (B - C) \neq (A \bigcup B) - C$.

令 $A = \{1,2\}, B = \{2,3\}, C = \{2\}$, 则 $A \bigcup (B - C) = \{1,2,3\} \neq \{1,3\} = (A \bigcup B) - C$.

注 当 $AC = \varnothing$ 时, $A \bigcup (B - C) = (A \bigcup B) - C$.

例 1.1.3 设 A, B, C 为 Ω 中的随机事件, 试用 A, B, C 表示下列事件.

(1) A 与 B 发生而 C 不发生 $AB - C$ 或 $AB\overline{C}$;

(2) A 发生, B 与 C 不发生 $A - B - C$ 或 $A\overline{B}\,\overline{C}$;

(3) 恰有一个事件发生 $A\overline{B}\,\overline{C} \bigcup \overline{A}B\overline{C} \bigcup \overline{A}\,\overline{B}C$;

(4) 恰有两个事件发生 $AB\overline{C} \bigcup A\overline{B}C \bigcup \overline{A}BC$;

(5) 三个事件都发生 ABC;

(6) 至少有一个事件发生 $A \bigcup B \bigcup C$ 或 (3), (4), (5) 之并;

(7) A, B, C 都不发生 $\overline{A}\,\overline{B}\,\overline{C}$;

(8) A, B, C 不都发生 $\overline{ABC}$;

(9) A, B, C 不多于一个发生 $\overline{A}\,\overline{B}\,\overline{C} \bigcup A\overline{B}\,\overline{C} \bigcup \overline{A}B\overline{C} \bigcup \overline{A}\,\overline{B}C$ 或 $\overline{AB \bigcup BC \bigcup CA}$;

(10) A, B, C 不多于两个发生 $\overline{ABC}$.

设随机试验 E 的样本空间为 Ω, A 为随机试验 E 的事件, 显然 A 是 Ω 的子集. 把事件作为集合看待, 按照集合的运算, 其结果仍然是样本空间 Ω 的子集, 但它不一定是随机试验 E 的一个结果, 也就是说它不一定是随机事件, 因此我们需要一些事件构成集合, 这个集合中的事件按照集合的运算, 所得的集合仍然是事件.

定义 1.1.1 设随机试验 E 的样本空间为 Ω, F 为试验 E 的一些事件作为元素所构成的集合, 按照事件的运算满足:

(1) $\Omega \in F$;

(2) 若 $A \in F$, 则 $\overline{A} \in F$ (对逆封闭);

(3) 若对任意 $A_n \in F$, 都有 $\bigcup\limits_{n=1}^{\infty} A_n \in F$ (对可列并封闭), 则称 F 为 Ω 上的事件域 (σ 代数).

显然如果 F 为 Ω 上的事件域, 则有

(4) $\varnothing \in F$;

(5) 若任意 $A_1, A_2, \cdots, A_n \in F$, 则 $\bigcup\limits_{k=1}^{n} A_k \in F$(对有限并封闭);

(6) 若任意 $A_n \in F$, 则 $\bigcap\limits_{k=1}^{n} A_k \in F$ 且 $\bigcap\limits_{n=1}^{\infty} A_n \in F$(对有限交、可列交封闭);

(7) 若任意 $A, B \in F$, 则 $A - B \in F$.

练习 1

1. 在区间 $[0,2]$ 上任取一数 x, 记 $A = \left\{x \middle| \frac{1}{2} < x \leqslant 1\right\}, B = \left\{x \middle| \frac{1}{4} \leqslant x \leqslant \frac{3}{2}\right\}$, 求下列事件的表达式: (1) $\overline{A}B$; (2) $A\overline{B}$; (3) $A\bigcup\overline{B}$.

2. 甲、乙、丙三人射击同一目标, 令 A_1 表示事件 “甲击中目标”, A_2 表示事件 “乙击中目标”, A_3 表示事件 “丙击中目标” . 用 A_1, A_2, A_3 的运算表示下列事件.

(1) 三人都击中目标;

(2) 只有甲击中目标;

(3) 只有一人击中目标;

(4) 至少有一人击中目标;

(5) 最多有一人击中目标.

3. 证明: 对有穷个或可列无穷个 A_i, 有

$$\overline{\bigcup_i A_i} = \bigcap_i \overline{A_i}, \quad \overline{\bigcap_i A_i} = \bigcup_i \overline{A_i}$$

4. 设 F 为 Ω 上的事件域,

证明: (1) 若任意 $A_n \in F$, 则 $\bigcap\limits_{k=1}^{n} A_k \in F$ 且 $\bigcap\limits_{n=1}^{\infty} A_n \in F$;

(2) 若任意 $A, B \in F$, 则 $A - B \in F$.

1.2 频率与概率

对于一个事件来说, 它在一次试验中可能发生, 也可能不发生. 我们常常希望知道某些事件在一次试验中发生的可能性究竟有多大, 而且希望找到一个合适的数来表征事件在一次试验中发生的可能性大小.

1.2.1 频率

定义 1.2.1 在相同条件下, 进行了 n 次试验, 在这 n 次试验中, 随机事件 A 发生的次数 n_A 称为事件 A 发生的频数. 比值 $\frac{n_A}{n}$ 称为事件 A 发生的频率, 并记作 $f_n(A)$.

由定义 1.2.1, 易见频率具有以下性质:

(1) $0 \leqslant f_n(A) \leqslant 1$;

(2) $f_n(\Omega) = 1$;

(3) 若设 $A_1, A_2, \cdots, A_k$ 为两两互斥事件, 则

$$f_n(A_1 \bigcup A_2 \bigcup \cdots \bigcup A_k) = f_n(A_1) + f_n(A_2) + \cdots + f_n(A_k)$$

由于事件 A 发生的频率是它发生的次数与试验次数之比, 其大小表示 A 发生的频繁程度. 频率越大, 事件 A 发生越频繁, 这就意味着事件 A 在一次试验中发生的可能性就越大. 反之亦然. 因而, 直观的想法是用频率来表示事件 A 在一次试验中发生的可能性大小. 但是否可行, 看下面的例子.

例 1.2.1 考虑 “抛硬币” 这个试验, 我们将一枚硬币抛 5 次、50 次、500 次, 各做 10 遍. 得到数据如表 1.1 所示 (其中 n_H 表示 H 发生的频数, $f_n(H)$ 表示 H 发生的频率).

表 1.1 “抛硬币” 试验

试验序号	$n=5$		$n=50$		$n=500$	
	n_H	$f_n(H)$	n_H	$f_n(H)$	n_H	$f_n(H)$
1	2	0.4	22	0.44	251	0.502
2	3	0.6	25	0.50	249	0.498
3	1	0.2	21	0.42	256	0.512
4	5	1.0	25	0.50	253	0.506
5	1	0.2	24	0.48	251	0.502
6	2	0.4	21	0.42	246	0.492
7	4	0.8	18	0.36	244	0.488
8	2	0.4	24	0.48	258	0.516
9	3	0.6	27	0.54	262	0.524
10	3	0.6	31	0.62	247	0.494

从上述数据可以看出: 抛硬币次数 n 较小时, 频率 $f_n(A)$ 在 0 与 1 之间随机波动, 其振幅较大, 但随着 n 增大, 频率 $f_n(A)$ 呈现出稳定性, 即当 n 逐渐增大时, $f_n(A)$ 总是在 0.5 附近摆动, 而逐渐稳定于 0.5 .

大量试验证实, 当重复试验的次数 n 逐渐增大时, 频率 $f_n(A)$ 呈现出稳定性, 逐渐稳定于某个常数. 这种 “频率稳定性” 即通常所说的统计规律性. 我们让试验重复大量次数,

计算频率 $f_n(A)$, 以它来表征事件 A 发生可能性的大小是合适的.

但是, 在实际中, 我们不可能对每一个事件都做大量的试验, 然后求得事件的频率, 用以表征事件发生可能性的大小. 同时, 为了理论研究的需要, 我们从频率的稳定性和频率的性质得到启发, 给出如下表征事件发生可能性大小的概率的定义.

到 20 世纪, 概率论的各个领域已经得到了大量的成果, 而人们对概率论在其他基础学科和工程技术上的应用已表现出越来越大的兴趣, 但是直到那时为止, 关于概率论的一些基本概念如事件, 概率却没有明确的定义, 这是一个很大的矛盾, 这个矛盾使人们对概率客观含义甚至相关的结论的可应用性都产生了怀疑, 由此可以说明到那时为止, 概率论作为一个数学分支来说, 还缺乏严格的理论基础, 这就大大妨碍了它的进一步发展.

19 世纪末以来, 数学的各个分支广泛流传着一股公理化潮流, 这个流派主张将假定公理化, 其他结论则由它演绎导出, 在这种背景下, 1933 年, 数学家柯尔莫哥洛夫在集合与测度论的基础上提出了概率的公理化定义, 这个结构综合了前人的结果, 明确定义了基本概念, 使概率论成为严谨的数学分支, 对近几十年来概率论的迅速发展起了积极的作用, 柯尔莫哥洛夫的公理已经广泛地被接受.

1.2.2　概率

定义 1.2.2　设 E 是随机试验, Ω 为其样本空间, F 为 Ω 上的事件域, 对任意事件 $A\in F$, 规定一个实值函数 $P(A)$, 如果 $P(A)$ 满足下列三个条件.

1° 非负性公理：任意 $A\in F$, 有 $P(A)\geqslant 0$;

2° 规范性公理：$P(\Omega)=1$;

3° 可列可加性公理：对 F 中任意两两互不相容的事件列 $\{A_n\}$ 有

$$P\left(\bigcup_{n=1}^{\infty} A_n\right)=\sum_{n=1}^{\infty} P(A_n)$$

则称 P 为 F 上的概率函数, 简称概率, $P(A)$ 称为事件 A 的概率. 三元组 (Ω,F,P) 称为概率空间.

注　由可列可加性可推出取 $[0,1]$ 区间的有理点的概率为零. 但也不能推广到任意的无限可加性, 否则取 $[0,1]$ 区间上的所有实数点的概率也为 0.

由概率的定义, 可以推得概率的一些重要性质.

性质 1.2.1　$P(\varnothing)=0$.

证明　令 $A_i=\varnothing(i=1,2,\cdots)$, 则 $A_1,A_2,\cdots,A_n,\cdots$ 是两两互不相容的事件, 且 $\bigcup\limits_{i=1}^{\infty} A_i=\varnothing$, 根据概率的可列可加性有

$$P(\varnothing)=P\left(\bigcup_{i=1}^{\infty} A_i\right)=\sum_{i=1}^{\infty} P(A_i)=\sum_{i=1}^{\infty} P(\varnothing)$$

由于实数 $P(\varnothing)\geqslant 0$, 因此 $P(\varnothing)=0$.

性质 1.2.2 (有限可加性)　若 $A_1,A_2,\cdots,A_n$ 是两两互不相容事件, 则有

$$P(A_1\bigcup A_2\bigcup\cdots\bigcup A_n)=P(A_1)+P(A_2)+\cdots+P(A_n)$$

证明 令 $A_i=\varnothing(i=n+1,n+2,\cdots)$, 根据概率的可列可加性有

$$P\left(\bigcup_{i=1}^{n}A_i\right)=P\left(\bigcup_{i=1}^{\infty}A_i\right)=\sum_{i=1}^{\infty}P(A_i)=\sum_{i=1}^{n}P(A_i)$$

性质 1.2.3 (单调性) 设 A,B 是两个事件, 则

(1) 若 $A\subset B$, 有 $P(A)\leqslant P(B)$, $P(B-A)=P(B)-P(A)$;

(2) $P(A-B)=P(A)-P(AB)$, $P(A\overline{B})=P(A)-P(AB)$.

证明 因为 $A\subset B$, 所以 $B=A\bigcup(B-A)$, 且 $A(B-A)=\varnothing$, 由性质 1.2.2, 有

$$P(B)=P(A)+P(B-A)$$

又 $P(B-A)\geqslant 0$, 所以 $P(A)\leqslant P(B)$, 并且

$$P(B-A)=P(B)-P(A)$$

对于任意两个事件 A 与 B, 由于 $B-A=B-AB$, 且 $AB\subset B$, 根据性质 1.2.2, 可得

$$P(B-A)=P(B-AB)=P(B)-P(AB)$$

性质 1.2.4 任一事件 A, 则: $0\leqslant P(A)\leqslant 1$, $P(\overline{A})=1-P(A)$.

证明 因为 $A\bigcup\overline{A}=\Omega$, $A\overline{A}=\varnothing$, 由概率的规范性和性质 1.2.2, 有

$$P(A)+P(\overline{A})=1$$

于是

$$P(\overline{A})=1-P(A)$$

性质 1.2.5 (加奇减偶公式) 任意 $A_1,A_2,\cdots,A_n\in\mathcal{F}$ 有

$$\begin{aligned}P\left(\bigcup_{k=1}^{n}A_k\right)=&\sum_{k=1}^{n}P(A_k)-\sum_{1\leqslant i<j\leqslant n}P(A_iA_j)\\&+\sum_{1\leqslant i<j<k\leqslant n}P(A_iA_jA_k)-\cdots+(-1)^{n-1}P(A_1A_2\cdots A_n)\end{aligned}$$

特别的有

$$P(A\bigcup B)=P(A)+P(B)-P(AB)$$

证明 因为 $A\bigcup B=A\bigcup(B-AB)$, 且 $A(B-AB)=\varnothing$, $AB\subset B$, 由性质 1.2.2 和性质 1.2.4, 可得

$$P(A\bigcup B)=P(A)+P(B-AB)=P(A)+P(B)-P(AB)$$

对任意三个事件 A,B,C, 有

$$P(A\bigcup B\bigcup C)=P(A)+P(B)+P(C)-P(AB)-P(BC)-P(AC)+P(ABC)$$

利用数学归纳法, 可以证明加奇减偶公式成立.

性质 1.2.6 (从下连续) 若 $A_n \in \mathcal{F}$ 且 $A_n \subset A_{n+1}, n=1,2,\cdots$, 则

$$P\left(\bigcup_{n=1}^{\infty} A_n\right) = \lim_{n\to\infty} P(A_n)$$

性质 1.2.7 (从上连续) 若 $A_n \in \mathcal{F}$ 且 $A_n \supset A_{n+1}, n=1,2,\cdots$, 则

$$P\left(\bigcap_{n=1}^{\infty} A_n\right) = \lim_{n\to\infty} P(A_n)$$

性质 1.2.8 (次可加性) 任意 $A_n \in \mathcal{F}$, $n=1,2,\cdots$, 有

$$P\left(\bigcup_{n=1}^{\infty} A_n\right) \leqslant \sum_{n=1}^{\infty} P(A_n)$$

1.2.3 古典概型

定义 1.2.3 如果一随机试验满足: 样本空间 Ω 的样本点个数有限, 每个样本点出现的可能性相同, 则称此随机试验为古典概型 (也称等可能概型).

设随机试验 E 为古典概型, 其样本空间为 Ω, Ω 中样本点数为 n, A 为随机试验 E 的一个结果, A 含有 k 个样本点, 则根据概率的性质, 很容易得到事件 A 的概率 $P(A)=\dfrac{k}{n}$.

当我们确信一随机试验是古典概型, 此试验中各事件发生的概率的计算问题, 归结为数一数样本点总数与所涉及的事件 A 中包含的样本点个数. 由于计数过程有时也相当复杂, 在此有必要简述初等数学中的**计数原理**.

加法原理 完成一件事, 只需 1 个步骤, 但有 n 种方法, 每一种方法有 m_n 种选择, 则完成这件事共有 N 种方法.

$$N = m_1 + m_2 + \cdots + m_n$$

乘法原理 完成一件事, 有 n 个步骤, 每个步骤方法有 m_n 种方法, 则完成这件事共有 N 种方法.

$$N = m_1 m_2 \cdots m_n$$

排列 从 n 个不同元素按次序任取 m 个元素, 不放回的取法共有 $\mathrm{A}_n^m = \dfrac{n!}{(n-m)!}$ 种.

组合 从 n 个不同元素无次序任取 m 个元素, 不放回的取法共有 $\mathrm{C}_n^m = \dfrac{\mathrm{A}_n^m}{m!} = \dfrac{n!}{m!\,(n-m)!}$ 种.

例 1.2.2 (取球问题) 袋中有 5 个白球, 3 个黑球, 分别按下列三种取法在袋中取球.

(1) 有放回取球: 从袋中取三次球, 每次取一个, 看后放回袋中, 再取下一个球;

(2) 无放回取球: 从袋中取三次球, 每次取一个, 看后不再放回袋中, 再取下一个球;

(3) 一次取球: 从袋中任取 3 个球.

在以上三种取法中均求 A={恰好取得 2 个白球}的概率.

解 (1) 有放回取球:

$$N_\Omega = 8\times 8\times 8 = 512,\quad N_A = \binom{3}{2} 5\times 5\times 3 = 225,\quad P(A) = \frac{N_A}{N_\Omega} = \frac{225}{512} = 0.44$$

(2) 无放回取球:

$$N_\Omega = 8\times 7\times 6 = 336,\quad N_A = \binom{3}{2} 5\times 4\times 3 = 180,\quad P(A) = \frac{N_A}{N_\Omega} = \frac{180}{336} = 0.54$$

(3) 一次取球:

$$N_\Omega = \binom{8}{3} = 56,\quad N_A = \binom{5}{2}\binom{3}{1} = 30,\quad P(A) = \frac{N_A}{N_\Omega} = \frac{30}{56} = 0.54$$

例 1.2.3 (分球问题) 将 n 个球放入 N 个盒子中去, 试求恰有 n 个盒子各有一球的概率 ($n \leqslant N$).

解 令 A ={恰有 n 个盒子各有一球}, 先考虑基本事件的总数:

$$N_\Omega = \underbrace{N\times N\times\cdots\times N}_{n} = N^n,\quad N_A = \binom{N}{n} n!,\quad P(A) = \frac{N_A}{N_\Omega} = \frac{\binom{N}{n} n!}{N^n}$$

例 1.2.4 (取数问题) 从 $0,1,\cdots,9$ 共十个数字中随机地<u>不放回</u>地接连取四个数字, 并按其出现的先后排成一列, 求下列事件的概率:

(1) 四个数排成一个偶数;

(2) 四个数排成一个四位数;

(3) 四个数排成一个四位偶数;

解 令 A ={四个数排成一个偶数}, B ={四个数排成一个四位数}, C ={四个数排成一个四位偶数}.

$$N_\Omega = \mathrm{A}_{10}^4,\quad N_A = \binom{5}{1}\mathrm{A}_9^3,\quad N_B = \mathrm{A}_{10}^4 - \mathrm{A}_9^3,\quad N_C = \binom{5}{1}\mathrm{A}_9^3 - \binom{4}{1}\mathrm{A}_8^2$$

$$P(A) = \frac{N_A}{N_\Omega} = 0.5,\quad P(B) = \frac{N_B}{N_\Omega} = 0.9,\quad P(C) = \frac{N_C}{N_\Omega} = 0.456$$

例 1.2.5 从 52 张扑克牌 (不含副牌) 中任取 13 张, 求:

(1) 至少有两种 4 张同号的概率;

(2) 恰有两种 4 张同号的概率.

解 设 A={至少有两种 4 张同号}, B={恰有两种 4 张同号}. 根据古典概型, 样本空间样本点的总数为

$$n = \mathrm{C}_{52}^{13}$$

我们先从 13 个号中任取 2 个 (代表两种 4 张同号), 再从剩下 52−8=44 张中任取 5 张, 但这样一来会产生三种 4 张同号重复出现, 因此要减去 $2\mathrm{C}_{13}^{3}\mathrm{C}_{40}^{1}$. 因此

$$m_1=\mathrm{C}_{13}^{2}\mathrm{C}_{44}^{5}-2\mathrm{C}_{13}^{3}\mathrm{C}_{40}^{1}$$

于是

$$P(A)=\frac{m_1}{n}=\frac{\mathrm{C}_{13}^{2}\mathrm{C}_{44}^{5}-2\mathrm{C}_{13}^{3}\mathrm{C}_{40}^{1}}{\mathrm{C}_{52}^{13}}$$

由上面分析, 可知

$$P(B)=\frac{\mathrm{C}_{13}^{2}\mathrm{C}_{44}^{5}-3\mathrm{C}_{13}^{3}\mathrm{C}_{40}^{1}}{\mathrm{C}_{52}^{13}}$$

例 1.2.6 (分组问题)　将一副 52 张的扑克牌平均地分给四个人, 分别求有人手里分得 13 张黑桃及有人手里有 4 张 A 牌的概率各为多少?

解　令 $A=\{$有人手里有 13 张黑桃$\}$, $B=\{$有人手里有 4 张 A 牌$\}$.

$$N_\Omega=\mathrm{C}_{52}^{13}\mathrm{C}_{39}^{13}\mathrm{C}_{26}^{13}\mathrm{C}_{13}^{13},\quad N_A=\mathrm{C}_{4}^{1}\mathrm{C}_{39}^{13}\mathrm{C}_{26}^{13}\mathrm{C}_{13}^{13}$$

$$N_B=\mathrm{C}_{4}^{1}\mathrm{C}_{48}^{9}\mathrm{C}_{39}^{13}\mathrm{C}_{26}^{13}\mathrm{C}_{13}^{13}$$

$$P(A)=\frac{N_A}{N_\Omega}=\frac{\mathrm{C}_{4}^{1}}{\mathrm{C}_{52}^{13}},\quad P(B)=\frac{N_B}{N_\Omega}=\frac{\mathrm{C}_{4}^{1}\mathrm{C}_{48}^{9}}{\mathrm{C}_{52}^{13}}$$

例 1.2.7　从 n 阶行列式的一般展开式中任取一项, 问这项包含主对角线元素的概率是多少?

解　n 阶行列式的展开式中, 任一项略去符号不计都可表示为 $a_{1i_1}a_{2i_2}\cdots a_{ni_n}$, 当且仅当 $1,2,\cdots,n$ 的排列 $(i_1i_2\cdots i_n)$ 中存在 k 使 $i_k=k$ 时这一项包含主对角线元素. 用 A_k 表示事件 "排列中 $i_k=k$" 即第 k 个主对角线元素出现于展开式的某项中. 则

$$P(A_i)=\frac{(n-1)!}{n!}(1\leqslant i\leqslant n),\quad P(A_iA_j)=\frac{(n-2)!}{n!}(1\leqslant i<j\leqslant n),\cdots$$

所以

$$P\left(\bigcup_{i=1}^{N}A_i\right)=\sum_{i=1}^{n}(-1)^{i-1}\begin{pmatrix}n\\i\end{pmatrix}\frac{(n-i)!}{n!}=\sum_{i=1}^{n}(-1)^{i-1}\frac{1}{i!}$$

例 1.2.8　一列火车共有 n 节车厢, 有 $k(k>n)$ 个旅客上火车并随意地选择车厢. 求每一节车厢内至少有一个旅客的概率.

解　设 A_i 表示第 $i(i=1,2,\cdots,n)$ 节车厢没有一个旅客的事件, 则 $\overline{A_1}\bigcap\overline{A_2}\bigcap\cdots\bigcap\overline{A_n}$ 表示每一节车厢内至少有一个旅客的事件.

$$\begin{aligned}&P\left(\overline{A_1}\bigcap\overline{A_2}\bigcap\cdots\bigcap\overline{A_n}\right)=P\left(\overline{A_1\bigcup A_2\bigcup\cdots\bigcup A_n}\right)\\&=1-P\left(A_1\bigcup A_2\bigcup\cdots\bigcup A_n\right)\\&=\cdots\\&=1-\begin{pmatrix}n\\1\end{pmatrix}\left(1-\frac{1}{n}\right)^k+\begin{pmatrix}n\\2\end{pmatrix}\left(1-\frac{2}{n}\right)^k+\cdots\end{aligned}$$

$$
\begin{aligned}
&+(-1)^{n+1}\binom{n}{n-1}\left(1-\frac{n-1}{n}\right)^{k} \\
&=1-\left[\binom{n}{1}\left(1-\frac{1}{n}\right)^{k}-\binom{n}{2}\left(1-\frac{2}{n}\right)^{k}+\cdots+(-1)^{n}\binom{n}{n-1}\left(1-\frac{n-1}{n}\right)^{k}\right]
\end{aligned}
$$

1.2.4 几何概型

有些随机试验样本点的出现有等可能性的, 但不是像古典概型那样局限于有限多个样本点的情形. 虽然试验的可能结果是无限多的, 但由于试验的任意性或对称性, 各样本点出现的机会仍然相等. 当然, 此时不能简单地通过样本点的计数来计算概率.

假定在盛有 1 升水的容器中有一个任意游动的细菌. 现从容器的任意位置用吸管取出 10 毫升的水样, 由于细菌运动与取水样的任意性, 10 毫升水样中含有这个细菌的概率应为百分之一, 即等于水样的体积与水的总体积之比.

像这样的例子还有很多, 它们的共同特点是通过空间集合的几何度量 (体积、面积、长度等) 来计算概率.

假定试验的可能结果是空间中的点 (如上例中取水时细菌的位置), 所有样本点的集合 Ω 是空间中一个几何图形 (上例中装在容器内的 1 升水). 它可以是一维、二维、三维, 甚至是 n 维的. 样本空间 Ω 及作为随机事件的子集 A 都有有限的几何度量, 这里 "几何度量" 泛指 1 维情形的长度、2 维情形的面积、3 维情形的体积等. 由于试验的对称性, 各种结果出现是等可能的, 体现在样本点于 Ω 中均匀分布: 样本点落在的每个子集 A 中的概率只与 A 的几何度量成正比, 而与 A 的位置及形状无关.

定义 1.2.4 设某一事件 A(也是 Ω 中的某一区域), $A\subset\Omega$, 它的量度大小为 $\mu(A)$, 若以 $P(A)$ 表示事件 A 发生的概率, 考虑到 "均匀分布" 性, 事件 A 发生的概率取为 $P(A)=\dfrac{\mu(A)}{\mu(\Omega)}$, 这样计算的概率, 称为**几何概率**.

例 1.2.9 (约会问题) 在区间 $(0,1)$ 中随机取两个数, 求两数差的绝对值小于 $\dfrac{1}{2}$ 的概率 $P(A)$.

解 这是连续几何概型. 画出两数差的绝对值小于 $\dfrac{1}{2}$ 的二维图形 (图 1.2), 使用面积比.

$$
P(A)=P\left(|X-Y|<\frac{1}{2}\right)=\frac{L(A)}{L(\Omega)}=\frac{1-2\times\frac{1}{2}\times\frac{1}{2}\times\frac{1}{2}}{1\times 1}=\frac{3}{4}
$$

例 1.2.10 在区间 $(0,1)$ 中随机地取两个数, 求两数之积少于 $\dfrac{1}{2}$ 的概率 $P(B)$.

解 如图 1.3 所示, 画出两数乘积小于 $\dfrac{1}{2}$ 的二维图形 $\left(\text{双曲线 } xy=\dfrac{1}{2}\right)$, 使用面积比.

$$
\begin{aligned}
&A=\left\{(x,y)\,\middle|\,(x,y)\in(0,1)\,,xy<\frac{1}{2}\right\} \\
&\Rightarrow P(B)=\frac{1}{2}+\int_{\frac{1}{2}}^{1}\mathrm{d}x\int_{0}^{\frac{1}{2x}}\mathrm{d}y=\frac{1}{2}+\int_{\frac{1}{2}}^{1}\frac{1}{2x}\mathrm{d}x=\frac{1}{2}(1+\ln 2)
\end{aligned}
$$

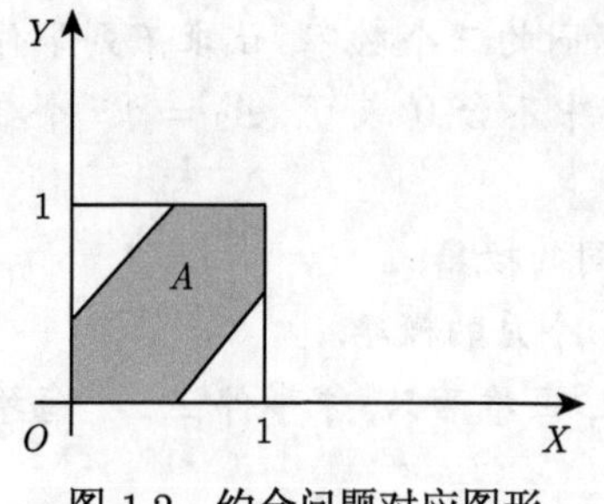

图 1.2　约会问题对应图形

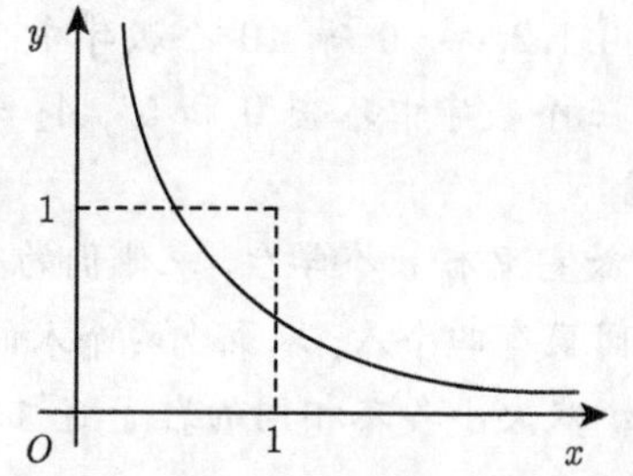

图 1.3　按要求随机取数问题对应图形

例 1.2.11 (蒲丰投针问题)　取一张白纸, 在上面画上许多条间距为 d 的平行线, 现向白纸任意投放一根长度为 $l(l<d)$ 的针, 计算针与直线相交的概率.

解　由分析知针与平行线相交的充要条件是 $x \leqslant \dfrac{l}{2}\sin\varphi$, 其中 $0 \leqslant x \leqslant \dfrac{d}{2}, 0 \leqslant \varphi \leqslant \pi$. 建立直角坐标系, 上述条件在坐标系下将是曲线所围成的曲边梯形区域, 见图 1.4.

$$P(A)=\frac{\mu(g)}{\mu(G)}=\frac{\dfrac{1}{2}\displaystyle\int_0^{\pi} l\sin\varphi \mathrm{d}\varphi}{\dfrac{d}{2}\pi}=\frac{2l}{\pi d}$$

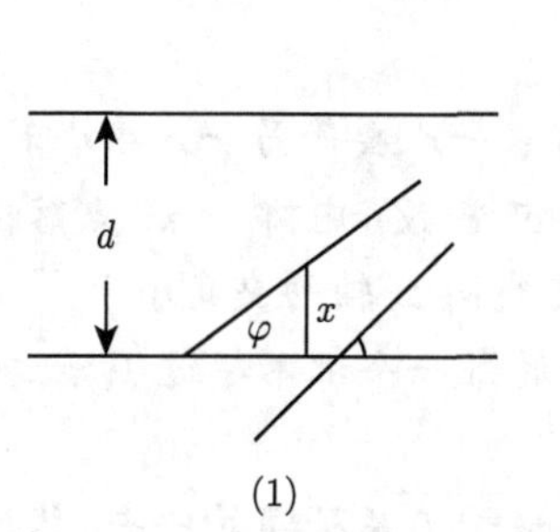

(1)

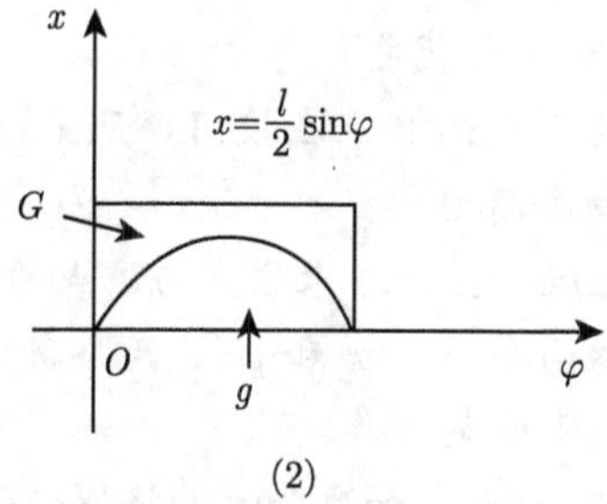

(2)

图 1.4　蒲丰设计问题示意图

若 l, d 为已知, 则以 π 值代入上式, 即可计算得 $P(A)$ 的值. 反过来, 若已知 $P(A)$ 的值, 也可以用上式去求 π, 而关于 $P(A)$ 的值, 可以用频率去近似它. 如果投针 N 次, 其中针与平行线相交 n 次, 则频率为 $\dfrac{n}{N}$, 于是 $\pi=\dfrac{2lN}{nd}$.

这是一个颇为奇妙的方法, 只要设计一个随机试验. 使一个事件的概率与某一未知数有关, 然后通过重复试验, 以频率近似概率即可以求未知数的近似数. 当然试验次数要相当多, 随着计算机的发展. 人们用计算机来模拟所设计的随机试验. 使得这种方法得以广泛的应用. 将这种计算方法称为**随机模拟法**, 也称为**蒙特卡罗法**.

练习 2

1. 已知 $P(A)=0.4, P(B\bar{A})=0.2, P(C\bar{A}\bar{B})=0.1$, 求 $P(A\bigcup B\bigcup C)$.

2. 已知 $P(A)=0.4, P(B)=0.25, P(A-B)=0.25$, 求 $P(B-A)$ 与 $P(\overline{A}\overline{B})$.

3. 在 100 件产品中有 5 件是次品, 每次从中随机地抽取 1 件, 取后不放回, 求第三次才取到次品的概率.

4. 从 $0,1,2,\cdots,9$ 等 10 个数字中, 任意选出不同的三个数字, 试求下列事件的概率: $A_1=$ "三个数字中不含 0 和 5", $A_2=$ "三个数字中不含 0 或 5", $A_3=$ "三个数字中含 0 但不含 5".

5. (1) 教室里有 r 个学生, 求他们的生日都不相同的概率;

(2) 房间里有四个人, 求至少两个人的生日在同一个月的概率.

6. 将 n 双大小各不相同的鞋子随机地分成 n 堆, 每堆两只, 求事件 $A=$ "每堆各成一双" 的概率.

7. 从 5 双不同的鞋子中任取 4 只, 问这 4 只鞋子中至少有 2 只配成一双的概率是多少?

8. m 个男生, n 个女生随意站成一排, 求下列事件的概率:

$A=$"女生全部站在一起";

$B=$"女生全站在一起, 男生也全站在一起";

$C=$"任意 2 个女生之间至少有一个男生".

9. 从一副 52 张 (除去大、小王) 的扑克牌中任意取出 5 张, 求下列事件的概率:

$A=$"5 张点数均不相同";

$B=$"2 张同点数, 另外 3 张也同点数";

$C=$"2 张同点数, 另外 3 张不同点数";

$D=$"5 张中有 4 种花色".

10. 两人相约 7 点到 8 点在校门口见面, 试求一人要等另一人半小时以上的概率.

11. 随机地向半圆 $0<y<\sqrt{2ax-x^2}$(a 为正常数) 内掷一点, 点落在圆内任何区域的概率与区域的面积成正比, 求原点与该点的连线同 x 轴的夹角小于 $\dfrac{\pi}{4}$ 的概率.

12. 随机地取两个正数 x 和 y, 这两个数中的每一个都不超过 1, 试求 x 与 y 之和不超过 1, 积不小于 0.09 的概率.

13. 假定所有 n 个参加聚会的人将他们的帽子扔在房间的中央, 然后每个人随机地取一顶帽子, 求没有人选到自己的帽子的概率.

1.3 条件概率

1.3.1 条件概率的定义

假设 A 和 B 是随机试验 E 的两个事件, 那么事件 A 或 B 的概率是确定的, 而且不受另一个事件是否发生的影响. 但是, 如果已知事件 A 已经发生, 那么需要对另一个事件 B 发生的可能性的大小进行重新考虑.

引例 一只盒子中装有新旧两种乒乓球, 其中新球有白色 4 个和黄色 3 个, 旧球有白色 2 个和黄色 1 个. 现从盒子中任取一球.

(1) 求取出的球是白球的概率 p_1;

(2) 已知取出的球是新球, 求它是白球的概率 p_2.

解 设 A 表示 "取出的球是新球", B 表示 "取出的球是白球". 由古典概型有以下结果.

(1) $p_1 = P(B) = \frac{6}{10} = \frac{3}{5}$;

(2) p_2 是在事件 A 已经发生的条件下事件 B 发生的概率. 由于新球共有 7 个, 其中有 4 个白球, 因此,

$$p_2 = \frac{4}{7}$$

由此可见, $p_1 \neq p_2$. 为了区别, 称 p_2 为在事件 A 发生的条件下事件 B 发生的条件概率, 记作 $P(B|A)$, 即 $p_2 = P(B|A) = \frac{4}{7}$.

由于 AB 表示事件 "取出的球是新球并且是白球", 而在 10 个球中, 是新球并且是白球共有 4 个, 所以 $P(AB) = \frac{4}{10}$. 又 $P(A) = \frac{7}{10}$, 所以有

$$P(B|A) = \frac{4}{7} = \frac{\frac{4}{10}}{\frac{7}{10}} = \frac{P(AB)}{P(A)}$$

容易验证, 在一般的古典概型中, 只要 $P(A) > 0$, 总有

$$P(B|A) = \frac{P(AB)}{P(A)}$$

在几何概型中 (以平面的情形为例), 如果向平面区域 Ω 内投掷随机点 (图 1.5), A 表示事件 "随机点落在区域 A 内", B 表示事件 "随机点落在区域 B 内", 那么

$$P(B|A) = \frac{AB\text{ 的面积}}{A\text{ 的面积}} = \frac{AB\text{ 的面积}/\Omega\text{ 的面积}}{A\text{ 的面积}/\Omega\text{ 的面积}} = \frac{P(AB)}{P(A)}$$

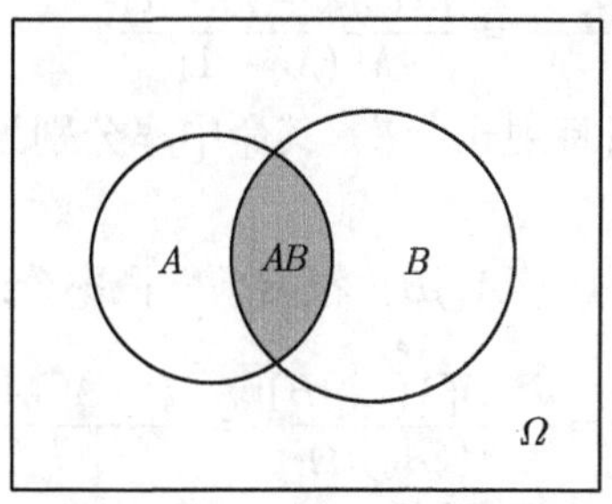

图 1.5 向 Ω 内投掷随机点

一般地, 我们有下面的定义.

定义 1.3.1 设 (Ω, F, P) 称为一概率空间, 对任意 $A, B \in F$ 且 $P(A) > 0$, 则称

$$P(B|A) = \frac{P(AB)}{P(A)}$$

为在事件 A 已发生的情况下, 事件 B 发生的条件概率.

容易验证, 条件概率 $P(B|A)$ 满足概率定义中的三个条件, 即

(1) 非负性: 对于任意事件 B, 有 $P(B\,|A)>0$;

(2) 规范性: 对于必然事件 Ω, 有 $P(\Omega\,|A)=1$;

(3) 可列可加性: 对于两两互不相容的事件 $B_1,B_2,\cdots$, 有

$$P\left\{\left(\bigcup_{i=1}^{\infty}B_i\right)\middle|\,A\right\}=\sum_{i=1}^{\infty}P(B_i\,|A)$$

进而也满足概率的重要性质.

例 1.3.1 设有 M 件产品包含 m 件次品, 从中任取 2 件, 求:

(1) 有一件是次品时, 另一件也是次品的概率;

(2) 一件不是次品时, 另一件是次品的概率;

(3) 至少一件是次品的概率.

解 这类题型关键是掌握事件符号的设定. 设

$$A_1=\{2\text{ 件中有次品}\};\quad A_2=\{2\text{ 件中有正品}\};\quad B=\{\text{另一件是次品}\},$$

则 $A_1B=\{\text{有 2 件次品}\}$.

$$(1)\ P(B|A_1)=\frac{P(A_1B)}{P(A_1)}=\frac{\dfrac{\mathrm{C}_m^2}{\mathrm{C}_M^2}}{\dfrac{\mathrm{C}_m^2+\mathrm{C}_m^1\mathrm{C}_{M-m}^1}{\mathrm{C}_M^2}}=\frac{m-1}{2M-m-1};$$

$$(2)\ P(B|A_2)=\frac{P(A_2B)}{P(A_2)}=\frac{\dfrac{\mathrm{C}_m^1\mathrm{C}_{M-m}^1}{\mathrm{C}_M^2}}{\dfrac{\mathrm{C}_m^1\mathrm{C}_{M-m}^1+\mathrm{C}_{M-m}^2}{\mathrm{C}_M^2}}=\frac{2m}{M-m-1};$$

$$(3)\ P(A_1)=\frac{\mathrm{C}_m^2+\mathrm{C}_m^1\mathrm{C}_{M-m}^1}{\mathrm{C}_M^2}=\frac{m(2M-m-1)}{M(M-1)}.$$

例 1.3.2 甲乙对同一目标射击一次, 其命中率分别为 0.6 和 0.5, 现已知目标被击中, 求它是甲射中的概率?

解 目标被击中的概率为 $P(A\bigcup B)$, 根据条件概率公式

$$\begin{aligned}P(A|A\bigcup B)&=\frac{P[A\bigcap(A\bigcup B)]}{P(A\bigcup B)}=\frac{P[(A\bigcap A)\bigcup(A\bigcap B)]}{P(A\bigcup B)}\\&=\frac{P[A\bigcup\varnothing]}{P(A\bigcup B)}=\frac{P(A)}{P(A)+P(B)-P(AB)}\\&=\frac{0.6}{0.6+0.5-0.6\times0.5}=\frac{3}{4}\end{aligned}$$

1.3.2 乘法公式

设 (Ω,F,P) 称为一概率空间, 对任意 $A,B\in F$ 且 $P(A)>0$, 由条件概率的定义有 $P(AB)=P(A)P(B|A)$; 同样道理, 若 $A_i\in F(i=1,2,\cdots,n)$ 且 $P(A_1A_2\cdots A_{n-1})>0$, 则 $P(A_1A_2\cdots A_n)=P(A_n|A_1A_2\cdots A_{n-1})P(A_{n-1}|A_1A_2\cdots A_{n-2})\cdots P(A_2|A_1)P(A_1)$.

在计算比较复杂事件的概率时, 我们需要将其分解成若干个两两互不相容的比较简单的事件的和, 分别计算出这些简单事件的概率, 然后根据概率的可加性求得复杂事件的概率.

1.3.3　全概率公式和贝叶斯公式

定义 1.3.2　如果事件组 $A_1, A_2, \cdots, A_n$ 满足: ① $\bigcup\limits_{i=1}^{n} A_i = \Omega$, ② $A_i \bigcap A_j = \varnothing\,(i \neq j)$, 称 $A_1, A_2, \cdots, A_n$ 为样本空间 Ω 的一个划分, 又称为 Ω 的一个**完备事件组**(或样本空间 Ω 的一个**分割**).

设 (Ω, F, P) 称为一概率空间, 如果 $A_1, A_2, \cdots, A_n$ 为一个划分, 则对于任意的事件 B, 有 $P(B) = \sum\limits_{i=1}^{n} P(A_i)P(B\,|A_i)$, 此式称为全概率公式; 若 $P(B) > 0$, 则有

$$P(A_i|B) = \frac{P(A_i)P(B|A_i)}{\sum\limits_{j=1}^{n} P(A_j)P(B|A_j)}$$

此式称为逆概率公式, 或贝叶斯公式. 常常我们称 $P(A_i)$ 为**先验概率**, 称 $P(A_i|B)$ 为**后验概率**. 在实际生活和工作中后验概率有很大的作用.

例 1.3.3　口袋中有 10 张卡片, 其中 2 张是中奖卡, 三个人依次从口袋中摸出一张(摸出的结果是未知的, 且不放回), 问中奖概率是否与摸卡的次序有关?

解　设三个人摸卡事件分别为 A_1, A_2, A_3. 这是一个离散古典概型.

$$P(A_1) = \frac{2}{10} = \frac{1}{5}$$

$$P(A_2) = P(A_1)P(A_2|A_1) + P(\overline{A}_1)P(A_2|\overline{A}_1) = \frac{1}{5} \times \frac{1}{9} + \left(1 - \frac{1}{5}\right) \times \frac{2}{9} = \frac{1}{5}$$

$$\begin{aligned} P(A_3) &= P(A_1A_2)P(A_3|A_1A_2) + P(\overline{A}_1A_2)P(A_3|\overline{A}_1A_2) \\ &\quad + P(A_1\overline{A}_2)P(A_3|A_1\overline{A}_2) + P(\overline{A}_1\overline{A}_2)P(A_3|\overline{A}_1\overline{A}_2) \\ &= \frac{\mathrm{A}_2^2}{\mathrm{A}_{10}^2} \times 0 + \frac{\mathrm{A}_8^1\mathrm{A}_2^1}{\mathrm{A}_{10}^2} \times \frac{1}{8} + \frac{\mathrm{A}_2^1\mathrm{A}_8^1}{\mathrm{A}_{10}^2} \times \frac{1}{8} + \frac{\mathrm{A}_8^1\mathrm{A}_7^1}{\mathrm{A}_{10}^2} \times \frac{2}{8} \\ &= \frac{8 \times 2}{10 \times 9} \times \frac{1}{8} + \frac{2 \times 8}{10 \times 9} \times \frac{1}{8} + \frac{8 \times 7}{10 \times 9} \times \frac{2}{8} = \frac{1+1+7}{45} = \frac{1}{5} \end{aligned}$$

可见, 中奖概率与摸卡的次序无关, 这正是抽签原理的具体体现, 以后再碰到类似题直接使用抽签原理计算就可以了.

例 1.3.4　设有来自三个地区的各 10 名、15 名、25 名考生的报名表, 其中女生的报名表分别为 3 份、7 份和 5 份, 随机地取一个地区的报名表, 从中抽出两份.

(1) 求先抽到的一份是女生的概率 p;

(2) 已知后抽到的一份是男生表, 求先抽到的一份是女生表的概率 q.

解　设

$$H_i = \{\text{报名表是第 } i \text{ 个地区考生的}\}, \quad i = 1, 2, 3$$

$$A_j = \{\text{第 } j \text{ 次抽到的一份是男生表}\}, \quad j = 1, 2$$

(1) 由全概率公式得

$$p=P\left(\overline{A_1}\right)=P\left(H_1\right)P\left(\overline{A_1}|H_1\right)+P\left(H_2\right)P\left(\overline{A_1}|H_2\right)+P\left(H_3\right)P\left(\overline{A_1}|H_3\right)$$
$$=\frac{1}{3}\times\frac{3}{10}+\frac{1}{3}\times\frac{7}{15}+\frac{1}{3}\times\frac{5}{25}=\frac{29}{90}$$

(2) 由全概率公式得

$$P\left(A_2\right)=P\left(H_1\right)P\left(A_2|H_1\right)+P\left(H_2\right)P\left(A_2|H_2\right)+P\left(H_3\right)P\left(A_2|H_3\right)$$
$$=\frac{1}{3}\times\frac{7}{10}+\frac{1}{3}\times\frac{8}{15}+\frac{1}{3}\times\frac{20}{25}=\frac{61}{90}$$

$$q=P\left(\overline{A_1}|A_2\right)=\frac{P\left(\overline{A_1}A_2\right)}{P\left(A_2\right)}$$

$$P\left(\overline{A_1}A_2\right)=P\left(H_1\right)P\left(\overline{A_1}A_2|H_1\right)+P\left(H_2\right)P\left(\overline{A_1}A_2|H_2\right)+P\left(H_3\right)P\left(\overline{A_1}A_2|H_3\right)$$
$$=\frac{1}{3}\times\left(\frac{3}{10}\times\frac{7}{9}\right)+\frac{1}{3}\times\left(\frac{7}{15}\times\frac{8}{14}\right)+\frac{1}{3}\times\left(\frac{5}{25}\times\frac{20}{24}\right)=\frac{2}{9}$$

$$q=P\left(\overline{A_1}|A_2\right)=\frac{P\left(\overline{A_1}A_2\right)}{P\left(A_2\right)}=\frac{\frac{2}{9}}{\frac{61}{90}}=\frac{20}{61}$$

例 1.3.5 为防止意外, 在矿内同时设置甲、乙两种报警系统, 每种系统单独使用时, 甲有效的概率为 0.92, 乙有效的概率为 0.93, 在甲失灵时乙仍有效的概率为 0.85, 求

(1) 发生意外时, 这两个报警系统至少有一个有效的概率;

(2) 在乙失灵时, 甲仍有效的概率.

解 (1) 设 $P(A)=0.92$, $P(B)=0.93$, 则 $P\left(B|\overline{A}\right)=0.85$, 至少有一个有效的概率为 $P(A+B)$.

$$P(A+B)=P(A)+P\left(\overline{A}B\right)=P(A)+P\left(\overline{A}\right)P\left(B|\overline{A}\right)=0.92+(1-0.92)\times0.85=0.988$$

(2) $P\left(A|\overline{B}\right)=\dfrac{P\left(A\overline{B}\right)}{P\left(\overline{B}\right)}=\dfrac{P(A+B)-P(A)}{1-P(B)}=\dfrac{0.988-0.92}{1-0.93}\approx0.97.$

练习 3

1. 设 $P(A)=a, P(B)=b$, 证明: $P(A|B)\geqslant\dfrac{a+b-1}{b}$.

2. 设 10 个考题签中有 4 个难签, 3 人参加抽签, 甲先抽, 乙次之, 丙最后. 求下列事件的概率:

(1) 甲抽到难签;

(2) 甲未抽到难签而乙抽到难签;

(3) 甲、乙、丙均抽到难签.

3. 发报台分别以概率 0.6 和 0.4 发出信号 “*” 和 “–”. 由于通信系统受到干扰, 当发出信号 “*” 时, 收报台未必收到信号 “*”, 而是分别以概率 0.8 和 0.2 收到信号 “*” 和 “–”; 同样, 当发出信号 “–” 时, 收报台分别以 0.9 和 0.1 收到信号 “–” 和 “*”. 求:

(1) 收报台收到信号“*”的概率;

(2) 当收到信号“*”时, 发报台确实是发出信号“*”的概率.

4. 对以往数据的分析结果表明, 当某机器处于良好状态的时候, 生产出来的产品合格率为 90%, 而当该机器存在某些故障时, 生产出来的产品合格率为 30%, 并且每天机器开动时, 处于良好状态的概率为 75%. 已知某日生产出来的第一件产品为合格品, 求此时该机器处于良好状态的概率.

5. 人们为了解一只股票未来一段时间内价格的变化, 往往会分析影响股票价格的因素, 比如利率的变化. 假设利率下调的概率为 60%, 利率不变的概率为 40%. 根据经验, 在利率下调的情况下, 该股票价格上涨的概率为 80%; 在利率不变的情况下, 其价格上涨的概率为 40%. 求该股票价格上涨的概率.

1.4　独立性

1.4.1　独立事件

定义 1.4.1　设 (Ω, F, P) 称为一概率空间, 如果 $A, B \in F$, 满足 $P(AB) = P(A)P(B)$, 则称事件 A 与 B 相互独立.

当 $P(B) > 0$ 时, 易证 A 与 B 相互独立的充要条件是 $P(A|B) = P(A)$.

不难验证, 概率为 0 或 1 的事件与任何其他事件都独立. 再者, 若 A 与 B 相互独立, 则 A 与 $\overline{B}$, $\overline{A}$ 与 B, $\overline{A}$ 与 $\overline{B}$ 都是相互独立的.

定义 1.4.2　设 (Ω, F, P) 称为一概率空间, 如果 $A, B, C \in F$, 满足 $P(AB) = P(A)P(B)$, $P(BC) = P(B)P(C)$, $P(AC) = P(A)P(C)$, 则称三个事件 A, B, C 两两独立; 若三个事件 A, B, C 两两独立, 且还满足 $P(ABC) = P(A)P(B)P(C)$, 则称三个事件 A, B, C 相互独立.

一般地, 设 $A_1, A_2, \cdots, A_n$ 是概率空间 (Ω, F, P) 的 n $(n \geqslant 2)$ 个事件, 如果满足

$$P(A_iA_j) = P(A_i)P(A_j), \quad i < j, \quad i, j = 1, 2, \cdots, n$$

则称 n 个事件 $A_1, A_2, \cdots, A_n$ 两两独立;

如果满足如下 $2^n - n - 1$ 个等式:

$$\left.\begin{array}{r}P(A_iA_j) = P(A_i)P(A_j), \quad i < j, \quad i, j = 1, 2, \cdots, n \\ P(A_iA_jA_k) = P(A_i)P(A_j)P(A_k), \quad i < j < k, \quad i, j, k = 1, 2, \cdots, n \\ \cdots\cdots \\ P(A_1A_2\cdots A_n) = P(A_1)P(A_2)\cdots P(A_n)\end{array}\right\}$$

则称 n 个事件 $A_1, A_2, \cdots, A_n$ 相互独立.

可见, 相互独立, 则两两必独立, 反之不然.

例 1.4.1　设有 4 张相同的卡片, 1 张涂上红色, 1 张涂上黄色, 1 张涂上绿色, 1 张涂上红、黄、绿三种颜色. 从这 4 张卡片中任取 1 张, 用 A, B, C 分别表示事件“取出的

卡片上涂有红色”“取出的卡片上涂有黄色”“取出的卡片上涂有绿色”, 讨论事件 A, B, C 是否相互独立.

解 显然

$$P(A)=P(B)=P(C)=\frac{2}{4}=\frac{1}{2},\quad P(AB)=P(AC)=P(BC)=\frac{1}{4}$$

所以有

$$P(AB)=P(A)P(B),\quad P(AC)=P(A)P(C),\quad P(BC)=P(B)P(C)$$

因此, 事件 A, B, C 是两两独立的. 但

$$P(ABC)=\frac{1}{4}\neq P(A)P(B)P(C)$$

所以事件 A, B, C 不相互独立.

例 1.4.2 对某一目标进行了三次独立射击, 第 1, 2, 3 次射击的命中率分别为: 0.4, 0.5, 0.7, 试求: (1) 三次中恰有一次命中的概率 p_1; (2) 三次中至少有一次命中的概率 p_2.

解 设 $A_i=\{$第 i 次命中的事件$\}$.

(1) 三次中恰有一次命中的事件

$$\begin{aligned}&B=A_1\overline{A_2}\,\overline{A_3}\cup\overline{A_1}A_2\overline{A_3}\cup\overline{A_1}\,\overline{A_2}A_3\\ \Rightarrow\ &p_1=P(B)=P\left(A_1\overline{A_2}\,\overline{A_3}\right)+P\left(\overline{A_1}A_2\overline{A_3}\right)+P\left(\overline{A_1}\,\overline{A_2}A_3\right)\\ &\quad=P(A_1)P\left(\overline{A_2}\right)P\left(\overline{A_3}\right)+P\left(\overline{A_1}\right)P(A_2)P\left(\overline{A_3}\right)+P\left(\overline{A_1}\right)P\left(\overline{A_2}\right)P(A_3)\\ &\quad=0.4\times0.5\times0.3+0.6\times0.5\times0.3+0.6\times0.5\times0.7=0.36\end{aligned}$$

(2) 三次中至少有一次命中的事件

$$\begin{aligned}&C=A_1\cup A_2\cup A_3\\ \Rightarrow\ &p_2=P(C)=P(A_1\cup A_2\cup A_3)=1-P\left(\overline{A_1\cup A_2\cup A_3}\right)\\ &\quad=1-P\left(\overline{A_1}\cdot\overline{A_2}\cdot\overline{A_3}\right)=1-P\left(\overline{A_1}\right)P\left(\overline{A_2}\right)P\left(\overline{A_3}\right)\\ &\quad=1-0.6\times0.5\times0.3=0.91\end{aligned}$$

例 1.4.3 一个电子元件 (或由电子元件构成的系统) 正常工作的概率称为元件 (或系统) 的可靠性. 现有 4 个独立工作的同种元件, 可靠性都是 $r(0<r<1)$, 按先串联后并联的方式连接 (图 1.6). 求这个系统的可靠性.

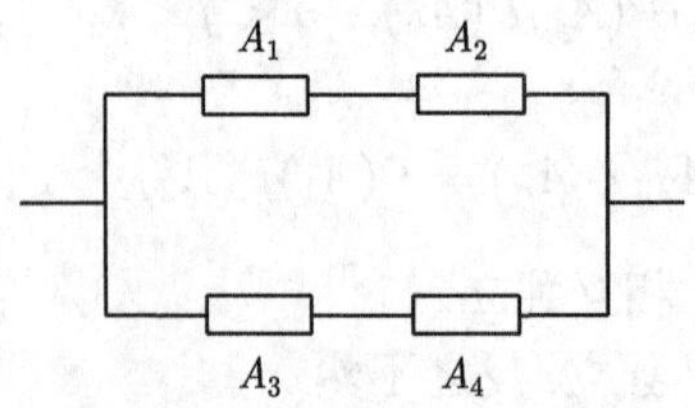

图 1.6 系统连接方式

解　设 $A_i(i=1,2,3,4)$ 表示事件 "第 i 个元件正常工作", A 表示事件 "系统正常工作". 由题意, A_1,A_2,A_3,A_4 相互独立, 且

$$P(A_1)=P(A_2)=P(A_3)=P(A_4)=r$$

$$A=A_1A_2\bigcup A_3A_4$$

由概率的加法公式和事件的独立性, 有

$$\begin{aligned}P(A)&=P(A_1A_2\bigcup A_3A_4)=P(A_1A_2)+P(A_3A_4)-P(A_1A_2A_3A_4)\\&=P(A_1)P(A_2)+P(A_3)P(A_4)-P(A_1)P(A_2)P(A_3)P(A_4)\\&=r^2+r^2-r^4\\&=2r^2-r^4\end{aligned}$$

1.4.2　独立试验

将同一试验重复进行 n 次, 如果每次试验中各结果发生的概率不受其他各次试验结果的影响, 则称这 n**次试验是独立试验**(**或相互独立的**).

如果试验 E 只有两个结果 A 和 $\overline{A}$, 则称该试验为**伯努利试验**. 例如, 抛掷一枚硬币观察出现正面还是反面, 抽取一件产品观测是合格品还是次品.

需要指出的是, 有些试验的结果虽然不止两个, 但我们感兴趣的是某事件 A 发生与否, 因而也可以视为伯努利试验. 例如, 任取一只灯泡观察其寿命, 结果可以是不小于 0 的任何实数. 根据需要, 如果把寿命大于等于 1000 小时的灯泡认定为合格品, 而把寿命小于 1000 小时的灯泡认定为次品, 那么试验只有两个结果: 合格品或次品, 因此是伯努利试验.

将一个伯努利试验 E 独立地重复进行 n 次, 称这 n 次试验为 n **重伯努利概型**(或 n **重伯努利试验**), 简称为**伯努利概型**.

设 $P(A)=p(0<p<1)$, $P(\overline{A})=1-p$. 下面我们讨论在 n 重伯努利概型中, 事件 A 恰好发生 k 次的概率 $P_n(k)$.

用 $A_i(i=1,2,\cdots,n)$ 表示事件 "第 i 次试验中 A 发生", 那么 "n 次试验中前 k 次 A 发生, 后 $n-k$ 次 A 不发生" 的概率为

$$\begin{aligned}P(A_1A_2\cdots A_k\overline{A_{k+1}}\cdots\overline{A_n})&=P(A_1)P(A_2)\cdots P(A_k)P(\overline{A_{k+1}})\cdots P(\overline{A_n})\\&=p^k(1-p)^{n-k}\end{aligned}$$

类似地, A 在指定的 k 个试验序号上发生, 在其余的 $n-k$ 个试验序号上不发生的概率都是 $p^k(1-p)^{n-k}$, 而在试验序号 $1,2,\cdots,n$ 中指定 k 个序号的不同方式共有 C_n^k 种, 所以在 n 重伯努利概型中, 事件 A 恰好发生 k 次的概率为

$$P_n(k)=\mathrm{C}_n^kp^k(1-p)^{n-k}\quad(k=1,2,\cdots,n)$$

例 1.4.4　箱子中有 10 个同型号的电子元件, 其中有 3 个次品、7 个合格品. 每次从中随机抽取一个, 检测后放回.

(1) 共抽取 10 次, 求 10 次中 "恰有 3 次取到次品" 和 "能取到次品" 的概率;

(2) 如果没取到次品就一直取下去, 直到取到次品为止, 求 "恰好要取 3 次" 和 "至少要取 3 次" 的概率.

解 设 $A_i(i=1,2,\cdots)$ 表示事件 "第 i 次取到次品", 则 $P(A_i)=\dfrac{3}{10}(i=1,2,\cdots)$.

(1) 设 A 表示事件 "恰有 3 次取到次品", B 表示事件 "能取到次品", 则有

$$P(A)=P_{10}(3)=\mathrm{C}_{10}^{3}\left(\frac{3}{10}\right)^{3}\left(1-\frac{3}{10}\right)^{10-3}\approx 0.2668$$

$$P(B)=1-P(\overline{B})=1-P_{10}(0)=1-\mathrm{C}_{10}^{0}\left(\frac{3}{10}\right)^{0}\left(1-\frac{3}{10}\right)^{10}\approx 0.9718$$

(2) 设 C 表示事件 "恰好要取 3 次", D 表示事件 "至少要取 3 次", 则有

$$P(C)=P(\overline{A}_1\overline{A}_2A_3)=P(\overline{A}_1)P(\overline{A}_2)P(A_3)=\left(1-\frac{3}{10}\right)^{2}\left(\frac{3}{10}\right)=0.147$$

$$P(D)=P(\overline{A}_1\overline{A}_2)=P(\overline{A}_1)P(\overline{A}_2)=\left(1-\frac{3}{10}\right)^{2}=0.49$$

例 1.4.5 某车间有 5 台同类型的机床, 每台机床配备的电动机功率为 10 千瓦. 已知每台机床工作时, 平均每小时实际开动 12 分钟, 且各台机床开动与否相互独立. 如果为这 5 台机床提供 30 千瓦的电力, 求这 5 台机床能正常工作的概率.

解 由于 30 千瓦的电力可以同时供给 3 台机床开动, 因此在 5 台机床中, 同时开动的台数不超过 3 台时能正常工作, 而有 4 台或 5 台同时开动时则不能正常工作. 因为事件 "每台机床开动" 的概率为 $\dfrac{12}{60}=\dfrac{1}{5}$, 所以 5 台机床能正常工作的概率为

$$\begin{aligned}p&=\sum_{k=0}^{3}P_5(k)=1-P_5(4)-P_5(5)\\&=1-\mathrm{C}_5^4\left(\frac{1}{5}\right)^4\left(\frac{4}{5}\right)-\mathrm{C}_5^5\left(\frac{1}{5}\right)^5\approx 0.993\end{aligned}$$

在例 1.4.5 中, 这 5 台机床不能正常的工作的概率大约为 0.007, 根据实际推断原理, 在一次试验中几乎不可能发生, 因此, 可以认为提供 30 千瓦的电力基本上能够保证 5 台机床正常工作.

练习 4

1. 两两独立的三事件 A,B,C 满足 $ABC=\varnothing$, 并且 $P(A)=P(B)=P(C)<\dfrac{1}{2}$. 若 $P(A\bigcup B\bigcup C)=\dfrac{9}{16}$, 求 $P(A)$.

2. 证明: (1) 若 $P(A|B)>P(A)$, 则 $P(B|A)>P(B)$; (2) 若 $P(A|B)=P(A|\bar{B})$, 则事件 A 与 B 相互独立.

3. 已知某种灯泡的耐用时间在 1000 小时以上的概率为 0.2, 求三个该型号的灯泡在使用 1000 小时以后最多有一个坏掉的概率.

习题 1

一、填空题

1. 设 A,B 为两个事件, 且 $P(A)=0.7$, $P(A-B)=0.3$, 则 $P(\overline{AB})=$__________.

2. 从区间 $(0,1)$ 中随机地取两个数, 则两数之差的绝对值小于 $\dfrac{1}{2}$ 的概率为__________.

3. 设 A,B,C 为三个事件, $A\supset C, B\supset C$, 且 $P(A)=0.7, P(A-C)=0.4, P(AB)=0.5$, 则 $P(AB\overline{C})=$__________.

4. 设 A,B 满足 $P(A)=\dfrac{1}{2}, P(B)=\dfrac{1}{3}$, 且 $P(A|B)+P(\overline{A}|\overline{B})=1$, 则 $P(A\bigcup B)=$__________.

5. 10 件产品中有 4 件次品, 每次从中任取一件进行测试, 直到 4 件次品均经测试取出为止, 则第八次测试取到最后一件次品的概率为__________.

6. 在 n 阶行列式 $\det(a_{ij})_{n\times n}$ 的展开式中任取一项, 若此项不含元素 a_{11} 的概率为 $\dfrac{2008}{2009}$, 则此行列式的阶数 $n=$__________.

7. 假设一批产品中一、二、三等品各占 60%, 30%, 10%, 从中随意取出一件, 结果不是三等品, 则取到的是一等品的概率为__________.

8. 袋中有 5 个乒乓球, 其中 2 个新球, 3 个旧球, 今有两人依次随机地从袋中各取一球, 取后不放回, 结果第二个人取到一个旧球, 则第一个人取到一个新球的概率为__________.

9. 随机地向半圆 $0<y<\sqrt{2ax-x^2}$(a 为正常数) 内掷一点, 点落在半圆内任何区域的概率与区域的面积成正比, 则原点和该点的连线与 x 轴的夹角小于 $\dfrac{\pi}{3}$ 的概率为__________.

10. 在 n 重伯努利试验中, 若每次试验成功的概率为 p, 则成功次数是奇数次的概率为__________.

二、选择题

1. 某工厂每天分 3 个班生产, 事件 A_i 表示第 i 班超额完成生产任务 $(i=1,2,3)$, 则至少有两个班超额完成任务的事件可以表示为 (　　).

(A) $A_1A_2\overline{A_3}+A_1\overline{A_2}A_3+\overline{A_1}A_2A_3$　　(B) $\overline{\overline{A_1}\,\overline{A_2}+\overline{A_1}\,\overline{A_3}+\overline{A_2}\,\overline{A_3}}$

(C) $\overline{A_1+A_2+A_3}$　　(D) $\overline{\overline{A_1}\,\overline{A_2}\,\overline{A_3}}$

2. 设 A 和 B 为任意两个互不相容的事件, 且 $P(A)P(B)>0$, 则必有 (　　).

(A) $\overline{A}$ 与 $\overline{B}$ 互不相容　　(B) $\overline{A}$ 与 $\overline{B}$ 相容

(C) $P(A\overline{B})=P(\overline{B})$　　(D) $P(A+\overline{B})=P(\overline{B})$

3. 设 A,B,C,D 为相互独立的四个事件, 则下列四对事件有可能不独立的是 (　　).

(A) $\overline{A-B}$ 与 $C+D$　　(B) AB 与 $C-D$

(C) $\overline{AD}$ 与 $\overline{B-D}$　　(D) $\overline{A+C}$ 与 BD

4. 设 A,B,C 为任意三个事件, 则下列事件中一定独立的是 (　　).

(A) $(A+B)(\overline{A}+B)(A+\overline{B})(\overline{A}+\overline{B})$ 与 AB　　(B) $A-B$ 与 C

(C) $\overline{AC}$ 与 $\overline{C}$　　(D) $\overline{AB}$ 与 $B+C$

5. 设事件 A, B, C 满足 $P(AB)=P(A)P(B), 0<P(B), P(C)<1$, 则有 (　　).

(A) $P(AB|C)=P(A|C)P(B|C)$　　(B) $P(A|B)+P(\overline{A}|\overline{B})=P(\overline{C}|\overline{C})$

(C) $P(A|B)+P(\overline{A}|\overline{B})=P(\overline{C}|C)$　　(D) $P(A|B)=P(\overline{A}|\overline{B})$

6. 下列命题一定正确的是 (　　).

(A) 若 $P(A)=0$, 则 A 为不可能事件

(B) 若 A 与 B 相互独立, 则 A 与 B 互不相容

(C) 若 A 与 B 互不相容, 则 $P(A)=1-P(B)$

(D) 若 $P(AB)\neq 0$, 则 $P(BC|A)=P(B|A)P(C|BA)$

7. 设 A,B,C 为任意三个事件, 则与 A 一定互不相容的事件为 (　　).

(A) $\overline{A\bigcup B\bigcup C}$　　(B) $\overline{A}B\bigcup A\overline{C}$

(C) $\overline{ABC}$　　(D) $\overline{A(B\bigcup C)}$

8. 设事件 A,B,C 满足 $P(ABC)=P(A)P(B)P(C)$, 则有 (　　).

(A) A,B 相互独立　　(B) AB 与 C 相互独立

(C) A,B,C 相互独立　　(D) 以上结论均不正确

9. 甲、乙、丙 3 人依次从装有 7 个白球, 3 个红球的袋中随机地摸 1 个球, 已知丙摸到了红球, 则甲、乙摸到不同颜色球的概率为 (　　).

(A) $\dfrac{7}{16}$　　(B) $\dfrac{7}{18}$　　(C) $\dfrac{7}{19}$　　(D) $\dfrac{7}{20}$

10. 设一射手每次命中目标的概率为 p, 现对同一目标进行若干次独立射击, 直到命中目标 5 次为止, 则射手共射击了 10 次的概率为 (　　).

(A) $\mathrm{C}_{10}^{5}p^5(1-p)^5$　　(B) $\mathrm{C}_{9}^{4}p^5(1-p)^5$

(C) $\mathrm{C}_{10}^{4}p^4(1-p)^5$　　(D) $\mathrm{C}_{9}^{4}p^4(1-p)^5$

三、解答题

1. 有 7 位乘客来到某 11 层大楼的一层乘楼梯上楼, 每个乘客在任何一层 (从 2 层到 11 层) 离开是等可能的, 试求下列事件的概率:

(1) 某指定的一层有 2 位乘客离开;

(2) 没有 2 位以及 2 位以上乘客在同一层离开;

(3) 至少有 2 位乘客在同一层离开.

2. 从 10 个整数 $0, 1, 2, \cdots, 9$ 中任取 4 个不同的数字组成一个 4 位数, 试求:

(1) 4 位数为偶数的概率;

(2) 4 位数为奇数的概率.

3. 若 M 件产品中包含 m 件废品, 今在其中任取两件, 试求:

(1) 已知取出的两件中有一件是废品的条件下, 另一件也是废品的概率;

(2) 已知取出的两件中有一件不是废品的条件下, 另一件是废品的概率.

4. 从 n 阶行列式的一般展开式中任取一项, 试求该项包含主对角线元素的概率.

5. 在 $\triangle ABC$ 中任取一点 P, 证明: $\triangle ABP$ 与 $\triangle ABC$ 的面积之比大于 $\dfrac{n-1}{n}$ 的概率为 $\dfrac{1}{n^2}$.

6. 在正方形 $D=\{(x,y)||x|\leqslant 1,|y|\leqslant 1\}$ 中任取一点, 试求使得关于 u 的方程 $u^2+xu+y=0$ 有 (1) 两个实根; (2) 两个正根的概率.

7. 设有来自三个地区的各 10 名、15 名和 25 名考生的报名表, 其中女生的报名表分别为 3 份、7 份和 5 份. 随机地取一个地区的报名表, 从中先后任取 2 份.

(1) 求先取到的 1 份为女生表的概率 p;

(2) 已知后取到的 1 份为男生表, 求先取到的 1 份是女生表的概率 q.

8. 同时掷 6 枚骰子, 求:

(1) 出现 3 个偶数点的概率;

(2) 出现偶数点个数多于奇数点个数的概率.

9. 某人一次写了 n 封信, 又写了 n 个信封, 如果他将 n 张信纸任意装入 n 个信封中, 问至少有一封信的信纸和信封一致的概率是多少?

10. 设有 5 个独立工作的相同元件 1, 2, 3, 4, 5, 它们正常工作的概率均为 p, 将其按图 1.7 方式连接成一个系统, 试求系统正常工作的概率.

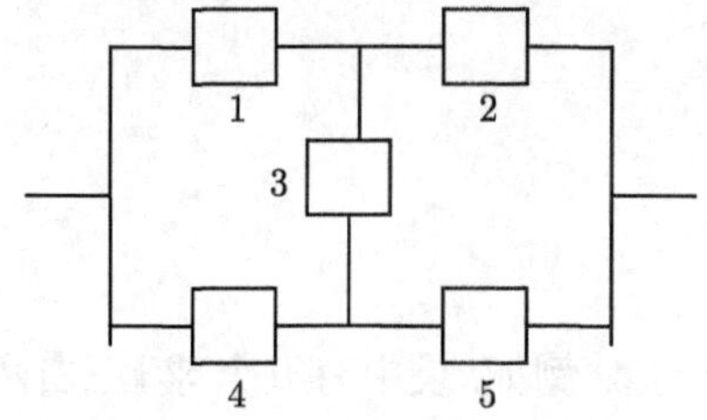

图 1.7　系统连接方式示意图

11. 甲、乙两人轮流射击, 先击中目标者为胜. 设甲、乙击中目标的概率分别为 α,β. 甲先射, 求甲、乙分别为胜者的概率.

12. 玻璃杯成箱出售, 每箱 20 只, 假设各箱含 0, 1, 2 只残次品的概率分别为: 0.8, 0.1 和 0.1. 一顾客欲购买一箱玻璃杯, 在购买时, 由售货员随意取一箱, 而顾客开箱随机地抽查 4 只: 若无残次品, 则买下该箱玻璃杯, 否则退回, 试求:

(1) 顾客买此箱玻璃杯的概率 α;

(2) 在顾客买的此箱玻璃杯中, 确实没有残次品的概率 β.

第2章 随机变量及其分布

2.1 随机变量

随机试验的结果经常是数量. 例如, 袋中有五个球 (三白两黑), 从中任取三球, 则取到的黑球数等. 有的随机试验的结果虽然不是数量, 但可以将它数量化. 例如, 将一枚硬币抛掷三次, 观察出现正面 H 和反面 T 的情况, 所有可能的结果为 $\Omega=\{HHH, HHT, HTH, THH, HTT, THT, TTH, TTT\}$. 以 X 记三次抛掷得到正面 H 的总数, 那么, X 是 Ω 到实数集 $\mathbf{R}$ 的映射, 即

$$X(\omega)=\begin{cases}0, & \omega=TTT\\ 1, & \omega=HTT,\quad THT,\quad TTH\\ 2, & \omega=HHT,\quad HTH,\quad THH\\ 3, & \omega=HHH\end{cases}$$

则 $X(\omega)$ 反映了将一枚硬币抛掷三次这一试验的结果.

作为随机试验的结果, 这些数量与以往用来表示时间、位移等的变量有很大不同, 那就是取值的变化情况取决于随机试验的结果, 因而是不能完全预言的. 这种随机地取值的变量就是随机变量.

定义 2.1.1 设 (Ω, F, P) 为一概率空间, $X(\omega)$ 为 Ω 上定义的实值函数. 如果有

$$\{\omega: X(\omega)\leqslant x\}\in F,\quad \forall x\in\mathbf{R}$$

则称 $X(\omega)$ 为**随机变量**.

随机变量的取值随着试验的结果而定, 在试验之前不能预知它取什么值, 且它的取值有一定的概率. 这些性质显示了随机变量和普通函数有着本质的差异.

随机变量的引入, 使我们能用随机变量来描述各种随机现象, 并能利用数学分析的方法对随机试验的结果进行深入广泛的研究和讨论.

实际上, 随机变量就是 Ω 上关于 F 可测的实值函数. 作为 Ω 到实数集 $\mathbf{R}$ 的映射 $X(\omega)$, 可以引出将 $\mathbf{R}$ 的子集 B 变为 F 的子集之逆变换: $X^{-1}(B)=\{\omega: X(\omega)\in B\}$.

容易验证 X^{-1} 满足:

(1) $X^{-1}(\mathbf{R})=\Omega$;

(2) 若 $B\subset C$, 则 $X^{-1}(B)\subset X^{-1}(C)$;

(3) $X^{-1}(\bar{B})=\overline{X^{-1}(B)}$;

(4) $X^{-1}\left(\bigcup\limits_n B_n\right)=\bigcup\limits_n X^{-1}(B_n)$.

练习 1

证明以上的关于随机变量的 4 个等式.

2.2　离散型随机变量及其分布律

定义 2.2.1　设 X 为概率空间 (Ω,F,P) 上的随机变量, X 所有可能的取值是有限个或无限可列个, 则称 X 为离散型随机变量. 若离散型随机变量 X 的可能取值为 $x_k(k=1,2,\cdots)$, 且取各个值的概率为

$$P(X=x_k)=p_k,\quad k=1,2,\cdots$$

则称上式为离散型随机变量 X 的概率分布或分布律. 有时也用分布列的形式给出:

X	x_1	x_2	$\cdots$	x_k	$\cdots$
P	p_1	p_2	$\cdots$	p_k	$\cdots$

显然分布律应满足下列条件:

(1) 非负性: $p_k\geqslant 0, k=1,2,\cdots$;

(2) 归一性: $\sum\limits_{k=1}^{+\infty}p_k=1$.

例 2.2.1　设随机变量 X 的分布律为 $P(X=k)=C\dfrac{\lambda^k}{k!}, k=1,2,\cdots,\lambda>0$, 试确定常数 C 的值.

解　由分布律的性质, 知 $\sum\limits_{k=1}^{+\infty}C\dfrac{\lambda^k}{k!}=C\sum\limits_{k=1}^{+\infty}\dfrac{\lambda^k}{k!}=C(\mathrm{e}^\lambda-1)=1, C=\dfrac{1}{\mathrm{e}^\lambda-1}$.

常见离散型随机变量的分布如下.

1. (0-1) 分布

若随机变量 X 只可能取 0 与 1 两个值, 它的分布律是

$$P(X=k)=p^k(1-p)^{1-k},\quad k=0,1\quad(0<p<1)$$

则称 X 服从参数为 p 的 (0-1) 分布或两点分布.

例如树叶落在地面的试验, 结果只能出现正面或反面.

2. 二项分布

若随机变量 X 的概率分布为 $P(X=k)=\mathrm{C}_n^k p^k q^{n-k}, k=0,1,2,\cdots,n$, 其中

$$0<p<1, \quad q=1-p$$

则称 X 服从参数为 n,p 的二项分布. 记作 $X\sim B(n,p)$.

在 n 重伯努利试验中, 设事件 A 发生的概率为 p. 事件 A 发生的次数是随机变量 X, 则 X 可能的取值为 $0,1,2,\cdots,n$ 且 $X\sim B(n,p)$.

当 $n=1$ 时, $P(X=k)=p^k q^{1-k}$, $k=0,1$, 这就是 (0-1) 分布, 所以 (0-1) 分布是二项分布的特例.

若 $X\sim B(n,p)$, 我们发现, 当 k 从 0 增加到 n 时, 概率 p_k 经历了一个从小到大, 又从大到小的过程, 因此称概率最大的事件为最可能事件, 相应随机变量 X 的取值最可能为此数.

容易证明: 若 $X\sim B(n,p)$, 则当 $(n+1)p$ 是整数时, X 有两个最可能此数 $(n+1)p$ 及 $(n+1)p-1$; 当 $(n+1)p$ 不是整数时, 最可能此数为 $[(n+1)p]$.

例 2.2.2 某人进行射击, 设每次射击的命中率为 0.001, 若独立地射击 5000 次, 试求射中的次数不少于两次的概率.

解 将一次射击看成一次试验. 设击中的此数为 X, 则 $X\sim B(5000,0.001)$.

$$\begin{aligned}P(X\geqslant 2)&=1-P(X<2)=1-P(X=0)-P(X=1)\\&=1-\mathrm{C}_{5000}^0 0.999^{5000}-\mathrm{C}_{5000}^1 0.001\times 0.999^{4999}\end{aligned}$$

例 2.2.3 设有 80 台同类型设备, 各台工作是相互独立的, 发生故障的概率都是 0.01, 且一台设备的故障能由一个人处理. 考虑两种配备维修工人的方法, 其一是由 4 人维护, 每人负责 20 台; 其二是由 3 人共同维护 80 台. 试比较这两种方法在设备发生故障时不能及时维修的概率的大小.

解 按第一种方法. 以 X 记 “第 1 人维护的 20 台中同一时刻发生故障的台数”, 以 $A_i(i=1,2,3,4)$ 表示事件 “第 i 人维护的 20 台中发生故障不能及时维修”, 则知 80 台中发生故障而不能及时维修的概率为

$$P(A_1\bigcup A_2\bigcup A_3\bigcup A_4)\geqslant P(A_1)=P(X\geqslant 2)$$

而 $X\sim B(20,0.01)$, 故有

$$\begin{aligned}P(X\geqslant 2)&=1-P(X=0)-P(X=1)\\&=1-\begin{pmatrix}20\\0\end{pmatrix}(0.01)^0(0.99)^{20}-\begin{pmatrix}20\\1\end{pmatrix}(0.01)^1(0.99)^{19}=0.0169\end{aligned}$$

即有

$$P(A_1\bigcup A_2\bigcup A_3\bigcup A_4)\geqslant 0.0169$$

按第二种方法. 以 Y 记 80 台中同一时刻发生故障的台数. 此时, $Y \sim B(80, 0.01)$, 故 80 台中发生故障而不能及时维修的概率为

$$P(Y \geqslant 4) = 1 - \sum_{k=0}^{3} \binom{80}{k} (0.01)^k (0.99)^{80-k} = 0.0087.$$

计算结果表明, 后一种情况尽管任务重了 (平均每人维修 27 台), 但工作质量不仅没有降低, 相反还提高了, 不能维修的概率变小了, 这说明, 由 3 人共同负责维修 80 台, 比由一人单独维修 20 台更好, 既节约了人力又提高了工作效率, 所以, 可用概率论的方法进行国民经济管理, 以便达到更有效地使用人力、物力资源的目的. 因此, 概率方法成为运筹学的一个有力工具.

3. 泊松分布

若随机变量 X 所有可能取的值为 $0, 1, 2, \cdots$, 而取各个值的概率为

$$P\{X = k\} = \frac{\lambda^k \mathrm{e}^{-\lambda}}{k!}, \quad k = 0, 1, 2, \cdots, \quad \text{其中 } \lambda > 0 \text{ 是常数}$$

则称 X 服从参数为 λ 的泊松分布, 记为 $X \sim \pi(\lambda)$.

泊松分布是概率论中一种重要的离散型分布, 它在理论和实践中都有广泛应用. 具有泊松分布的随机变量在实际应用中是很多的. 例如, 一本书一页中的印刷错误数、某地区在一天内邮递遗失的信件数、某医院在一天内的急诊患者数、某地区在一天内来到公共汽车站的乘客数、某机床一天内发生故障的次数、一天内自动控制系统中元件损坏的个数、某商店一天内到来的顾客人数等均服从泊松分布.

泊松定理 设 $\lambda > 0$ 是一常数, n 为任意正整数, 设 $np_n = \lambda$, 则对于任一固定的非负整数 k, 有 $\lim\limits_{n \to \infty} \binom{n}{k} p_n^k (1 - p_n)^{n-k} = \dfrac{\lambda^k \mathrm{e}^{-\lambda}}{k!}$.

证明 由 $np_n = \lambda$, 有

$$\begin{aligned}
\binom{n}{k} p_n^k (1 - p_n)^{n-k} &= \frac{n(n-1)\cdots(n-k+1)}{k!} \left(\frac{\lambda}{n}\right)^k \left(1 - \frac{\lambda}{n}\right)^{n-k} \\
&= \frac{\lambda^k}{k!} \left[1 \times \left(1 - \frac{1}{n}\right) \times \cdots \times \left(1 - \frac{k-1}{n}\right)\right] \left(1 - \frac{\lambda}{n}\right)^{n-k}
\end{aligned}$$

故有 $\lim\limits_{n \to \infty} \binom{n}{k} p_n^k (1 - p_n)^{n-k} = \dfrac{\lambda^k \mathrm{e}^{-\lambda}}{k!}$.

泊松定理表明, 可用泊松分布来计算二项分布 (图 2.1).

例 2.2.4 某人进行射击, 设每次射击的命中率为 0.001, 若独立地射击 5000 次, 试求射中的次数不少于两次的概率, 用泊松分布来近似计算.

解 将一次射击看成一次试验. 设击中的此数为 X, 则 $X \sim B(5000, 0.001)$. 由泊松定理

$$P(X \geqslant 2) = 1 - P(X < 2) = 1 - P(X = 0) - P(X = 1)$$

$$
\begin{aligned}
&= 1 - \mathrm{C}_{5000}^{0} 0.999^{5000} - \mathrm{C}_{5000}^{1} 0.001 \times 0.999^{4999} \\
&\approx 1 - \sum_{k=0}^{1} \frac{5^k \mathrm{e}^{-\lambda}}{k!} = 1 - 0.0404 = 0.9596
\end{aligned}
$$

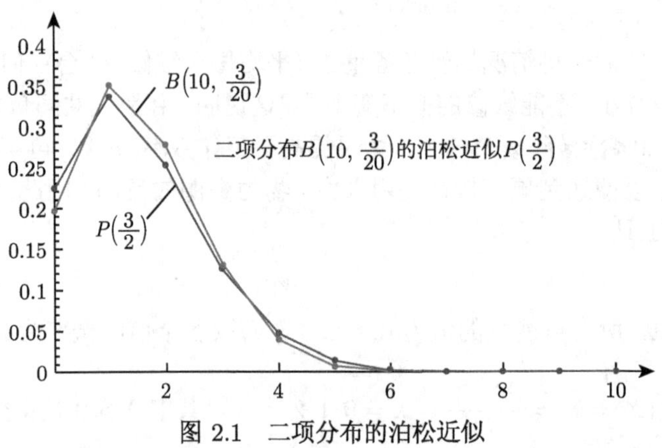

图 2.1 二项分布的泊松近似

4. 几何分布

若随机变量 X 的概率分布为

$$
P\{X=k\} = q^{k-1}p, \quad k = 1, 2, \cdots, q = 1-p
$$

则称 X 服从几何分布, 记作 $X \sim G(p)$.

考虑可列重伯努利试验中, 通常把结果 A 称作 "成功", 而把 $\overline{A}$ 称作 "失败". 设可列重伯努利试验中首次成功 (首次出现事件 A) 的等待时间为 X, 它取值自然数 k 当且仅当前 $k-1$ 次试验全失败同时第 k 次成功, 即

$$
P\{X=k\} = P(\underbrace{\overline{A} \cdots \overline{A}}_{k-1} A) = pq^{k-1}, \quad k = 1, 2, \cdots
$$

故 X 服从几何分布.

几何分布具有以下性质.

定理 2.2.1 取值于正整数的随机变量 X 服从几何分布, 当且仅当 X 有无记忆性:

$$
P\{X > m+n | X > m\} = P\{X > n\}, \quad \forall m, n \geqslant 1
$$

证明 必要性 设 $X \sim G(p)$, 则

$$
P\{X > n\} = \sum_{k=n+1}^{\infty} q^{k-1}p = q^n, \quad \forall n \geqslant 1
$$

于是对任意 $m, n \geqslant 1$,

$$
P\{X > m+n | X > m\} = \frac{P\{X > m+n\}}{P\{X > m\}} = \frac{q^{m+n}}{q^m} = q^n
$$

即 X 有无记忆性.

充分性　X 有无记忆性, 即有 $P\{X>m+n|X>m\}=P\{X>n\}$,

设 $a_n=P\{X>n\}$, 则 $a_n>0$, 且 $a_{m+n}=a_m a_n$, 任意 $m,n\geqslant 1$.

因此, $a_m=a_1^m$. 注意到 $a_1>0$, 另一方面 $a_1=1$ 将导致一切 $a_m=1$, 这与 X 取正整数矛盾. 故取 $q=a_1, 0<q<1$, 且对任意 $k\geqslant 1$ 有 $P\{X=k\}=q^{k-1}p(k=1,2,\cdots,q=1-p)$. 至此得证 X 服从几何分布.

设 X 为可列重伯努利试验中首次成功的等待时间. 上述无记忆性表明：已知试验了 m 次未获得成功, 再加做 n 次试验仍不成功的条件概率, 等于从开始算起做 n 次试验不成功的概率. 就是说, 已做过的 m 次失败的试验被忘记了. 产生几何分布这种无记忆性的根本原因在于, 我们进行的是独立重复试验. 这是不学习、不总结经验的一系列试验, 当然已做过的试验不会留下记忆. 常言说 "失败是成功之母", 其前提条件就是每次试验后要认真总结经验, 不断改进试验方案, 才能尽快取得成功. 如果真的在做 "独立重复试验", 那么不管已经失败过多少次, 也不会为今后的试验留下可借鉴的经验.

练习 2

1. 设每次射击击中目标的概率为 0.3, 现进行 8 次独立射击. 求:

(1) 至少击中 2 次的概率;

(2) 击中几次的概率最大? 并写出相应的概率.

2. 设一堆同类产品共 N 个, 其中有 M 个不合格品. 现从中任取 n 个 (假定 $n<N-M$), 则这 n 个产品中所含的不合格品数 X 是一个离散型随机变量. 试写出 X 的分布律.

3. 袋中装有 α 个白球及 β 个黑球, 按下列 3 种方式取球, 试求其中含 a 个白球, b 个黑球的概率 $(a\leqslant\alpha,\ b\leqslant\beta)$.

(1) 从袋中任取 $a+b$ 个球;

(2) 从袋中连续地取 $a+b$ 个球 (不放回);

(3) 从袋中连续地取 $a+b$ 个球 (放回).

2.3　随机变量的分布函数

对于非离散型随机变量 X, 由于其可能取值不能一一列举出来, 因而就不能像离散型随机变量那样可以用分布律来描述它. 于是, 我们转而去考察随机变量所取的值落在一个区间 $(x_1,x_2]$ 的概率：$P\{x_1<X\leqslant x_2\}$. 但由于 $P\{x_1<X\leqslant x_2\}=P\{X\leqslant x_2\}-P\{X\leqslant x_1\}$, 所以我们只需知道 $P\{X\leqslant x_2\}$ 和 $P\{X\leqslant x_1\}$ 就可以了.

定义 2.3.1　设 X 为概率空间 (Ω,F,P) 上的随机变量, x 是任意实数, 称

$$F(x)=P\{X\leqslant x\},\quad x\in\mathbf{R}$$

为随机变量 X 的分布函数.

对于任意实数 $x_1, x_2(x_1 < x_2)$, 有

$$P\{x_1 < X \leqslant x_2\} = P\{X \leqslant x_2\} - P\{X \leqslant x_1\} = F(x_2) - F(x_1)$$

因此, 若已知随机变量 X 的分布函数, 我们就知道 X 落在任一个区间 $(x_1, x_2]$ 内的概率, 从这个意义上说, 分布函数完整地描述了随机变量的统计规律性.

分布函数 $F(x)$ 是一个普通的函数, 它表示随机变量落入区间 $(-\infty, x]$ 内的概率.

分布函数 $F(x)$ 具有以下基本性质:

(1) $F(x)$ 是一个不减函数;

(2) $0 \leqslant F(x) \leqslant 1$, 且

$$F(-\infty) = \lim_{x \to -\infty} F(x) = 0, \quad F(+\infty) = \lim_{x \to +\infty} F(x) = 1$$

(3) $F(x+0) = F(x)$, 即 $F(x)$ 是右连续的;

(4) 对任意 $x_1 < x_2$, 有 $P(x_1 < X \leqslant x_2) = F(x_2) - F(x_1)$;

(5) 对任意 x, $P(X = x) = F(x) - F(x-0)$.

利用较深的数学知识 (测度论), 可以证明, 满足性质 (1)~(3) 的函数 $F(x)$ 必是某个随机变量的分布函数.

例 2.3.1 设随机变量 X 的分布律为

X	-1	2	3
p_k	0.25	0.5	0.25

求随机变量 X 的分布函数.

解

$$F(x) = \begin{cases} 0, & x < -1 \\ 0.25, & -1 \leqslant x < 2 \\ 0.75, & 2 \leqslant x < 3 \\ 1, & x > 3 \end{cases}$$

$F(x)$ 的图形是阶梯图形, $x_1, x_2, \cdots$ 是第一类间断点, 随机变量 X 在 x_k 处的概率就是 $F(x)$ 在 x_k 处的跳跃度.

一般地, 设离散型随机变量 X 的分布律为 $P(X = x_k) = p_k (k = 1, 2, \cdots)$, 则 X 的分布函数为 $F(x) = P\{X \leqslant x\} = \sum\limits_{x_k \leqslant x} P\{X = x_k\} = \sum\limits_{x_k \leqslant x} p_k$.

这里和式是对所有满足 $x_k \leqslant x$ 的 k 求和. 此外, 分布函数 $F(x)$ 在 $x = x_k (k = 1, 2, \cdots)$ 处有跳跃, 其跳跃值为 $P(X = x_k) = p_k$.

练习 3

1. 将一枚骰子连掷两次, 以 X 表示两次所得点数之和. 试写出随机变量 X 的分布律和分布函数.

2. 向区间 $[a, b]$ 上均匀地投掷一随机点, 以 X 表示随机点的落点坐标, 求 X 的分布函数.

2.4　连续型随机变量及其分布

引例　设随机变量 X 等可能地在区间 $[a,b]$ 取值, 则其分布函数

$$F(x)=\begin{cases}0, & x<a\\ \dfrac{x-a}{b-a}, & a\leqslant x<b\\ 1, & x\geqslant b\end{cases}$$

若令

$$f(x)=\begin{cases}\dfrac{1}{b-a}, & a<x<b\\ 0, & \text{其他}\end{cases}$$

则有 $F(x)=\displaystyle\int_{-\infty}^{x}f(t)\mathrm{d}t$.

一般地, 有以下定义.

定义 2.4.1　设 X 为概率空间 (Ω,F,P) 上的随机变量, $F(x)$ 是 X 的分布函数. 若存在一个非负可积函数 $f(x)$, 使对任意实数 x, 有

$$F(x)=\int_{-\infty}^{x}f(t)\mathrm{d}t$$

则称 X 为连续型随机变量, $f(x)$ 称为 X 的概率密度函数, 简称密度或概率密度.

概率密度函数的几何意义如图 2.2 所示.

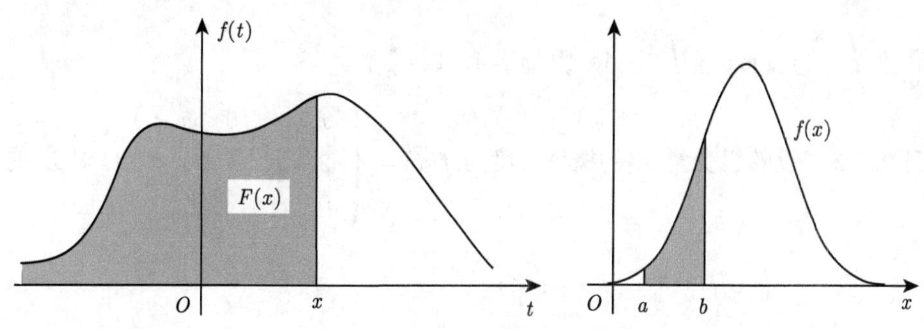

图 2.2　概率密度函数的几何意义

连续型随机变量的概率密度函数具有以下性质:

(1) $f(x)\geqslant 0,-\infty<x<+\infty$;

(2) $\displaystyle\int_{-\infty}^{+\infty}f(x)\mathrm{d}x=1$;

(3) $P\{x_1<X\leqslant x_2\}=F(x_2)-F(x_1)=\displaystyle\int_{x_1}^{x_2}f(x)\,\mathrm{d}x(x_1<x_2)$;

(4) 若 $f(x)$ 在点 x 处连续, 则有 $F'(x)=f(x)$.

注　(1) 若函数 $f(x)$ 满足性质 (1) 和 (2), 则 $f(x)$ 一定是某个连续型随机变量的概率密度.

(2) 对于连续型随机变量 X 来说, 它取任一指定实数 a 的概率为 0, 即 $P(X=a)=0$. 事实上, 设 X 的分布函数为 $F(x)$ $(\Delta x>0)$, 则由 $\{X=a\}\subset\{a-\Delta x<X\leqslant a\}$ 得

$$0\leqslant P\{X=a\}\leqslant P\{a-\Delta x<X\leqslant a\}=F(a)-F(a-\Delta x)=\int_a^{a+\Delta x}f(x)\mathrm{d}x$$

又 $\lim\limits_{\Delta x\to 0}\int_a^{a+\Delta x}f(x)\mathrm{d}x=0$, 所以, $P(X=a)=0$. 因此

$$P(a<X\leqslant b)=P(a<X<b)=P(a\leqslant X<b)=P(a\leqslant X\leqslant b)=F(b)-F(a)$$

(3) 概率为 0 的事件不一定是不可能事件, 同样, 概率为 1 的事件也不一定是必然事件.

(4) 连续型随机变量 X 落在小区间 $(x,x+\Delta x)(\Delta x>0)$ 上的概率为

$$P\{x<X\leqslant x+\Delta x\}=\int_x^{x+\Delta x}f(x)\mathrm{d}x\approx f(x)\mathrm{d}x$$

乘积 $f(x)\mathrm{d}x$ 称为概率微分, 上式表明, 连续型随机变量 X 落在小区间 $(x,x+\Delta x)$ 上的概率近似地等于概率微分. $f(x)\mathrm{d}x$ 在连续型随机变量理论中所起的作用与概率 $P(X=x_k)=p_k$ 在离散型随机变量理论中所起的作用是类似的. 如果把 x 看成质点的坐标, $f(x)$ 看成在 x 处的线密度, 则 $P(x_1<X\leqslant x_2)=\int_{x_1}^{x_2}f(x)\mathrm{d}x$ 就可看成分布在线段 x_1x_2 上的质量, 这就是称 $f(x)$ 为概率密度的理由.

例 2.4.1 确定常数 A, 使 $f(x)=A\mathrm{e}^{-|x|}(-\infty<x<+\infty)$ 为某一随机变量的概率密度.

解 $\int_{-\infty}^{+\infty}f(x)\mathrm{d}x=\int_{-\infty}^{+\infty}A\mathrm{e}^{-|x|}\mathrm{d}x=1$, $A=\dfrac{1}{2}$.

例 2.4.2 设随机变量 X 的概率密度为 $f(x)=\begin{cases}x, & 0\leqslant x<1,\\ 2-x, & 1\leqslant x<2,\\ 0, & \text{其他},\end{cases}$ 求 X 的分布函数 $F(x)$.

解 $F(x)=\begin{cases}0, & x<0,\\ \dfrac{x^2}{2}, & 0\leqslant x<1,\\ -\dfrac{x^2}{2}+2x-1, & 1\leqslant x<2,\\ 1, & x>2.\end{cases}$

例 2.4.3 设随机变量 X 的概率密度 $f(x)=\dfrac{A}{\mathrm{e}^x+\mathrm{e}^{-x}}$, $-\infty<x<+\infty$. 求 (1) 常数 A; (2) 概率 $P\left\{0<X<\dfrac{1}{2}\ln 3\right\}$; (3) X 的分布函数 $F(x)$.

解 (1) 由 $\int_{-\infty}^{+\infty}f(x)\mathrm{d}x=A\arctan\mathrm{e}^x|_{-\infty}^{+\infty}=\dfrac{\pi}{2}A=1$, 得 $A=\dfrac{2}{\pi}$.

(2) $P\left\{0<X<\dfrac{1}{2}\ln 3\right\}=\dfrac{2}{\pi}\arctan\mathrm{e}^x|_0^{\ln\sqrt{3}}=\dfrac{1}{6}$.

(3) X 的分布函数 $F(x)$ 为 $F(x)=\dfrac{2}{\pi}\arctan \mathrm{e}^{x}$, $-\infty<x<+\infty$.

例 2.4.4　设连续型随机变量 X 的分布函数为 $F(x)=\begin{cases}0, & x<-a,\\ A+B\arcsin\dfrac{x}{a}, & -a\leqslant x<a,\\ 1, & x\geqslant a,\end{cases}$ $a>0$, 求 (1) 常数 A,B; (2) 概率 $P\left\{|X|<\dfrac{a}{2}\right\}$; (3) X 的概率密度 $f(x)$.

解　(1) 由连续型随机变量 X 的分布函数的连续性, 得

$$\begin{cases}A-\dfrac{\pi}{2}B=0\\ A+\dfrac{\pi}{2}B=1\end{cases}$$

故

$$\begin{cases}A=\dfrac{1}{2}\\ B=\dfrac{1}{\pi}\end{cases}$$

(2) $P\left\{|X|<\dfrac{a}{2}\right\}=P\left\{-\dfrac{a}{2}<X<\dfrac{a}{2}\right\}=\dfrac{1}{3}$;

(3) $f(x)=F'(x)=\begin{cases}\dfrac{1}{\pi\sqrt{a^2-x^2}}, & -a<x<a,\\ 0, & \text{其他}.\end{cases}$

注　若已知 X 的概率密度 $f(x)$, 要求分布函数 $F(x)$, 用积分方法 $F(x)=\displaystyle\int_{-\infty}^{x}f(t)\mathrm{d}t$, 当 $f(x)$ 是分段函数时, 积分要分段讨论; 若已知 X 的分布函数 $F(x)$, 要求概率密度 $f(x)$, 则用微分方法 $F'(x)=f(x)$, 当 $F(x)$ 是分段函数时, 在分段点处用导数定义求导, 当 $F'(x)$ 不存在 (个别点) 时, 则可任意规定 $F'(x)$ 的值 (个别点的值不影响积分结果).

下面介绍几个重要的连续型随机变量.

1. 均匀分布

设连续型随机变量 X 具有概率密度

$$f(x)=\begin{cases}\dfrac{1}{b-a}, & a<x<b\\ 0, & \text{其他}\end{cases}$$

则称 X 在区间 (a,b) 上服从均匀分布, 记为 $X\sim U(a,b)$.

分布函数为

$$F(x)=\begin{cases}0, & x<a\\ \dfrac{x-a}{b-a}, & a\leqslant x<b\\ 1, & x\geqslant b\end{cases}$$

2. 指数分布

如果随机变量 X 的概率密度函数 $f(x)=\begin{cases}\lambda \mathrm{e}^{-\lambda x}, & x>0,\\ 0, & x\leqslant 0,\end{cases}$ 其中 $\lambda>0$ 为常数, 则

称 X 服从参数为 λ 的指数分布, 记为 $X \sim P(\lambda)$. X 的分布函数为

$$F(x)=\begin{cases}1-\mathrm{e}^{-\lambda x}, & x>0\\ 0, & x\leqslant 0\end{cases}$$

指数分布有重要应用, 常用它作为各种 "寿命" 分布的近似. 例如无线电元件的寿命、动物的寿命、电话问题中的通话时间、随机服务系统中的服务时间等都常假定服从指数分布.

服从指数分布的随机变量 X 具有以下有趣的性质.

对于任意的 $s,t>0$, 有 $P\{X>s+t\,|X>s\}=P\{X>t\}$. 事实上

$$\begin{aligned}&P\{X>s+t|X>s\}\\ =&\frac{P\{(X>s+t)\bigcap(X>s)\}}{P\{X>s\}}=\frac{P\{X>s+t\}}{P\{X>s\}}=\frac{1-F(s+t)}{1-F(s)}=\frac{\mathrm{e}^{-\frac{s+t}{\theta}}}{\mathrm{e}^{-\frac{s}{\theta}}}=\mathrm{e}^{-\frac{t}{\theta}}=P\{X>t\}\end{aligned}$$

此性质称为**无记忆性**. 如果 X 是某一元件的寿命, 那么上式表明: 已知元件已使用了 s 小时, 它总共能使用至少 $s+t$ 小时的条件概率, 与从开始使用时算起它至少能使用 t 小时的概率相等. 这就是说, 元件对它已使用过 s 小时没有记忆. 具有这一性质是指数分布有广泛应用的原因.

3. 正态分布

设连续型随机变量 X 的概率密度为$f(x)=\dfrac{1}{\sqrt{2\pi}\sigma}\mathrm{e}^{-\frac{(x-\mu)^2}{2\sigma^2}}$, $-\infty<x+-\infty$, 其中 $\mu,\sigma(\sigma>0)$ 为常数, 则称 X 服从参数为 μ,σ^2 的正态分布, 记作 $X\sim N\left(\mu,\sigma^2\right)$.

1) 正态分布的随机变量的概率密度函数的性质

(a) 曲线 $f\left(x;\mu,\sigma^2\right)$ 关于直线 $x=\mu$ 对称. 这说明对于任意 $h>0$, 有 $P\{\mu-h<X\leqslant\mu\}=P\{\mu<X\leqslant\mu+h\}$.

(b) 当 $x=\mu$ 时取到最大值, $f(\mu)=\dfrac{1}{\sqrt{2\pi}\sigma}$, 当 x 离 μ 越远, $f(x)$ 的值越小, 这表明对于同样长度的区间, 当区间离 μ 越远, X 落在这个区间的概率越小. 在 $x=\mu\pm\sigma$ 处曲线有拐点, Ox 轴为渐近线.

(c) 若固定 σ, 改变 μ 的值, 则图形沿着 Ox 平移, 而不改变其形状, 可见正态分布的概率密度曲线的位置完全由参数 μ 所确定, μ 称为位置参数.

(d) 若固定 μ, 改变 σ, 由最大值 $f(\mu)=\dfrac{1}{\sqrt{2\pi}\sigma}$ 可知, 当 σ 越小时图形变得越尖, 因而 X 落在 μ 附近的概率越大.

如图 2.3 所示.

2) 标准正态分布

参数 $\mu=0,\sigma=1$ 时的正态分布称为标准正态分布, 标准正态分布的概率密度和分布函数分别用 $\phi(x),\varPhi(x)$ 表示, 即有

$$\phi(x)=\frac{1}{\sqrt{2\pi}}\mathrm{e}^{-\frac{x^2}{2}},\quad -\infty<x<+\infty;\quad \varPhi(x)=\frac{1}{\sqrt{2\pi}}\int_{-\infty}^{x}\mathrm{e}^{-\frac{t^2}{2}}\mathrm{d}t,\quad -\infty<x<+\infty$$

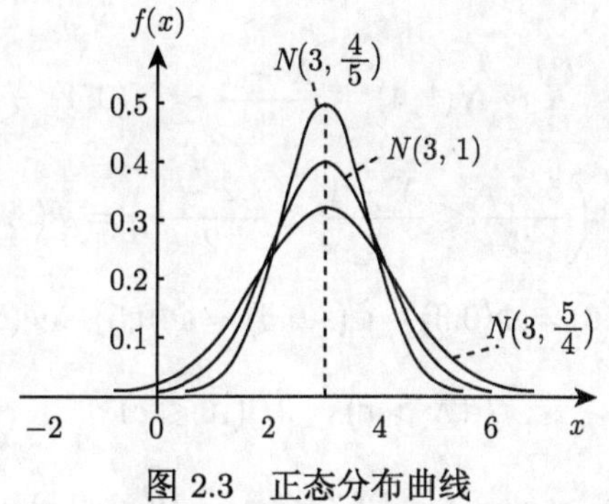

图 2.3　正态分布曲线

$\Phi(x)$ 是不可求积函数, 其函数值已编制成标准正态分布表, 可供查用. 图 2.4 为标准正态分布曲线.

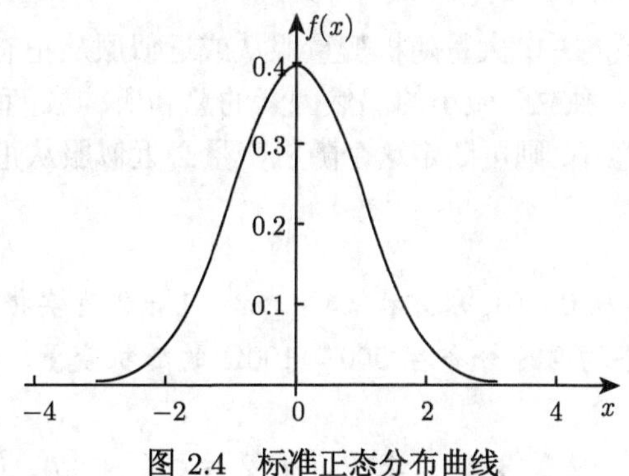

图 2.4　标准正态分布曲线

3) 正态随机变量的标准化

一般地, 若 $X \sim N(\mu, \sigma^2)$, 则只需通过一个线性变换就能将它化为标准正态分布. 即若 $X \sim N(\mu, \sigma^2)$, 则 $Z = \dfrac{X-\mu}{\sigma} \sim N(0,1)$.

对一般的正态分布, 可利用变换 $t = \dfrac{x-\mu}{\sigma}$, 将其化成标准正态分布, 即有 $F(x) = P\{X \leqslant x\} = \Phi\left(\dfrac{x-\mu}{\sigma}\right)$.

事实上,

$$F(x) = P\{X \leqslant x\} = \int_{-\infty}^{x} \frac{1}{\sqrt{2\pi}\sigma} \mathrm{e}^{-\frac{(t-\mu)^2}{2\sigma^2}} \mathrm{d}t \quad \left(令\ y = \frac{t-\mu}{\sigma}\right)$$
$$= \int_{-\infty}^{\frac{x-\mu}{\sigma}} \frac{1}{\sqrt{2\pi}} \mathrm{e}^{-\frac{y^2}{2}} \mathrm{d}y = \Phi\left(\frac{x-\mu}{\sigma}\right)$$

对任意区间 $[x_1, x_2]$, 有

$$P\{x_1 < X \leqslant x_2\} = P\{X \leqslant x_2\} - P\{X \leqslant x_1\} = \Phi\left(\frac{x_2-\mu}{\sigma}\right) - \Phi\left(\frac{x_1-\mu}{\sigma}\right)$$

例 2.4.5　设 $X \sim N(1,4)$, 求 $P(5 \leqslant X < 7.2)$, $P(0 \leqslant X < 1.6)$; 求常数 c, 使 $P(X > c) = 2P(X \leqslant c)$.

解 由题可知,

$$X \sim N(1,4), \quad \frac{X-1}{2} \sim N(0,1)$$

$$P(5 \leqslant X < 7.2) = P\left(\frac{5-1}{2} \leqslant \frac{X-1}{2} < \frac{7.2-1}{2}\right) = \Phi(3.1) - \Phi(2) = 0.02178$$

$$P(0 \leqslant X < 1.6) = \Phi(0.3) - \Phi(-0.5) = \Phi(0.5) - \Phi(0.3) = 0.0736$$

$$P(X > c) = 2P(X \leqslant c)$$

$$P(X > c) = 1 - P(X \leqslant c), \quad P(X \leqslant c) = \frac{1}{3}$$

$$P\left(\frac{X-1}{2} \leqslant \frac{c-1}{2}\right) = \Phi\left(\frac{c-1}{2}\right) = \frac{1}{3} < 0.5 = \Phi(0), \quad c = 0.12$$

在自然现象和社会现象中, 大量随机变量服从或近似服从正态分布. 一般地, 只要某个随机变量是由大量相互独立、微小的偶然因素的总和所构成, 而且每一个别偶然因素对总和的影响都均匀地微小, 则可断定这个随机变量必近似服从正态分布.

练习 4

1. 设随机变量 $X \sim U(0, 10)$, 求方程 $x^2 + Xx + 1 = 0$ 有实根的概率.

2. 设电阻 R 是一个均匀地分布在 900~1100Ω 的随机变量, 求 R 落在 1000~1200Ω 的概率.

3. 设随机变量 $X \sim N(3, 2^2)$, 求: (1)$P(2 \leqslant X < 5)$; (2)$P(-4 \leqslant X < 10)$; (3) $P(|X| > 2)$; (4) 决定 k 的值, 使得 $P(X < k) = P(X \geqslant k)$.

4. 某工厂生产的电子管寿命 $X \sim N(1600, \sigma^2)$, 如果要求 $P(1200 \leqslant X < 2000) \geqslant 0.80$, 则允许 σ 最大为多少?

5. 某人需乘车到机场搭乘飞机, 现有两条路线可供选择. 第一条路线较短, 但交通比较拥挤, 到达机场所需时间 X (单位: 分) 服从正态分布 $N(50, 100)$. 第二条路线较长, 但出现意外阻塞的可能性较少, 所需时间 X 服从正态分布 $N(60, 16)$. (1) 若有 70 分钟可用, 问应走哪一条路线? (2) 若有 65 分钟可用, 又应选择哪一条路线?

2.5 随机变量函数的分布

在实际应用中, 我们常对某些随机变量的函数更感兴趣. 在一些试验中, 我们所关心的随机变量往往不能直接测量得到, 而它却是某个能直接测量的随机变量的函数.

1. 离散型随机变量函数的分布

设 X 是离散型随机变量, 则 $Y = g(X)$ 也是一个离散型随机变量, 若 X 的分布律为

X	x_1	x_2	$\cdots$	x_k	$\cdots$
p	p_1	p_2	$\cdots$	p_k	$\cdots$

求 $Y=g(X)$ 的分布律.

当 X 取得它的某一可能值 x_i 时, 随机变量 $Y=g(X)$ 取值 $y_i=g(x_i)$ $(i=1,2,\cdots)$. 如果诸 $g(x_i)$ 的值全不相等, 则 Y 的分布律为

$Y=y_i$	$y_1=g(x_1)$	$y_2=g(x_2)$	$\cdots$	$y_k=g(x_k)$	$\cdots$
$P(y_i=g(x_i))$	p_1	p_2	$\cdots$	p_k	$\cdots$

这是因为事件$\{Y=g(x_i)\}=\{X=x_i\}$ $(i=1,2,\cdots)$. 如果数 $g(x_i)$ 中有相等的, 则把那些相等的值分别合并起来, 并根据概率可加性把对应的概率相加, 就得到函数 $Y=g(X)$ 的分布律.

例 2.5.1　已知 X 的分布律为

X	0	1	2	3	4	5
p	$\frac{1}{12}$	$\frac{1}{6}$	$\frac{1}{3}$	$\frac{1}{12}$	$\frac{2}{9}$	$\frac{1}{9}$

求: (1) $Y=2X+1$; (2) $Y=(X-2)^2$ 分布律.

解　(1)

$Y=2X+1$	1	3	5	7	9	11
p	$\frac{1}{12}$	$\frac{1}{6}$	$\frac{1}{3}$	$\frac{1}{12}$	$\frac{2}{9}$	$\frac{1}{9}$

(2)

$Y=(X-2)^2$	0	1	4	9
p	$\frac{1}{3}$	$\frac{1}{4}$	$\frac{11}{36}$	$\frac{1}{9}$

例 2.5.2　设随机变量 X 的分布律为

X	1	2	3	$\cdots$	n	$\cdots$
p	$\frac{1}{2}$	$\left(\frac{1}{2}\right)^2$	$\left(\frac{1}{2}\right)^3$	$\cdots$	$\left(\frac{1}{2}\right)^n$	$\cdots$

求 $Y=\sin\left(\frac{\pi}{2}X\right)$ 的分布律.

解　因 $\sin\left(\frac{n\pi}{2}\right)=\begin{cases}-1, & n=4k-1,\\ 0, & n=2k,\\ 1, & n=4k-3.\end{cases}$ 所以, $Y=\sin\left(\frac{\pi}{2}X\right)$ 只有三个可能取值: $-1,0,1$. 而取得这些值的概率分别是

$$P\{Y=-1\}=\frac{1}{2^3}+\frac{1}{2^7}+\frac{1}{2^{11}}+\cdots+\frac{1}{2^{4k-1}}+\cdots=\frac{2}{15}$$

$$P\{Y=0\}=\frac{1}{2^2}+\frac{1}{2^4}+\frac{1}{2^6}+\cdots+\frac{1}{2^{2k}}+\cdots=\frac{1}{3}$$

$$P\{Y=1\}=\frac{1}{2}+\frac{1}{2^5}+\frac{1}{2^9}+\cdots+\frac{1}{2^{4k-3}}+\cdots=\frac{8}{15}$$

所以, Y 的分布律为

Y	-1	0	1
p_k	$\frac{2}{15}$	$\frac{1}{3}$	$\frac{8}{15}$

2. 连续型随机变量函数的分布

若 X 是连续型随机变量. $Y=g(X)$ 是 X 的函数, 则 Y 也是随机变量, 这时如何求出 $Y=g(X)$ 的分布呢? 先看一个例子.

例 2.5.3 已知 $X\sim N(\mu,\sigma^2)$, 求 $Y=\dfrac{X-\mu}{\sigma}$ 的概率密度.

解 设 Y 的分布函数为 $F_Y(y)$, 于是

$$F_Y(y)=P\{Y=y\}=P\left\{\frac{X-\mu}{\sigma}\leqslant y\right\}=P\{X\leqslant\sigma y+\mu\}=F_X(\sigma y+\mu)$$

其中 $F_X(x)$ 为 X 的分布函数. 将上式两边对 y 求导, 并利用概率密度是分布函数的导数的关系得

$$F_Y'(y)=f_Y(y)=[F_X(\sigma y+\mu)]_y'=f(\sigma y+\mu)\cdot\sigma$$

再将 $f(x)=\dfrac{1}{\sqrt{2\pi}\sigma}\mathrm{e}^{-\frac{(x-\mu)^2}{2\sigma^2}}$ 代入, 有

$$f_Y(y)=\frac{1}{\sqrt{2\pi}\sigma}\mathrm{e}^{-\frac{[(\sigma y+\mu)-\mu]^2}{2\sigma^2}}\cdot\sigma=\frac{1}{\sqrt{2\pi}}\mathrm{e}^{-\frac{y^2}{2}}$$

这表明 $Y\sim N(0,1)$.

在以上推导过程中, 除去用到分布函数的定义以及分布函数和概率密度的关系之外, 还用到这样一个等式 $P\left\{\dfrac{X-\mu}{\sigma}\leqslant y\right\}=P\{X\leqslant\sigma y+\mu\}$. 表面上看, 只是把不等式 “$\dfrac{X-\mu}{\sigma}\leqslant y$” 变形为 “$X\leqslant\sigma y+\mu$”, 它们是同一个随机事件, 因而概率相等. 实质上关键在于把 $Y=\dfrac{X-\mu}{\sigma}$ 的分布函数在 y 的值 $F_Y(y)$ 转化为 X 的分布函数在 $\sigma y+\mu$ 的值 $F_X(\sigma y+\mu)$. 这样就建立了分布函数之间的关系, 然后通过求导得到 Y 的概率密度. 这种方法叫作“**分布函数法**”, 按照上例的解题思路, 可得到下面的定理.

定理 2.5.1 设随机变量 X 具有概率密度 $f_X(x)$, $-\infty<x<+\infty$, 又设函数 $g(x)$ 处处可导且有 $g'(x)>0$ (或恒有 $g'(x)<0$), 则 $Y=g(X)$ 是连续型随机变量, 其概率密度为

$$f_Y(y)=\begin{cases}f_X[h(y)]\cdot|h'(y)|, & \alpha<y<\beta\\ 0, & \text{其他}\end{cases}$$

其中 $\alpha=\min\{g(-\infty),g(+\infty)\}$, $\beta=\max\{g(-\infty),g(+\infty)\}$, $h(y)$ 是 $g(x)$ 的反函数.

证明 对于任意 x 有 $g'(x)>0$ (或 $g'(x)<0$). 因而 $g(x)$ 单调增加 (或单调减少), 它的反函数 $h(y)$ 存在, 并且 $h(y)$ 在 (α,β) 内单调增加 (或单调减少) 且可导.

设 $g(x)$ 单调增加, Y 的分布函数为

$$F_Y(y)=P\{Y\leqslant y\}=P\{g(X)\leqslant y\}=P\{X\leqslant h(y)\}=\int_{-\infty}^{h(y)}f_X(x)\mathrm{d}x$$

于是 Y 的概率密度为

$$f_Y(y)=F_Y'(y)=f_X[h(y)]h'(y),\quad g(-\infty)<g(+\infty)\quad (h'(y)>0)$$

设 $g(x)$ 单调减少, Y 的分布函数为

$$F_Y(y)=P\{Y\leqslant y\}=P\{g(X)\leqslant y\}=P\{X\geqslant h(y)\}=\int_{h(y)}^{+\infty}f_X(x)\mathrm{d}x$$

于是 Y 的概率密度为

$$f_Y(y)=F_Y'(y)=-f_X[h(y)]h'(y),\quad g(+\infty)<g(-\infty)\quad (h'(y)<0)$$

综合以上两种情形, 即得所要结论.

注 若 $f_X(x)$ 在有限区间 $[a,b]$ 以外等于零, 则只需设 $g'(x)$ 在 $[a,b]$ 上有 >0(或 <0), 此时 $\alpha=\min\{g(a),g(b)\}$, $\beta=\max\{g(a),g(b)\}$.

例 2.5.4 设随机变量 X 具有概率密度 $f_X(x)$, $-\infty<x<+\infty$, 求线性函数 $Y=a+bX$ (a,b 为常数, 且 $b\neq0$) 的概率密度.

解 因 $y=g(x)=a+bx$, 故 $x=h(y)=\dfrac{y-a}{b}$. 而 $h'(y)=\dfrac{1}{b}$, 由定理 2.5.1 得

$$f_Y(y)=\frac{1}{|b|}f\left(\frac{y-a}{b}\right),\quad -\infty<y<+\infty$$

若 $X\sim N(\mu,\ \sigma^2)$, 则 $f_X(x)=\dfrac{1}{\sqrt{2\pi}\sigma}\mathrm{e}^{-\frac{(x-\mu)^2}{2\sigma^2}}(-\infty<x<+\infty)$, 故 Y 的概率密度为

$$f_Y(y)=\frac{1}{|b|}f\left(\frac{y-a}{b}\right)\frac{1}{\sqrt{2\pi}\sigma\,|b|}\mathrm{e}^{-\frac{(y-a-b\mu)^2}{2b^2\sigma^2}}$$

因而 $Y\sim N(a+b\mu,\ b^2\sigma^2)$, 这就是说正态随机变量 X 的线性函数仍服从正态分布, 只是参数不同而已.

例 2.5.5 设 X 具有概率密度 $f_X(x)$, $-\infty<x<+\infty$, 求 $Y=X^2$ 的概率密度.

解 $y=x^2$ 不是单调函数, 故不能用定理 2.5.1 来求. 但可划分为两个单调区间 $(-\infty,\ 0)$ 和 $(0,\ +\infty)$, 在这两个单调区间上, 它的反函数分别为 $x=-\sqrt{y}$ 与 $x=\sqrt{y}$. 对于 $y>0$, Y 的分布函数为

$$F_Y(y)=P\{Y\leqslant y\}=P\{-\sqrt{y}\leqslant X\leqslant\sqrt{y}\}=\int_{-\sqrt{y}}^{\sqrt{y}}f_X(x)\mathrm{d}x$$

由于 $Y=X^2\geqslant0$, 且 $P(Y=0)=0$, 所以当 $y\leqslant0$ 时, 其分布函数 $F_Y(y)=0$, 于是 Y 的概率密度为

$$f_Y(y)=F_Y'(y)=\begin{cases}\dfrac{1}{2\sqrt{y}}[f_X(\sqrt{y})+f_X(-\sqrt{y})], & y>0\\ 0, & y\leqslant0\end{cases}$$

练习 5

1. 已知随机变量 X 的分布律为

X	0	$\frac{\pi}{2}$	π	$\cdots$	$n\frac{\pi}{2}$	$\cdots$
P	p	pq	pq^2	$\cdots$	pq^n	$\cdots$

其中 $p+q=1$. 求 $Y=\sin X$ 的分布律.

2. 设随机变量 X 服从指数分布, 则随机变量 $Y=\min\{X,2\}$ 的分布函数 (　　).

(A) 是连续函数　　(B) 至少有两个间断点

(C) 是阶梯函数　　(D) 恰好有一个间断点

3. 已知随机变量 $X \sim f(x)=\begin{cases}\frac{2}{5}(3x+1), & 0<x<1, \\ 0, & \text{其他},\end{cases}$ 求 $Y=\ln X$ 的密度函数 $f_Y(y)$.

4. 设随机变量 X 的概率密度为 $f_X(x)=\begin{cases}\mathrm{e}^{-x} & x\geqslant 0, \\ 0, & x<0,\end{cases}$ 求随机变量 $Y=\mathrm{e}^X$ 的概率密度 $f_Y(y)$.

5. 设随机变量 X 服从参数为 2 的指数分布. 证明: $Y=1-\mathrm{e}^{-2X}$ 在区间 (0, 1) 上服从均匀分布.

 习题 2

一、填空题

1. 设随机变量 X 的分布函数为

$$F(x)=\begin{cases}0, & x<0 \\ A\sin x, & 0\leqslant x\leqslant \frac{\pi}{2} \\ 1, & x>\frac{\pi}{2}\end{cases}$$

则 $A=$________, $P\left\{|X|<\frac{\pi}{6}\right\}=$________.

2. 设随机变量 X 的概率密度为

$$f(x)=\begin{cases}\frac{1}{3}, & x\in[0,1] \\ \frac{2}{9}, & x\in[3,6] \\ 0, & \text{其他}\end{cases}$$

若 $P\{X\geqslant k\}=\frac{2}{3}$, 则 k 的取值范围是________.

3. 设随机变量 X 服从均值为 10, 均方差为 0.02 的正态分布. 已知 $\Phi(2.5)=0.9938$, 则 X 落在区间 (9.95, 10.05) 内的概率为________.

4. 设随机变量 X 服从正态分布 $N(\mu,\sigma^2)(\sigma>0)$, 且二次方程 $y^2+4y+X=0$ 无实根的概率为 $\frac{1}{2}$, 则 $\mu=$__________.

5. 设随机变量 X 的概率密度为 $f(x)=\begin{cases}2x, & 0<x<1,\\ 0, & \text{其他},\end{cases}$ 以 Y 表示对 X 的三次独立重复观察中事件 $\left\{X\leqslant\frac{1}{2}\right\}$ 出现的次数, 则 $P\{Y=2\}=$__________.

6. 设随机变量 X 服从参数为 $(2,p)$ 的二项分布, 随机变量 Y 服从参数为 $(3,p)$ 的二项分布, 若 $P(X\geqslant1)=\frac{5}{9}$, 则 $P(Y\geqslant1)=$__________.

7. 已知随机变量 X 的概率密度函数 $f(x)=\frac{1}{2}\mathrm{e}^{-|x|}, -\infty<x<+\infty$, 则 X 的概率分布函数 $F(x)=$__________.

8. 设随机变量 X 服从 $(0,2)$ 上的均匀分布, 则随机变量 $Y=X^2$ 在 $(0,4)$ 内的概率分布密度 $f_Y(y)=$__________.

9. 一实习生用同一台机器接连独立地制造 3 个同种零件, 第 i 个零件是不合格品的概率 $p_i=\frac{1}{i+1}$ $(i=1,2,3)$, 以 X 表示 3 个零件中合格品的个数, 则 $P(X=2)=$__________.

10. 设随机变量 X 的分布律为 $P\{X=k\}=\frac{2}{3^k}, k=1,2,3,\cdots$, 则 $Y=1+(-1)^X$ 的分布律为__________.

二、选择题

1. 设随机变量 X 的密度函数为 $\varphi(x)$, 且 $\varphi(-x)=\varphi(x)$, $F(x)$ 是 X 的分布函数, 则对任意的实数 a, 有 (　　).

(A) $F(-a)=1-\int_0^a\varphi(x)\mathrm{d}x$　　(B) $F(-a)=\frac{1}{2}-\int_0^a\varphi(x)\mathrm{d}x$

(C) $F(-a)=F(a)$　　(D) $F(-a)=2F(a)-1$

2. 设在区间 $[a,b]$ 上, 随机变量 X 的密度函数为 $f(x)=\sin x$, 而在 $[a,b]$ 外, $f(x)=0$, 则区间 $[a,b]$ 等于 (　　).

(A) $\left[0,\frac{1}{2}\pi\right]$　　(B) $[0,\pi]$　　(C) $\left[-\frac{1}{2}\pi,0\right]$　　(D) $\left[0,\frac{3}{2}\pi\right]$

3. 设随机变量 X 的分布律为 $P\{X=k\}=b\lambda^k(k=1,2,\cdots)$, 则 (　　).

(A) $0<\lambda<1$, 且 $b=1-\lambda^{-1}$　　(B) $0<\lambda<1$, 且 $b=\lambda^{-1}$

(C) $0<\lambda<1$, 且 $b=\lambda^{-1}-1$　　(D) $0<\lambda<1$, 且 $b=1+\lambda^{-1}$

4. 设随机变量 X 的密度函数为 $f(x)=A\mathrm{e}^{-x^2+2x}$, 则 (　　).

(A) $\frac{\mathrm{e}}{\sqrt{\pi}}$　　(B) $\frac{1}{\sqrt{\mathrm{e}\pi}}$　　(C) $\frac{1}{\mathrm{e}\sqrt{\pi}}$　　(D) $\frac{2}{\mathrm{e}\sqrt{\pi}}$

5. 设随机变量 X 的概率密度和分布函数分别是 $f(x)$ 和 $F(x)$, 且 $f(x)=f(-x)$, 则对任意实数 a, 有 $F(-a)=$ (　　).

(A) $\frac{1}{2}-F(a)$　　(B) $\frac{1}{2}+F(a)$　　(C) $2F(a)-1$　　(D) $1-F(a)$

6. 设随机变量 $X\sim N(\mu,\sigma^2)$, 则随着 σ 的增大, 概率 $P(|X-\mu|<\sigma)=$ (　　).

(A) 单调增大　　(B) 单调减小　　(C) 保持不变　　(D) 增减不定

7. 设 $F_1(x)$ 与 $F_2(x)$ 分别为随机变量 X_1 与 X_2 的分布函数, 为使 $F(x)=aF_1(x)-bF_2(x)$ 是某随机变量的分布函数, 在下列给定的各组数值中应取 (　　).

(A) $a=\dfrac{3}{5}, b=-\dfrac{2}{5}$　　(B) $a=\dfrac{2}{3}, b=\dfrac{2}{3}$

(C) $a=-\dfrac{1}{2}, b=\dfrac{3}{2}$　　(D) $a=\dfrac{1}{2}, b=-\dfrac{3}{2}$

8. 设随机变量 X 服从正态分布 $N(0,1)$, 对给定的 $\alpha\in(0,1)$, 数 u_α 满足 $P\{X>u_\alpha\}=\alpha$, 若 $P\{|X|<x\}=\alpha$, 则 x 等于 (　　).

(A) $u_{\frac{\alpha}{2}}$　　(B) $u_{\frac{1-\alpha}{2}}$　　(C) $u_{1-\frac{\alpha}{2}}$　　(D) $u_{1-\alpha}$

9. 设随机变量 X 服从正态分布 $N(u_1,\theta_1^2)$, 随机变量 Y 服从正态分布 $N(u_2,\theta_2^2)$, 且 $P\{|X-u_1|<13)>P\{|Y-u_2|<1)$, 则必有 (　　).

(A) $\theta_1<\theta_2$　　(B) $\theta_1>\theta_2$　　(C) $u_1<u_2$　　(D) $u_1>u_2$

10. 设随机变量 $X\sim N(\mu,\ 4^2), Y\sim N(\mu,\ 5^2)$. $p_1=P(X<\mu-4), p_2=P(Y\geqslant\mu+5)$, 则 (　　).

(A) 对任意实数 μ, 都有 $p_1<p_2$　　(B) 对任意实数 μ, 都有 $p_1>p_2$

(C) 对任意实数 μ, 都有 $p_1=p_2$　　(D) 对个别实数 μ, 才有 $p_1=p_2$

三、计算题

1. 设随机变量 X 的概率密度为 $f(x)=\begin{cases}2x, & 0<x<1,\\ 0, & \text{其他}.\end{cases}$ 现对 X 进行 n 次独立重复观测, 以 V_n 表示观测值不大于 0.1 的观测次数, 试求随机变量 V_n 的概率分布.

2. 设电子管寿命 X 的概率密度为 $f(x)=\begin{cases}\dfrac{100}{x^2}, & x>100,\\ 0, & x\leqslant 100.\end{cases}$ 若一架收音机上装有三个这种管子, 求: (1) 使用的最初 150 小时内, 至少有两个电子管被烧坏的概率; (2) 在使用的最初 150 小时内烧坏的电子管数 Y 的分布律; (3) Y 的分布函数.

3. 设随机变量 $X\sim U[2,5]$, 现对 X 进行 3 次独立观测, 试求至少有两次观测值大于 3 的概率.

4. 某地区抽样调查结果表明, 考生的外语成绩近似服从正态分布, 平均成绩 72 分, 96 分以上的考生占总数的 2.3%, 试求考生的外语成绩在 60 分至 84 分之间的概率.

5. 某电子元件的寿命 ξ (单位: 小时) 服从指数分布, 其概率密度为

$$\varphi(x)=\begin{cases}\dfrac{1}{100}\mathrm{e}^{-\frac{1}{100}x}, & x>0\\ 0, & \text{其他}\end{cases}$$

求: (1) 元件寿命至少在 200 小时的概率;

(2) 将 3 只这种元件连接成为一个系统, 且至少 2 只元件失效时系统失效, 又设 3 只元件工作相互独立, 求系统的寿命至少为 200 小时的概率.

6. 设随机变量 X 和 Y 同分布, X 的概率密度为 $f(x)=\begin{cases}\dfrac{3}{8}x^2, & 0<x<2,\\ 0, & \text{其他},\end{cases}$ 已知事件 $A=\{X>a\}$ 和 $B=\{Y>a\}$ 独立, 且 $P\{A\bigcup B\}=\dfrac{3}{4}$, 求常数 a.

7. 某人乘汽车去火车站乘火车, 有两条路可走. 第一条路程较短但交通拥挤, 所需时间 X 服从 $N(40, 102)$; 第二条路程较长, 但阻塞少, 所需时间 X 服从 $N(50, 42)$.

(1) 若动身时离火车开车只有 1 小时, 问应走哪条路赶上火车的把握大些?

(2) 又若离火车开车时间只有 45 分钟, 问应走哪条路赶上火车把握大些?

8. 设随机变量 X 的密度函数为 $f(x)=\begin{cases}\dfrac{2x}{\pi^2}, & 0<x<\pi,\\ 0, & \text{其他}.\end{cases}$ 试求 $Y=\sin X$ 的密度函数.

9. 设在一段时间内进入某一商店的顾客人数 X 服从泊松分布 $P(\lambda)$, 每个顾客购买某种物品的概率为 p, 并且各个顾客是否购买该种物品相互独立, 求进入商店的顾客购买这种物品的人数 Y 的分布律.

10. 假设一厂家生产的每台仪器, 以概率 0.7 可以直接出厂; 以概率 0.3 需进一步调试, 经调试后以概率 0.8 可以出厂, 以概率 0.2 定为不合格品不能出厂. 现该厂新生产了 $n(n\geqslant 2)$ 台仪器 (假设各台仪器的生产过程相互独立). 求:

(1) 全部能出厂的概率 α;

(2) 其中恰好有两台不能出厂的概率 β;

(3) 其中至少有两台不能出厂的概率 γ.

11. 一大型设备在任何长为 t 的时间内发生故障的次数 $N(t)$ 服从参数为 λt 的泊松分布. 求: (1) 相继两次故障之间时间间隔 T 的概率分布;

(2) 在设备已经无故障工作了 8 小时的情况下, 再无故障运行 8 小时的概率.

四、解答题

1. 有 2500 名同一年龄的人参加了保险公司的人寿保险. 在一年中每个人死亡的概率为 0.002, 每个参加保险的人在 1 月 1 日须交 12 元保险费, 而在死亡时家属可从保险公司领取 2000 元赔偿金. 求:

(1) 保险公司亏本的概率;

(2) 保险公司获利分别不少于 10000 元、20000 元的概率.

2. 设顾客在某银行的窗口等待服务的时间 X (单位: 分钟) 服从指数分布 $E(15)$. 某顾客在窗口等待服务, 若超过 10 分钟他就离开. 他一个月要到银行 5 次, 以 Y 表示一个月内他未等到服务而离开窗口的次数, 试写出 Y 的分布律, 并求 $P\{Y\geqslant 1\}$.

3. 设顾客在某银行窗口等待服务的时间 X (单位: 分), 服从参数为 $\dfrac{1}{5}$ 的指数分布. 若等待时间超过 10 分钟, 则他就离开. 设他一个月内要来银行 5 次, 以 Y 表示一个月内他没有等到服务而离开窗口的次数, 求 Y 的分布律及 $P(Y\geqslant 1)$.

4. 设测量从某地到某一目标的距离时带有的随机误差 X 具有分布密度函数

$$\varphi(x)=\frac{1}{40\sqrt{2\pi}}\exp\left(-\frac{(x-20)^2}{3200}\right),\quad -\infty<x<\infty,$$

试求: (1) 测量误差的绝对值不超过 30 的概率;

(2) 接连独立测量三次, 至少有一次误差的绝对值不超过 30 的概率.

5. 对圆片直径进行测量, 其值在 $[5, 6]$ 上服从均匀分布, 求圆片面积的概率分布.

第3章

多维随机变量及其分布

在生产实际和理论研究中, 都常常遇到这种情形：需要两个或两个以上的随机变量才能较好地描述某一试验或现象. 例如, 为了研究某地区学龄前儿童的发育情况, 对这一地区的儿童进行抽查, 对于每个儿童都能观察其身高 H 和体重 W; 飞机在空中的位置由三个随机变量 (三个坐标) 来确定; 等等.

一般地, 设 E 是一个随机试验, 它的样本空间为 Ω, 设 X 和 Y 是定义在 Ω 上的随机变量, 由它们构成的一个向量 (X,Y), 叫作二维随机变量或二维随机向量. 同样方法, 我们可以定义 $n(n \geqslant 3)$ 维随机变量或 n 维随机向量. 由于二维和 n 维没有什么原则的区别, 故为简单及容易理解起见, 下面重点讨论二维情形.

二维随机变量 (X,Y) 的性质不仅与 X 和 Y 有关, 而且还依赖于这两个随机变量的相互关系. 因此, 逐个地来研究 X 或 Y 的性质是不够的, 还需把 (X,Y) 作为一个整体进行研究.

和一维的情形类似, 我们也是通过 “分布函数” 来研究二维随机变量.

3.1 二维随机变量及其分布函数

3.1.1 二维随机变量及其分布函数的概念及性质

定义 3.1.1 设随机试验 E 的样本空间为 Ω, X 和 Y 是定义在 Ω 上的随机变量, 则称它们构成的向量 (X,Y) 为**二维随机变量或二维随机向量**, 称二元函数

$$F(x,y)=P\{(X\leqslant x)\bigcap(Y\leqslant y)\}=P\{X\leqslant x,Y\leqslant y\}$$

为二维随机变量 (X,Y) 的分布函数, 或称随机变量 X 和 Y 的联合分布函数, 其中 x 和 y 为任意实数.

如果将二维随机变量 (X,Y) 视为 xOy 平面上随机点的坐标, 则分布函数 $F(x,y)$ 在点 (x,y) 处的函数值就是随机点落在以点 (x,y) 为顶点且位于该点左下方的无界矩形区域 (图 3.1) 内的概率.

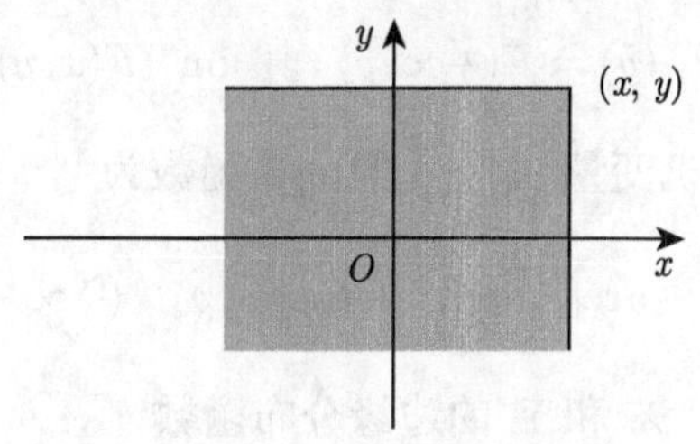

图 3.1　无界矩形区域

二维随机变量 (X,Y) 的分布函数 $F(x,y)$ 具有下列性质.

性质 3.1.1　$F(x,y)$ 对每个变量都是单调不减函数, 即

对固定的 x, 当 $y_1 < y_2$ 时, 有 $F(x,y_1) \leqslant F(x,y_2)$;

对固定的 y, 当 $x_1 < x_2$ 时, 有 $F(x_1,y) \leqslant F(x_2,y)$.

性质 3.1.2　$0 \leqslant F(x,y) \leqslant 1$, 并且

$$F(-\infty,-\infty) = \lim_{\substack{x\to-\infty\\ y\to-\infty}} F(x,y) = 0$$

$$F(+\infty,+\infty) = \lim_{\substack{x\to+\infty\\ y\to+\infty}} F(x,y) = 1$$

对固定的 x, 有 $F(x,-\infty) = \lim\limits_{y\to-\infty} F(x,y) = 0$; 对固定的 y, 有

$$F(-\infty,y) = \lim_{x\to-\infty} F(x,y) = 0$$

性质 3.1.3　$F(x,y)$ 关于 x 右连续, 关于 y 右连续, 即有

$$F(x,y) = F(x+0,y); \quad F(x,y) = F(x,y+0)$$

性质 3.1.4　对于任意的 $x_1 < x_2, y_1 < y_2$, 有

$$P\{x_1 < X \leqslant x_2, y_1 < Y \leqslant y_2\} = F(x_2,y_2) - F(x_1,y_2) - F(x_2,y_1) + F(x_1,y_1)$$

需要指出的是: 如果一个二元函数具有上述四条性质, 则该函数一定可以作为某个二维随机变量 (X,Y) 的分布函数.

3.1.2　边缘分布函数

二维随机变量 (X,Y) 作为一个整体, 具有分布函数 $F(x,y)$, 由于 X 和 Y 都是随机变量, 所以各自也具有分布函数. 我们把 X 的分布函数记作 $F_X(x)$, 称之为二维随机变量 (X,Y) **关于 X 的边缘分布函数**; 把 Y 的分布函数记作 $F_Y(y)$, 称之为二维随机变量 (X,Y) **关于 Y 的边缘分布函数**.

边缘分布函数 $F_X(x)$ 和 $F_Y(y)$ 可以由 (X,Y) 的分布函数 $F(x,y)$ 来确定, 事实上

$$F_X(x) = P\{X \leqslant x\} = P\{X \leqslant x, Y < +\infty\} = F(x,+\infty)$$

即

$$F_X(x)=F(x,+\infty)=\lim_{y\to+\infty}F(x,y)$$

类似地, 有

$$F_Y(y)=F(+\infty,y)=\lim_{x\to+\infty}F(x,y)$$

例 3.1.1 已知二维随机变量 (X,Y) 的分布函数为

$$F(x,y)=A(B+\arctan x)(C+\arctan y)\quad(-\infty<x,y<+\infty),$$

确定常数 A, B, C, 并求关于 X 和 Y 的边缘分布函数.

解 由分布函数的性质, 有

$$\lim_{\substack{x\to+\infty\\y\to+\infty}}F(x,y)=\lim_{\substack{x\to+\infty\\y\to+\infty}}A(B+\arctan x)(C+\arctan y)=A\left(B+\frac{\pi}{2}\right)\left(C+\frac{\pi}{2}\right)=1$$

$$\begin{aligned}\lim_{x\to-\infty}F(x,y)&=\lim_{x\to-\infty}A(B+\arctan x)(C+\arctan y)\\&=A\left(B-\frac{\pi}{2}\right)(C+\arctan y)=0\\\lim_{y\to-\infty}F(x,y)&=\lim_{y\to-\infty}A(B+\arctan x)(C+\arctan y)\\&=A(B+\arctan x)\left(C-\frac{\pi}{2}\right)=0\end{aligned}$$

解得

$$A=\frac{1}{\pi^2},\quad B=\frac{\pi}{2},\quad C=\frac{\pi}{2}$$

从而 (X,Y) 的分布函数为

$$F(x,y)=\frac{1}{\pi^2}\left(\frac{\pi}{2}+\arctan x\right)\left(\frac{\pi}{2}+\arctan y\right)$$

于是, 两个边缘分布函数分别为

$$F_X(x)=F(x,+\infty)=\lim_{y\to+\infty}F(x,y)=\frac{1}{\pi}\left(\frac{\pi}{2}+\arctan x\right)$$

$$F_Y(y)=F(+\infty,y)=\lim_{x\to+\infty}F(x,y)=\frac{1}{\pi}\left(\frac{\pi}{2}+\arctan y\right)$$

练习 1

二维随机变量 (X,Y) 的分布函数为

$$F(x,y)=\begin{cases}1-e^{-x}-e^{-y}+e^{-(x+y)}, & x>0,y>0\\0, & \text{其他}\end{cases}$$

求关于 X 和关于 Y 的边缘分布函数 $F_X(x)$ 和 $F_Y(y)$.

3.2 二维离散型随机变量

3.2.1 二维离散型随机变量的分布律

定义 3.2.1　若二维随机变量 (X,Y) 的所有可能取值为有限对或可列无限多对时，则称 (X,Y) 为**二维离散型随机变量**.

显然，当且仅当 X 和 Y 都是离散型随机变量时，(X,Y) 为二维离散型随机变量.

定义 3.2.2　设二维离散型随机变量 (X,Y) 的所有可能取值为 $(x_i,y_j)(i,j=1,2,\cdots)$，并且

$$P\{X=x_i,Y=y_j\}=p_{ij}\quad(i,j=1,2,\cdots)$$

则称上式为二维离散型随机变量 (X,Y) 的**概率分布律**，简称为**分布律**，也称为随机变量 X 和 Y 的**联合分布律**.

容易验证，(X,Y) 的分布律满足下列性质：

(1) $p_{ij}\geqslant 0(i,j=1,2,\cdots)$;

(2) $\sum\limits_i\sum\limits_j p_{ij}=1$.

二维随机变量 (X,Y) 的分布律可以用如下的表格 (表 3.1) 来表示，称为**联合概率分布表**.

表 3.1　联合概率分布表 I

X	Y				
	y_1	y_2	$\cdots$	y_j	$\cdots$
x_1	p_{11}	p_{12}	$\cdots$	p_{1j}	$\cdots$
x_2	p_{21}	p_{22}	$\cdots$	p_{2j}	$\cdots$
$\vdots$	$\vdots$	$\vdots$		$\vdots$	
x_i	p_{i1}	p_{i2}	$\cdots$	p_{ij}	$\cdots$
$\vdots$	$\vdots$	$\vdots$		$\vdots$	

例 3.2.1　箱子中装有 10 件产品，其中 4 件是次品，6 件是正品，不放回地从箱子中任取两次产品，每次一个. 定义随机变量

$$X=\begin{cases}0, & \text{第一次取到的是次品,}\\ 1, & \text{第一次取到的是正品;}\end{cases}\qquad Y=\begin{cases}0, & \text{第二次取到的是次品}\\ 1, & \text{第二次取到的是正品}\end{cases}$$

求 (X,Y) 的分布律以及分布函数.

解　由于

$$P\{X=0,Y=0\}=P\{X=0\}P\{Y=0\,|X=0\}=\frac{4}{10}\times\frac{3}{9}=\frac{2}{15}$$

$$P\{X=0,Y=1\}=P\{X=0\}P\{Y=1\,|X=0\}=\frac{4}{10}\times\frac{6}{9}=\frac{4}{15}$$

$$P\{X=1,Y=0\}=P\{X=1\}P\{Y=0\,|X=1\}=\frac{6}{10}\times\frac{4}{9}=\frac{4}{15}$$

$$P\{X=1,Y=1\}=P\{X=1\}P\{Y=1\,|X=1\}=\frac{6}{10}\times\frac{5}{9}=\frac{5}{15}=\frac{1}{3}$$

所以, (X,Y) 的分布律为

X	Y	
	0	1
0	$\frac{2}{15}$	$\frac{4}{15}$
1	$\frac{4}{15}$	$\frac{1}{3}$

由分布函数的定义知, (X,Y) 的分布函数为

$$F(x,y)=\begin{cases}0, & x<0\text{ 或 }y<0\\ \dfrac{2}{15}, & 0\leqslant x<1,0\leqslant y<1\\ \dfrac{2}{3}, & 0\leqslant x<1,y\geqslant 1\text{或}x\geqslant 1,0\leqslant y<1\\ 1, & x\geqslant 1,y\geqslant 1\end{cases}$$

3.2.2 二维离散型随机变量的边缘分布律

设二维随机变量 (X,Y) 的分布律为 p_{ij}, 下面我们讨论随机变量 X 和 Y 各自的分布律. 对于固定的 $i(i=1,2,\cdots)$, 由于

$$\begin{aligned}P\{X=x_i\}&=P\{X=x_i,Y<+\infty\}=P\left\{X=x_i,\bigcup_j(Y=y_j)\right\}\\&=P\left\{\bigcup_j(X=x_i,Y=y_j)\right\}\end{aligned}$$

并且事件 $\{X=x_i,Y=y_j\}(i,j=1,2,\cdots)$ 两两互不相容, 所以

$$P\{X=x_i\}=P\left\{\bigcup_j(X=x_i,Y=y_j)\right\}=\sum_j P\{X=x_i,Y=y_j\}=\sum_j p_{ij}$$

记 $\sum\limits_j p_{ij}=p_{i\cdot}$, 则有

$$P\{X=x_i\}=p_{i\cdot}\quad(i=1,2,\cdots)$$

称为二维随机变量 (X,Y) **关于 X 的边缘分布律**.

类似地, 二维随机变量 (X,Y) **关于 Y 的边缘分布律**为

$$P\{Y=y_j\}=\sum_i p_{ij}=p_{\cdot j}\quad(j=1,2,\cdots)$$

二维随机变量 (X,Y) 关于 X 和关于 Y 的边缘分布律也可以放在联合概率分布表中, 形成如下的表格 (表 3.2), 仍称为联合概率分布表.

表 3.2　联合概率分布表 II

X	Y					$P\{X=x_i\}$
	y_1	y_2	$\cdots$	y_j	$\cdots$	
x_1	p_{11}	p_{12}	$\cdots$	p_{1j}	$\cdots$	$\sum\limits_j p_{1j}$
x_2	p_{21}	p_{22}	$\cdots$	p_{2j}	$\cdots$	$\sum\limits_j p_{2j}$
$\vdots$	$\vdots$	$\vdots$		$\vdots$		$\vdots$
x_i	p_{i1}	p_{i2}	$\cdots$	p_{ij}	$\cdots$	$\sum\limits_j p_{ij}$
$\vdots$	$\vdots$	$\vdots$		$\vdots$		$\vdots$
$P\{Y=y_j\}$	$\sum\limits_i p_{i1}$	$\sum\limits_i p_{i2}$	$\cdots$	$\sum\limits_i p_{ij}$	$\cdots$	1

例 3.2.2　已知 (X,Y) 的分布律为

X	Y	
	0	1
0	$\frac{1}{10}$	$\frac{3}{10}$
1	$\frac{3}{10}$	$\frac{3}{10}$

求 (X,Y) 关于 X 和关于 Y 的边缘分布律.

解　由题意

$$\begin{aligned}P\{X=0\}&=P\{X=0,Y=0\}+P\{X=0,Y=1\}\\&=\frac{1}{10}+\frac{3}{10}=\frac{2}{5}\end{aligned}$$

同理

$$P\{X=1\}=P\{X=1,Y=0\}+P\{X=1,Y=1\}=\frac{3}{10}+\frac{3}{10}=\frac{3}{5}$$

$$P\{Y=0\}=P\{X=0,Y=0\}+P\{X=1,Y=0\}=\frac{1}{10}+\frac{3}{10}=\frac{2}{5}$$

$$P\{Y=1\}=P\{X=0,Y=1\}+P\{X=1,Y=1\}=\frac{3}{10}+\frac{3}{10}=\frac{3}{5}$$

因此, 关于 X 和关于 Y 的边缘分布律分别为

X	0	1
p	$\frac{2}{5}$	$\frac{3}{5}$

Y	0	1
p	$\frac{2}{5}$	$\frac{3}{5}$

练习 2

1. 将两份信随机地放入编号为 1, 2, 3, 4 的 4 个邮筒内. 以随机变量 $X_i(i=1,2,3,4)$ 表示第 i 个邮筒内信的数目. 求 (X_1,X_2) 的分布律.

2. 甲、乙两人独立地各进行两次射击, 假设甲的命中率为 0.2, 乙的命中率为 0.5, 以 X 和 Y 分别表示甲和乙的命中次数, 求 (X,Y) 的分布律.

3. 设事件 A,B 满足 $P(A)=\dfrac{1}{4}$, $P(B|A)=\dfrac{1}{2}$, $P(A|B)=\dfrac{1}{2}$. 令

$$X=\begin{cases}1, & A \text{ 发生},\\ 0, & A \text{ 不发生},\end{cases}\qquad Y=\begin{cases}1, & B \text{ 发生}\\ 0, & B \text{ 不发生}\end{cases}$$

求: (1) (X,Y) 的分布律; (2) $P\{X=Y\}$.

4. 将两个不同的球任意放入编号为 1, 2, 3 的三个盒中, 假设每球放入各盒都是等可能的. 以随机变量 X 表示空盒的个数, 以随机变量 Y 表示有球盒的最小编号. 求:

(1)(X,Y) 的分布律;

(2) 关于 X 的边缘分布律;

(3) 关于 Y 的边缘分布律.

5. 设随机变量 X 在 1, 2, 3, 4 四个数字中等可能地取值, 随机变量 Y 在 $1\sim X$ 中等可能地随机取一整数值. 求:

(1) (X,Y) 的分布律;

(2) 关于 X 的边缘分布律;

(3) 关于 Y 的边缘分布律.

3.3 二维连续型随机变量

3.3.1 二维连续型随机变量的概率密度

定义 3.3.1 设二维随机变量 (X,Y) 的分布函数为 $F(x,y)$, 如果存在非负函数 $f(x,y)$, 使得对于任意的实数 x,y 都有

$$F(x,y)=\int_{-\infty}^{x}\int_{-\infty}^{y}f(s,t)\mathrm{d}t\mathrm{d}s$$

则称 (X,Y) 为**二维连续型随机变量**, 并称非负函数 $f(x,y)$ 为 (X,Y) 的**概率密度**或称 $f(x,y)$ 为 X 和 Y 的**联合概率密度**.

容易验证, $f(x,y)$ 满足下列性质:

(1) $f(x,y)\geqslant 0$;

(2) $\displaystyle\int_{-\infty}^{+\infty}\int_{-\infty}^{+\infty}f(x,y)\mathrm{d}x\mathrm{d}y=1$;

(3) 设 D 为 xOy 平面上的一个区域, 有 $P\{(X,Y)\in D\}=\displaystyle\iint\limits_{D}f(x,y)\mathrm{d}x\mathrm{d}y$;

(4) 如果 $f(x,y)$ 在点 (x,y) 处连续, 则有 $f(x,y)=\dfrac{\partial^2 F(x,y)}{\partial x\partial y}$.

在几何上, 性质 (1) 和性质 (2) 表明: 概率密度所代表的曲面位于 xOy 平面的上方, 并且介于它和 xOy 平面之间的体积为 1; 性质 (3) 表明: 随机点 (X,Y) 落在区域平面 D 内的概率 $P\{(X,Y)\in D\}$ 等于以 D 为底, 以曲面 $z=f(x,y)$ 为顶的曲顶柱体的体积.

还需要指出的是, 可以证明, 满足性质 (1) 和性质 (2) 的二元函数 $f(x,y)$ 一定能够作为某二维随机变量 (X,Y) 的概率密度.

例 3.3.1 已知二维随机变量 (X,Y) 的概率密度为

$$f(x,y)=\begin{cases} cxy, & 0<x<1, 0<y<1 \\ 0, & \text{其他} \end{cases}$$

求: (1) 常数 c 的值; (2) $P\{X\leqslant Y\}$; (3) 求 $F(x,y)$.

解 (1) 由

$$\int_{-\infty}^{+\infty}\int_{-\infty}^{+\infty} f(x,y)\mathrm{d}x\mathrm{d}y=\int_0^1\int_0^1 cxy\mathrm{d}x\mathrm{d}y=c\int_0^1 x\left[\int_0^1 y\mathrm{d}y\right]\mathrm{d}x$$

$$=c\int_0^1 \frac{1}{2}x\mathrm{d}x=\frac{c}{4}=1$$

得 $c=4$;

(2) 记 $D=\{(x,y)|0<x<1, 0<y<1\}$, $G=\{(x,y)|x\leqslant y\}$ (图 3.2), 因 $f(x,y)$ 仅在区域 $D\cap G=\{(x,y)|0<x<1, x\leqslant y<1\}$ 内取非零值, 由性质 (3), 有

$$P\{X\leqslant Y\}=\iint\limits_{x\leqslant y} f(x,y)\mathrm{d}x\mathrm{d}y=\iint\limits_{D\cap G} 4xy\mathrm{d}x y=4\int_0^1 x\mathrm{d}x\int_x^1 y\mathrm{d}y=\frac{1}{2}$$

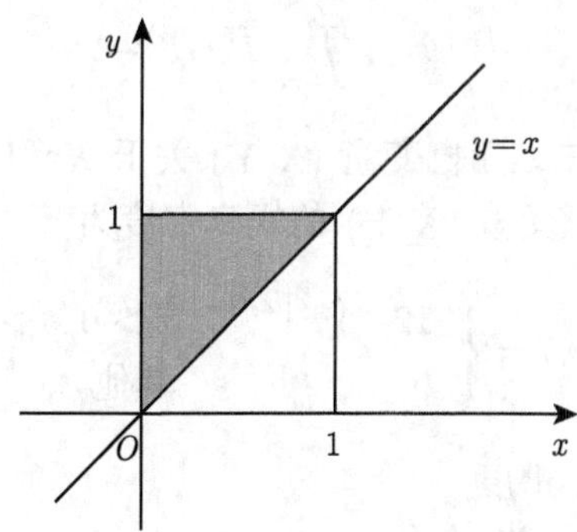

图 3.2 区域 D 示意图

(3) 由分布函数的定义, $F(x,y)=\displaystyle\int_{-\infty}^{x}\int_{-\infty}^{y} f(s,t)\mathrm{d}s\mathrm{d}t$.

(i) 当 $x<0$ 或 $y<0$ 时, $F(x,y)=0$;

(ii) 当 $0\leqslant x<1, 0\leqslant y<1$ 时,

$$F(x,y)=\int_{-\infty}^{x}\int_{-\infty}^{y} f(s,t)\mathrm{d}s\mathrm{d}t=\int_0^x\left[\int_0^y 4st\mathrm{d}t\right]\mathrm{d}s=x^2y^2$$

(iii) 当 $0\leqslant x<1,y\geqslant 1$ 时,

$$F(x,y)=\int_0^x\left[\int_0^1 4st\mathrm{d}t\right]\mathrm{d}s=x^2$$

(iv) 当 $x\geqslant 1,0\leqslant y<1$ 时,

$$F(x,y)=\int_0^1\left[\int_0^y 4st\mathrm{d}t\right]\mathrm{d}s=y^2$$

(v) 当 $x\geqslant 1,y\geqslant 1$ 时, $F(x,y)=\int_0^1\left[\int_0^1 4st\mathrm{d}t\right]\mathrm{d}s=1$. 因此,

$$F(x,y)=\begin{cases}0, & x<0 \text{ 或 } y<0\\ x^2y^2, & 0\leqslant x<1,0\leqslant y<1\\ x^2, & 0\leqslant x<1,y\geqslant 1\\ y^2, & x\geqslant 1,0\leqslant y<1\\ 1, & x\geqslant 1,y\geqslant 1\end{cases}$$

3.3.2 二维连续型随机变量的边缘概率密度

设二维连续型随机变量 (X,Y) 的概率密度为 $f(x,y)$, 因为

$$F_X(x)=F(x,+\infty)=\int_{-\infty}^{x}\left[\int_{-\infty}^{\infty}f(s,t)\mathrm{d}t\right]\mathrm{d}s$$

因此, X 是一个连续型随机变量, 其概率密度为

$$f_X(x)=\int_{-\infty}^{\infty}f(x,y)\mathrm{d}y$$

同理, Y 是一个连续型随机变量, 其概率密度为

$$f_Y(y)=\int_{-\infty}^{\infty}f(x,y)\mathrm{d}x$$

分别称 $f_X(x)$, $f_Y(y)$ 为二维随机变量 (X,Y) 关于 X 和关于 Y 的**边缘概率密度**.

例 3.3.2 已知二维随机变量 (X,Y) 的概率密度为

$$f(x,y)=\begin{cases}12\mathrm{e}^{-(3x+4y)}, & x>0,y>0\\ 0, & \text{其他}\end{cases}$$

求关于 X 和关于 Y 边缘概率密度.

解 由边缘概率密度的定义, 有

$$f_X(x)=\int_{-\infty}^{\infty}f(x,y)\mathrm{d}y=\begin{cases}\displaystyle\int_0^{+\infty}12\mathrm{e}^{-(3x+4y)}\mathrm{d}y, & x>0,\\ 0, & x\leqslant 0\end{cases}$$

$$=\begin{cases}\displaystyle -3\int_0^{+\infty}\mathrm{e}^{-(3x+4y)}\mathrm{d}(-3x-4y), & x>0,\\ 0, & x\leqslant 0\end{cases}=\begin{cases}3\mathrm{e}^{-3x}, & x>0\\ 0, & x\leqslant 0\end{cases}$$

关于 Y 边缘概率密度为

$$f_Y(y)=\int_{-\infty}^{\infty}f(x,y)\mathrm{d}x=\begin{cases}\displaystyle\int_0^{+\infty}12\mathrm{e}^{-(3x+4y)}\mathrm{d}x, & y>0,\\ 0, & y\leqslant 0\end{cases}$$

$$=\begin{cases}\displaystyle -4\int_0^{+\infty}\mathrm{e}^{-(3x+4y)}\mathrm{d}(-3x-4y), & y>0,\\ 0, & y\leqslant 0\end{cases}=\begin{cases}4\mathrm{e}^{-4y}, & y>0\\ 0, & y\leqslant 0\end{cases}$$

3.3.3　二维均匀分布与二维正态分布

1. 二维均匀分布

设 G 为 xOy 平面上的有界区域, 其面积为 S_G, 如果二维连续型随机变量 (X,Y) 的概率密度为 $f(x,y)=\begin{cases}\dfrac{1}{S_G}, & (x,y)\in G,\\ 0, & \text{其他}.\end{cases}$ 则称 (X,Y) 服从区域 G 上的**均匀分布**.

若 (X,Y) 在区域 G 上服从均匀分布, 则对于任一平面区域 D, 有

$$P\{(X,Y)\in D\}=\iint_D f(x,y)\mathrm{d}x\mathrm{d}y=\iint_{D\cap G}\frac{1}{S_G}\mathrm{d}x\mathrm{d}y=\frac{1}{S_G}\iint_{D\cap G}\mathrm{d}x\mathrm{d}y=\frac{S_{D\cap G}}{S_G}$$

其中 $S_{D\cap G}$ 为平面区域 D 与 G 的公共部分的面积.

特别地, 对于 G 内任何子区域 D, 有 $P\{(X,Y)\in D\}=\dfrac{S_D}{S_G}$. 其中 S_D 为区域 D 的面积. 这表明 G 上二维均匀分布的随机变量 (X,Y) 落在 G 内任意子区域 D 内的概率与 D 的面积成正比, 而与 D 的形状及位置无关. 这恰好与平面上的几何概型相吻合, 即若在平面有界区域 G 内任取一点, 用 (X,Y) 表示该点的坐标, 则 (X,Y) 服从区域 G 上二维均匀分布.

例 3.3.3　设 G 为曲线 $y=x^2$ 与 $y=\sqrt{x}$ 围成的平面图形区域 (图 3.3), 二维随机变量 (X,Y) 在 G 上服从均匀分布, 求:

(1) $P\{X>Y\}$;

(2) (X,Y) 关于 X 和关于 Y 的边缘密度.

解　区域 G 的面积为

$$S_G=\int_0^1(\sqrt{x}-x^2)\mathrm{d}x=\frac{1}{3}$$

因此, (X,Y) 的概率密度为

$$f(x,y)=\begin{cases}3, & (x,y)\notin G\\ 0, & (x,y)\in G\end{cases}$$

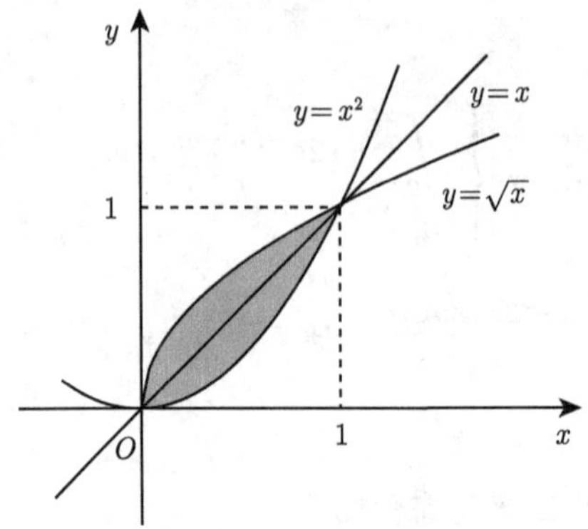

图 3.3　区域 G 示意图

(1) 设 $D=\{(x,y)|x>y\}$, 则

$$P\{X>Y\}=P\{(X,Y)\in D\}=\frac{S_{D\cap G}}{S_G}=\frac{1/6}{1/3}=\frac{1}{2}$$

(2)

$$f_X(x)=\int_{-\infty}^{\infty}f(x,y)\mathrm{d}y=\begin{cases}\displaystyle\int_{x^2}^{\sqrt{x}}3\mathrm{d}y, & 0\leqslant x\leqslant 1,\\ 0, & 其他\end{cases}=\begin{cases}3(\sqrt{x}-x^2), & 0\leqslant x\leqslant 1\\ 0, & 其他\end{cases}$$

$$f_Y(y)=\int_{-\infty}^{\infty}f(x,y)\mathrm{d}x=\begin{cases}\displaystyle\int_{y^2}^{\sqrt{y}}3\mathrm{d}x, & 0\leqslant y\leqslant 1,\\ 0, & 其他\end{cases}=\begin{cases}3(\sqrt{y}-y^2), & 0\leqslant y\leqslant 1\\ 0, & 其他\end{cases}$$

我们注意到, 例 3.3.3 中二维均匀分布随机变量 (X,Y) 的两个边缘分布都不再是均匀分布了. 读者可以计算一下矩形区域 $G=\{(x,y)|a\leqslant x\leqslant b,c\leqslant y\leqslant d\}$ 上二维均匀分布随机变量 (X,Y) 的两个边缘分布, 并与例 3.3.3 的结果相对照, 作出合理的解释.

2. 二维正态分布

如果二维随机变量 (X,Y) 的概率密度为

$$f(x,y)=\frac{1}{2\pi\sigma_1\sigma_2\sqrt{1-\rho^2}}\exp\left\{-\frac{1}{2(1-\rho^2)}\left[\frac{(x-\mu_1)^2}{\sigma_1^2}-2\rho\frac{(x-\mu_1)(y-\mu_2)}{\sigma_1\sigma_2}+\frac{(y-\mu_2)^2}{\sigma_2^2}\right]\right\}$$

其中 $\mu_1,\mu_2,\sigma_1,\sigma_2,\rho$ 均为常数, $-\infty<x<+\infty,-\infty<y<+\infty$, 且 $\sigma_1>0,\sigma_2>0,|\rho|<1$, 则称 (X,Y) 服从参数为 $\mu_1,\mu_2,\sigma_1,\sigma_2,\rho$ 的二维正态分布, 记作 $(X,Y)\sim N(\mu_1,\mu_2,\sigma_1^2,\sigma_2^2,\rho)$.

例 3.3.4　设 (X,Y) 的概率密度为

$$f(x,y)=\frac{1}{2\pi\sigma^2}\exp\left\{-\frac{1}{2\sigma^2}(x^2+y^2)\right\},\quad -\infty<x<+\infty,-\infty<y<+\infty$$

求概率 $P\{(X,Y)\in G\}$, 其中 $G=\{(x,y)|x^2+y^2\leqslant\sigma^2\}$.

解　依题意, 有

$$P\{(X,Y)\in G\}=\iint\limits_G f(x,y)\mathrm{d}x\mathrm{d}y=\iint\limits_{x^2+y^2\leqslant\sigma^2}f(x,y)\mathrm{d}x\mathrm{d}y$$

$$= \int_0^{2\pi} \mathrm{d}\theta \int_0^{\sigma} \frac{1}{2\pi\sigma^2} \exp\left\{-\frac{r^2}{2\sigma^2}\right\} r\mathrm{d}r = -\exp\left\{-\frac{r^2}{2\sigma^2}\right\}\Big|_0^{\sigma} = 1 - \mathrm{e}^{-\frac{1}{2}}$$

例 3.3.5 设 $(X,Y) \sim N(\mu_1, \mu_2, \sigma_1^2, \sigma_2^2, \rho)$, 求 (X,Y) 关于 X 和关于 Y 的边缘概率密度.

解 由于

$$\begin{aligned}
&-\frac{1}{2(1-\rho^2)}\left[\frac{(x-\mu_1)^2}{\sigma_1^2} - 2\rho\frac{(x-\mu_1)(y-\mu_2)}{\sigma_1\sigma_2} + \frac{(y-\mu_2)^2}{\sigma_2^2}\right] \\
&= -\frac{1}{2(1-\rho^2)}\left\{\frac{(x-\mu_1)^2}{\sigma_1^2} + \left[\frac{(y-\mu_2)^2}{\sigma_2^2} - 2\rho\frac{(x-\mu_1)(y-\mu_2)}{\sigma_1\sigma_2} + \rho^2\frac{(x-\mu_1)^2}{\sigma_1^2}\right]\right. \\
&\quad \left. - \rho^2\frac{(x-\mu_1)^2}{\sigma_1^2}\right\} \\
&= -\frac{(x-\mu_1)^2}{2\sigma_1^2} + \frac{-1}{2(1-\rho^2)}\left(\frac{y-\mu_2}{\sigma_2} - \rho\frac{x-\mu_1}{\sigma_1}\right)^2
\end{aligned}$$

由此可得 (X,Y) 关于 X 的边缘密度为

$$\begin{aligned}
f_X(x) &= \int_{-\infty}^{\infty} f(x,y)\mathrm{d}y \\
&= \frac{1}{2\pi\sigma_1\sigma_2\sqrt{1-\rho^2}} \exp\left\{\frac{(x-\mu_1)^2}{-2\sigma_1^2}\right\} \int_{-\infty}^{+\infty} \exp\left\{\frac{-1}{2(1-\rho^2)}\left(\frac{y-\mu_2}{\sigma_2} - \rho\frac{x-\mu_1}{\sigma_1}\right)^2\right\}\mathrm{d}y
\end{aligned}$$

对于任意给定的实数 x, 令

$$t = \frac{1}{\sqrt{1-\rho^2}}\left(\frac{y-\mu_2}{\sigma_2} - \rho\frac{x-\mu_1}{\sigma_1}\right)$$

则

$$\mathrm{d}t = \frac{1}{\sigma_2\sqrt{1-\rho^2}}\mathrm{d}y$$

由

$$\int_{-\infty}^{+\infty} \frac{1}{\sqrt{2\pi}} \exp\left\{-\frac{t^2}{2}\right\}\mathrm{d}t = 1$$

因此

$$\begin{aligned}
f_X(x) &= \frac{1}{\sqrt{2\pi}\sigma_1} \exp\left\{\frac{(x-\mu_1)^2}{-2\sigma_1^2}\right\} \int_{-\infty}^{+\infty} \frac{1}{\sqrt{2\pi}} \exp\left\{-\frac{t^2}{2}\right\}\mathrm{d}t \\
&= \frac{1}{\sqrt{2\pi}\sigma_1} \exp\left\{-\frac{(x-\mu_1)^2}{2\sigma_1^2}\right\}, \quad -\infty < x < +\infty
\end{aligned}$$

同理

$$f_Y(y) = \frac{1}{\sqrt{2\pi}\sigma_2} \exp\left\{-\frac{(y-\mu_2)^2}{2\sigma_2^2}\right\}, \quad -\infty < y < +\infty$$

由例 3.3.5 可知, 如果二维正态分布 (X,Y) 服从二维正态分布 $N(\mu_1, \mu_2, \sigma_1^2, \sigma_2^2, \rho)$, 则 (X,Y) 关于 X 和关于 Y 的边缘分布都是一维正态分布, 且 $X \sim N(\mu_1, \sigma_1^2), Y \sim (\mu_2, \sigma_2^2)$,

并且 (X,Y) 的分布与参数 ρ 有关, 对于不同的 ρ, 有不同的二维正态分布, 但 (X,Y) 关于 X 和关于 Y 的边缘分布都与 ρ 无关. 这一事实表明, 仅仅根据 (X,Y) 关于 X 和关于 Y 的边缘分布, 一般不能确定随机变量 X 和 Y 的联合分布.

练习 3

1. 已知随机变量 (X,Y) 的概率密度为

$$f(x,y)=\begin{cases}\dfrac{1}{8}(6-x-y), & 0\leqslant x\leqslant 2, 2\leqslant y\leqslant 4\\ 0, & \text{其他}\end{cases}$$

求: (1) $P\{X<1,Y<3\}$; (2) $P\left\{X\geqslant\dfrac{3}{2}\right\}$; (3) $P\{X+Y>4\}$

2. 已知二维随机变量 (X,Y) 的概率密度为

$$f(x,y)=\begin{cases}8xy, & 0\leqslant x\leqslant y\leqslant 1\\ 0, & \text{其他}\end{cases}$$

求: (1) 关于 X 的边缘概率密度; (2) 关于 Y 的边缘概率密度.

3. 已知二维随机变量 (X,Y) 的概率密度为

$$f(x,y)=\frac{1}{2\pi}\mathrm{e}^{-\frac{x^2+y^2}{2}}\quad(1+\sin x\sin y)\quad(-\infty<x,y<+\infty)$$

求: (1) 关于 X 的边缘概率密度; (2) 关于 Y 的边缘概率密度.

4. 已知二维随机变量 (X,Y) 在以原点为圆心, R 为半径的圆上服从均匀分布, 求 (X,Y) 的概率密度.

5. 已知二维随机变量 (X,Y) 在区域 $D=\{(x,y)|0\leqslant x\leqslant 2, 0\leqslant y\leqslant 1\}$ 上的均匀分布, 求: (1) 关于 X 的边缘概率密度; (2) 关于 Y 的边缘概率密度; (3) $P\left\{X<\dfrac{3}{2},Y>\dfrac{1}{2}\right\}$; (4) $P\{Y<X^2\}$.

3.4 条件分布与随机变量的独立性

3.4.1 离散型随机变量的条件分布律

设二维离散型随机变量 (X,Y) 的分布律为 $P\{X=x_i,Y=y_j\}=p_{ij}, i,j=1,2,\cdots$, (X,Y) 关于 X 和关于 Y 的边缘分布律分别为

$$P\{X=x_i\}=p_{i\cdot},\quad i=1,2,\cdots$$

$$P\{Y=y_j\}=p_{\cdot j},\quad j=1,2,\cdots$$

对于固定的 j, 若 $p_{\cdot j}>0$, 则在事件 $\{Y=y_j\}$ 已经发生的条件下, 事件 $\{X=x_i\}$ 发生的

条件概率为 $P\{X=x_i|Y=y_j\}=\dfrac{P\{X=x_i,Y=y_j\}}{P\{Y=y_j\}}=\dfrac{p_{ij}}{p_{\cdot j}}, i=1,2,\cdots$.

容易验证以下结论.

(i) $P\{X=x_i|Y=y_j\}\geqslant 0$;

(ii) $\sum\limits_{i=1}^{\infty}P\{X=x_i|Y=y_j\}=\sum\limits_{i=1}^{\infty}\dfrac{p_{ij}}{p_{\cdot j}}=\dfrac{1}{p_{\cdot j}}\sum\limits_{i=1}^{\infty}p_{ij}=1$.

我们称

$$P\{X=x_i|Y=y_j\}=\frac{P\{X=x_i,Y=y_j\}}{P\{Y=y_j\}}=\frac{p_{ij}}{p_{\cdot j}},\quad i=1,2,\cdots$$

为在给定 $Y=y_j$ 条件下随机变量 X 的**条件分布律**.

同理, 对于固定的 i, 若 $p_{i\cdot}>0$, 则称

$$P\{Y=y_j|X=x_i\}=\frac{P\{X=x_i,Y=y_j\}}{P\{X=x_i\}}=\frac{p_{ij}}{p_{i\cdot}},\quad j=1,2,\cdots$$

为在 $X=x_i$ 条件下随机变量 Y 的**条件分布律**.

例 3.4.1　已知 (X,Y) 的分布律为

X	Y	
	0	1
0	$\frac{1}{2}$	$\frac{1}{8}$
1	$\frac{3}{8}$	0

求: (1) 在 $Y=0$ 的条件下 X 的条件分布律; (2) 在 $X=1$ 的条件下 Y 的条件分布律.

解　由边缘分布律定义得

X	0	1
p	$\frac{5}{8}$	$\frac{3}{8}$

Y	0	1
p	$\frac{7}{8}$	$\frac{1}{8}$

(1) 在 $Y=0$ 的条件下, X 的条件分布律为

$$P\{X=0|Y=0\}=\frac{P\{X=0,Y=0\}}{P\{Y=0\}}=\frac{1/2}{7/8}=\frac{4}{7}$$

$$P\{X=1|Y=0\}=\frac{P\{X=1,Y=0\}}{P\{Y=0\}}=\frac{3/8}{7/8}=\frac{3}{7}$$

即

X	0	1
$P\{X\|Y=0\}$	$\frac{4}{7}$	$\frac{3}{7}$

(2) 在 $X=1$ 的条件下, Y 的条件分布律为

$$P\{Y=0|X=1\}=\frac{P\{X=1,Y=0\}}{P\{X=1\}}=\frac{3/8}{3/8}=1$$

$$P\{Y=1|X=1\}=\frac{P\{X=1,Y=1\}}{P\{X=1\}}=\frac{0}{3/8}=0$$

即

Y	0	1
$P\{Y\|X=1\}$	1	0

3.4.2 连续型随机变量的条件概率密度

设 (X,Y) 为二维连续型随机变量, 其相应的分布函数和概率密度分别为 $F(x,y)$ 和 $f(x,y)$.

对于给定实数 y 及任意给定的正数 ε, 有 $P\{y-\varepsilon<Y\leqslant y+\varepsilon\}>0$, 如果对于任意实数 x, 极限 $\lim\limits_{\varepsilon\to0^+}P\{X\leqslant x|y-\varepsilon<Y\leqslant y+\varepsilon\}=\lim\limits_{\varepsilon\to0^+}\dfrac{P\{X\leqslant x,y-\varepsilon<Y\leqslant y+\varepsilon\}}{P\{y-\varepsilon<Y\leqslant y+\varepsilon\}}$ 存在, 则称此极限值为在 $Y=y$ 条件下 X 的**条件分布函数**, 记为 $F_{X|Y}(x|y)$.

设二维连续型随机变量 (X,Y) 的分布函数为 $F(x,y)$, 概率密度为 $f(x,y)$, 如果在点 (x,y) 处 $f(x,y)$ 连续, 边缘概率密度 $f_Y(y)$, 且 $f_Y(y)>0$, 则有

$$\begin{aligned}F_{X|Y}(x|y)&=\lim_{\varepsilon\to0^+}\frac{P\{X\leqslant x,y-\varepsilon<Y\leqslant y+\varepsilon\}}{P\{y-\varepsilon<Y\leqslant y+\varepsilon\}}=\lim_{\varepsilon\to0^+}\frac{F(x,y+\varepsilon)-F(x,y-\varepsilon)}{F_Y(y+\varepsilon)-F_Y(y-\varepsilon)}\\&=\lim_{\varepsilon\to0^+}\frac{\dfrac{F(x,y+\varepsilon)-F(x,y)}{\varepsilon}-\dfrac{F(x,y-\varepsilon)-F(x,y)}{\varepsilon}}{\dfrac{F_Y(y+\varepsilon)-F_Y(y)}{\varepsilon}-\dfrac{F_Y(y-\varepsilon)-F_Y(y)}{\varepsilon}}=\frac{\dfrac{\partial F(x,y)}{\partial y}}{\dfrac{\mathrm{d}}{\mathrm{d}y}F_Y(y)}\end{aligned}$$

因此

$$F_{X|Y}(x|y)=\frac{\displaystyle\int_{-\infty}^{x}f(u,y)\mathrm{d}u}{f_Y(y)}=\int_{-\infty}^{x}\frac{f(u,y)}{f_Y(y)}\mathrm{d}u$$

称上式右端的被积函数为在 $Y=y$ 条件下 X 的**条件概率密度**, 记为 $f_{X|Y}(x|y)$, 即

$$f_{X|Y}(x|y)=\frac{f(x,y)}{f_Y(y)}$$

类似地, 可以定义在 $X=x$ 的条件下 Y 的**条件分布函数** $F_{Y|X}(y|x)$ 和在 $X=x$ 的条件下 Y 的**条件概率密度** $f_{Y|X}(y|x)=\dfrac{f(x,y)}{f_X(x)}$.

例 3.4.2 设二维随机变量 (X,Y) 的概率密度为

$$f(x,y)=\begin{cases}x\mathrm{e}^{-x(1+y)}, & x>0,y>0\\0, & 其他\end{cases}.$$

求: $f_{X|Y}(x|y)$, $f_{Y|X}(y|x)$ 及概率 $P\{Y>1|X=3\}$.

解 由于

$$f_X(x)=\int_{-\infty}^{+\infty}f(x,y)\mathrm{d}y=\begin{cases}\displaystyle\int_0^{+\infty}x\mathrm{e}^{-x(1+y)}\mathrm{d}y, & x>0,\\0, & x\leqslant0\end{cases}=\begin{cases}\mathrm{e}^{-x}, & x>0\\0, & x\leqslant0\end{cases}$$

$$f_Y(y)=\int_{-\infty}^{+\infty}f(x,y)\mathrm{d}x=\begin{cases}\int_0^{+\infty}x\mathrm{e}^{-x(1+y)}\mathrm{d}x, & y>0,\\ 0, & y\leqslant 0\end{cases}=\begin{cases}\dfrac{1}{(y+1)^2}, & y>0\\ 0, & y\leqslant 0\end{cases}$$

当 $y>0$ 时, 有

$$f_{X|Y}(x|y)=\frac{f(x,y)}{f_Y(y)}=\begin{cases}\dfrac{x\mathrm{e}^{-x(1+y)}}{\dfrac{1}{(y+1)^2}}, & x>0,\\ 0, & x\leqslant 0\end{cases}=\begin{cases}x(y+1)^2\mathrm{e}^{-x(1+y)}, & x>0\\ 0, & x\leqslant 0\end{cases}$$

当 $x>0$ 时, 有

$$f_{Y|X}(y|x)=\frac{f(x,y)}{f_X(x)}=\begin{cases}\dfrac{x\mathrm{e}^{-x(1+y)}}{\mathrm{e}^{-x}}, & y>0,\\ 0, & y\leqslant 0\end{cases}=\begin{cases}x\mathrm{e}^{-xy}, & y>0\\ 0, & y\leqslant 0\end{cases}$$

当 $X=3$ 时, 有

$$P\{Y>1|X=3\}=\int_1^{+\infty}f_{Y|X}(y|3)\mathrm{d}y=\int_1^{+\infty}3\mathrm{e}^{-3y}\mathrm{d}y=\mathrm{e}^{-3}$$

3.4.3　随机变量的独立性

一般来说, 二维随机变量 (X,Y) 中的两个随机变量 X 和 Y 之间存在相互联系, 因而一个随机变量的取值可能会影响到另一个随机变量取值的概率. 例如, 对给定的 x 和 y, 若 $P\{Y\leqslant y\}>0$, 那么在 $\{Y\leqslant y\}$ 条件下 $\{X\leqslant x\}$ 的概率 $P\{X\leqslant x|Y\leqslant y\}$ 与 $P\{X\leqslant x\}$ 一般来说是不相等的. 如果这两个概率相等, 即

$$P\{X\leqslant x\}=P\{X\leqslant x|Y\leqslant y\}$$

这说明事件 $\{Y\leqslant y\}$ 的发生不影响事件 $\{X\leqslant x\}$ 发生的概率, 此时

$$F_X(x)=P\{X\leqslant x\}=P\{X\leqslant x|Y\leqslant y\}=\frac{P\{X\leqslant x,Y\leqslant y\}}{P\{Y\leqslant y\}}=\frac{F(x,y)}{F_Y(y)}$$

我们有下面的定义.

定义 3.4.1　设二维随机变量 (X,Y) 的分布函数以及关于 X 和关于 Y 的边缘分布函数分别为 $F(x,y),F_X(x)$ 和 $F_Y(y)$, 如果对于任意实数 x 和 y, 都有

$$F(x,y)=F_X(x)F_Y(y)$$

则称随机变量 X 和 Y **相互独立**.

如果 X 和 Y 都是二维离散型随机变量, 且 (X,Y) 的分布律和边缘分布律分别为

$$P\{X=x_i,Y=y_j\}=p_{ij},\quad i,j=1,2,\cdots$$

$$P\{X=x_i\}=p_{i\cdot},\quad i=1,2,\cdots$$

$$P\{Y=y_j\}=p_{\cdot j},\quad j=1,2,\cdots$$

则随机变量 X 和 Y 相互独立的充分必要条件为：对于 (X,Y) 的所有可能取值 (x_i,y_j)，都有 $P\{X=x_i,Y=y_j\}=P\{X=x_i\}P\{Y=y_j\}$, $i,j=1,2,\cdots$, 即对 i,j 的所有取值都有 $P_{ij}=p_{i\cdot}p_{\cdot j}$.

如果 (X,Y) 为二维连续型随机变量，其概率密度和边缘概率密度分别为 $f(x,y)$, $f_X(x)$ 和 $f_Y(y)$, 则随机变量 X 和 Y 相互独立的充分必要条件为：对于任意实数 x,y, 都有 $f(x,y)=f_X(x)f_Y(y)$.

例 3.4.3 设二维随机变量 (X,Y) 的分布律如下:

X	Y	
	0	1
0	$\frac{1}{4}$	$\frac{1}{8}$
1	$\frac{1}{8}$	$\frac{1}{2}$

求 (X,Y) 关于 X 和关于 Y 的边缘分布律并判断 X 和 Y 是否相互独立.

解 (X,Y) 关于 X 和关于 Y 的边缘分布律分别为

X	0	1
P	$\frac{3}{8}$	$\frac{5}{8}$

Y	0	1
P	$\frac{3}{8}$	$\frac{5}{8}$

由于

$$P\{X=0,Y=0\}\neq P\{X=0\}P\{Y=0\}=\frac{3}{8}\times\frac{3}{8}=\frac{9}{64}$$

所以, X 和 Y 不是相互独立的.

例 3.4.4 已知二维随机变量 (X,Y) 的概率密度为

$$f(x,y)=\begin{cases}24(1-x)y, & 0<x<1,0<y<x\\ 0, & \text{其他}\end{cases}$$

判断 X 和 Y 是否相互独立.

解 首先求出 X,Y 的边缘概率密度 $f_X(x)$ 和 $f_Y(y)$.

$$f_X(x)=\int_{-\infty}^{\infty}f(x,y)\mathrm{d}y=\begin{cases}\displaystyle\int_0^x 24(1-x)y\mathrm{d}y, & 0<x<1,\\ 0, & \text{其他}\end{cases}=\begin{cases}12(1-x)x^2, & 0<x<1\\ 0, & \text{其他}\end{cases}$$

$$f_Y(y)=\int_{-\infty}^{\infty}f(x,y)\mathrm{d}x=\begin{cases}\displaystyle\int_y^1 24(1-x)y\mathrm{d}x, & 0<y<1,\\ 0, & \text{其他}\end{cases}=\begin{cases}12y(y^2-2y+1), & 0<y<1\\ 0, & \text{其他}\end{cases}$$

显然有

$$f(x,y) \neq f_X(x)f_Y(y)$$

即 X 和 Y 不是相互独立的.

例 3.4.5 设 X 和 Y 是两个相互独立的随机变量, X 在 $(0,1)$ 上服从均匀分布, Y 的概率密度为

$$f_Y(y) = \begin{cases} \dfrac{1}{2}\mathrm{e}^{-y/2}, & y > 0 \\ 0, & y \leqslant 0 \end{cases}$$

(1) 求 X 和 Y 的联合概率密度;

(2) 设含有 a 的二次方程 $a^2 + 2Xa + Y = 0$, 求 a 有实根的概率.

解 (1) $f(x,y) = f_X(x)f_Y(y) = \begin{cases} \dfrac{1}{2}\mathrm{e}^{-y/2}, & 0 < x < 1, y > 0, \\ 0, & \text{其他}. \end{cases}$

(2) a 有实根要求 $(2X)^2 - 4Y \geqslant 0$, 记 $D = \{(x,y) | x^2 \geqslant y\}$,

$$\begin{aligned} P\{D\} &= \iint\limits_D f(x,y)\mathrm{d}x\mathrm{d}y = \int_0^1 \mathrm{d}x \int_0^{x^2} \frac{1}{2}\mathrm{e}^{-y/2}\mathrm{d}y = \int_0^1 \left(-\mathrm{e}^{-y/2}\right)\Big|_0^{x^2} \mathrm{d}x \\ &= \int_0^1 (-\mathrm{e}^{-x^2/2})\mathrm{d}x = 1 - \sqrt{2\pi}\int_0^1 \frac{1}{\sqrt{2\pi}}\mathrm{e}^{-x^2/2}\mathrm{d}x \\ &= 1 - \sqrt{2\pi}(\varPhi(1) - \varPhi(0)) = 0.1445 \end{aligned}$$

例 3.4.6 设二维随机变量 $(X,Y) \sim N(\mu_1, \mu_2, \sigma_1^2, \sigma_2^2, \rho)$, 证明: 随机变量 X 和 Y 相互独立的充分必要条件是参数 $\rho = 0$.

证明 随机变量 (X,Y) 的概率密度为

$$f(x,y) = \frac{1}{2\pi\sigma_1\sigma_2\sqrt{1-\rho^2}} \exp\left\{-\frac{1}{2(1-\rho^2)}\left[\frac{(x-\mu_1)^2}{\sigma_1^2} - 2\rho\frac{(x-\mu_1)(y-\mu_2)}{\sigma_1\sigma_2} + \frac{(y-\mu_2)^2}{\sigma_2^2}\right]\right\}$$

关于 X 和关于 Y 的边缘概率密度分别为

$$f_X(x) = \frac{1}{2\pi\sigma_1}\exp\left\{\frac{(x-\mu_1)^2}{-2\sigma_1^2}\right\}, \quad -\infty < x < +\infty$$

$$f_Y(y) = \frac{1}{2\pi\sigma_2}\exp\left\{\frac{(y-\mu_2)^2}{-2\sigma_2^2}\right\}, \quad -\infty < y < +\infty$$

因此 $f_X(x) \cdot f_Y(y) = \dfrac{1}{2\pi\sigma_1\sigma_2}\exp\left\{-\dfrac{1}{2}\left[\dfrac{(x-\mu_1)^2}{\sigma_1^2} + \dfrac{(y-\mu_2)^2}{\sigma_2^2}\right]\right\}$.

一方面, 如果 $\rho = 0$, 则对于任意实数 x 和 y, 都有

$$f(x,y) = f_X(x)f_Y(y)$$

因此, X 和 Y 相互独立.

另一方面, 如果 X 和 Y 相互独立, 由于 $f(x,y), f_X(x)$ 和 $f_Y(y)$ 都是连续函数, 因此, 对于任意实数 x 和 y, 都有 $f(x,y)=f_X(x)f_Y(y)$. 如果取 $x=\mu_1, y=\mu_2$, 则有 $\dfrac{1}{2\pi\sigma_1\sigma_2\sqrt{1-\rho^2}}=\dfrac{1}{2\pi\sigma_1\sigma_2}$, 从而 $\rho=0$.

在本节的最后, 我们将以上所述关于二维随机变量的一些概念, 推广到 n 维随机变量的情形, 现列举如下:

设 $X_1, X_2, \cdots, X_n$ 是定义在样本空间 Ω 上的 n 个随机变量, 则称 n 维向量 $(X_1, X_2, \cdots, X_n)$ 为 **n维随机变量**或 **n维随机向量**.

(1) 对于任意 n 个实数 $x_1, x_2, \cdots, x_n$, 定义 n 维随机变量 $(X_1, X_2, \cdots, X_n)$**的分布函数**为 $F(x_1, x_2, \cdots, x_n)=P\{X_1 \leqslant x_1, X_2 \leqslant x_2, \cdots, X_n \leqslant x_n\}$.

它有与二维随机变量分布函数相类似的性质.

(2) 如果 n 维随机变量 $(X_1, X_2, \cdots, X_n)$ 的所有可能取值是有限或可列无限个 n 元数组时, 则称之为 n **维离散型随机变量**, 其概率分布律为

$$P\{X_1=x_1, X_2=x_2, \cdots, X_n=x_n\}=p_{i_1 i_2 \cdots i_n}, \quad i_1, i_2, \cdots, i_n=1,2,\cdots$$

(3) 如果存在非负 n 元函数 $f(x_1, x_2, \cdots, x_n)$, 使得对于任意 n 个实数 $x_1, x_2, \cdots, x_n$, 都有 $F(x_1, x_2, \cdots, x_n)=\int_{-\infty}^{x_1}\int_{-\infty}^{x_2}\cdots\int_{-\infty}^{x_n} f(s_1, s_2, \cdots, s_n)\mathrm{d}s_n \cdots \mathrm{d}s_2 \mathrm{d}s_1$, 则称 $(X_1, X_2, \cdots, X_n)$ 为 n **维连续型随机变量**, 并称 $f(x_1, x_2, \cdots, x_n)$ 为 $(X_1, X_2, \cdots, X_n)$ 的**概率密度**或随机变量 $X_1, X_2, \cdots, X_n$ 的**联合概率密度**.

(4) 如果已知 n 维随机变量 $(X_1, X_2, \cdots, X_n)$ 的分布函数 $F(x_1, x_2, \cdots, x_n)$, 则可确定出 $(X_1, X_2, \cdots, X_n)$ 的 $k(1 \leqslant k \leqslant n)$ 维边缘分布函数: 在 $F(x_1, x_2, \cdots, x_n)$ 中保留相应的 k 个变量, 而让其他变量趋向 $+\infty$, 其极限即为所求.

例如, n 维随机变量 $(X_1, X_2, \cdots, X_n)$ 关于 X_1 的边缘分布函数为

$$F_{X_1}(x_1)=F(x_1, +\infty, \cdots, +\infty)$$

而 $(X_1, X_2, \cdots, X_n)$ 关于 (X_1, X_2, X_3) 的边缘分布函数为

$$F_{X_1 X_2 X_3}(x_1, x_2, x_3)=F(x_1, x_2, x_3, +\infty, \cdots, +\infty)$$

若 n 维离散型随机变量 $(X_1, X_2, \cdots, X_n)$ 概率分布律为

$$P\{X_1=x_1, X_2=x_2, \cdots, X_n=x_n\}=p_{i_1 i_2 \cdots i_n}, \quad i_1, i_2, \cdots, i_n=1,2,\cdots$$

则 $(X_1, X_2, \cdots, X_n)$ 关于 X_1 的边缘分布律为

$$P\{X_1=x_1\}=\sum_{i_2=1}^{\infty}\sum_{i_3=1}^{\infty}\cdots\sum_{i_n=1}^{\infty} p_{i_1 i_2 \cdots i_n}$$

若 n 维连续型随机变量 $(X_1, X_2, \cdots, X_n)$ 具有概率密度 $f(x_1, x_2, \cdots, x_n)$, 则 $(X_1, X_2, \cdots, X_n)$ 关于 X_1 的边缘概率密度为

$$f_{X_1}(x_1)=\int_{-\infty}^{+\infty}\int_{-\infty}^{+\infty}\cdots\int_{-\infty}^{+\infty} f(x_1, x_2, \cdots, x_n)\mathrm{d}x_2 \mathrm{d}x_3 \cdots \mathrm{d}x_n$$

而 $(X_1,X_2,\cdots,X_n)$ 关于 (X_1,X_2,X_3) 的边缘概率密度为

$$f_{X_1X_2X_3}(x_1,x_2,x_3)=\int_{-\infty}^{+\infty}\int_{-\infty}^{+\infty}\cdots\int_{-\infty}^{+\infty}f(x_1,x_2,\cdots,x_n)\mathrm{d}x_4\mathrm{d}x_5\cdots\mathrm{d}x_n$$

(5) 如果对于任意 n 个实数 $x_1,x_2,\cdots,x_n$, 都有

$$F(x_1,x_2,\cdots,x_n)=F_{X_1}(x_1)\cdot F_{X_2}(x_2)\cdots F_{X_n}(x_n)=\prod_{i=1}^{n}F_{X_i}(x_i)$$

则称随机变量 $X_1,X_2,\cdots,X_n$ 相互独立.

若 $(X_1,X_2,\cdots,X_n)$ 是 n 维离散型随机变量, 则 $X_1,X_2,\cdots,X_n$ 相互独立的充分必要条件是: 对于 $(X_1,X_2,\cdots,X_n)$ 的任意一组可能值 $x_{i_1},x_{i_2},\cdots,x_{i_n}$, 有

$$\begin{aligned}P\{X_1=x_{i_1},X_2=x_{i_2},\cdots,X_n=x_{i_n}\}&=P\{X_1=x_{i_1}\}P\{X_2=x_{i_2}\}\cdots P\{X_n=x_{i_n}\}\\&=\prod_{j=1}^{n}P\{X_j=x_{i_j}\}\end{aligned}$$

若 $(X_1,X_2,\cdots,X_n)$ 为 n 维连续型随机变量, 则 $(X_1,X_2,\cdots,X_n)$ 相互独立的充分必要条件是: 对任意实数 $x_1,x_2,\cdots,x_n$, 都有

$$f(x_1,x_2,\cdots,x_n)=f_{X_1}(x_1)f_{X_2}(x_2)\cdots f_{X_n}(x_n)=\prod_{i=1}^{n}f_{X_i}(x_i)$$

(6) 如果对于任意 $m+n$ 个实数 $x_1,x_2,\cdots,x_m,y_1,y_2,\cdots,y_n$, 有

$$F(x_1,x_2,\cdots,x_m,y_1,y_2,\cdots,y_n)=F_1(x_1,x_2,\cdots,x_m)F_2(y_1,y_2,\cdots,y_n)$$

其中 F,F_1,F_2 分别是 $m+n$ 维随机变量 $(X_1,X_2,\cdots,X_m,Y_1,Y_2,\cdots,Y_n)$, m 维随机变量 $(X_1,X_2,\cdots,X_m)$ 和 n 维随机变量 $(Y_1,Y_2,\cdots,Y_n)$ 的分布函数, 则称 m 维随机变量 $(X_1,X_2,\cdots,X_m)$ 和 n 维随机变量 $(Y_1,Y_2,\cdots,Y_n)$ 是相互独立的.

以下结论在数理统计中是很有用的.

设 $(X_1,X_2,\cdots,X_m)$ 和 $(Y_1,Y_2,\cdots,Y_n)$ 相互独立, 则 $X_i(i=1,2,\cdots,m)$ 和 $Y_j(j=1,2,\cdots,n)$ 相互独立. 又若 h,g 是连续函数, 则 $h(X_1,X_2,\cdots,X_m)$ 和 $g(Y_1,Y_2,\cdots,Y_n)$ 相互独立.

练习 4

1. 已知二维随机变量 (X,Y) 的分布律为

X	Y		
	1	2	3
1	0.1	0.3	0.2
2	0.2	0.05	0.15

求: (1) 在 $X=1$ 条件下, Y 的条件分布律; (2) 在 $Y=1$ 条件下, X 的条件分布律; (3) 在 $Y=2$ 条件下, X 的条件分布律.

2. 将某一医药公司 9 月份和 8 月份收到的青霉素针剂的订货单数分别记为 (X,Y) 的分布律为

X	Y				
	51	52	53	54	55
51	0.06	0.05	0.05	0.01	0.01
52	0.07	0.05	0.01	0.01	0.01
53	0.05	0.10	0.10	0.05	0.05
54	0.05	0.02	0.01	0.01	0.03
55	0.05	0.06	0.05	0.01	0.03

求: (1) 关于 X 的边缘概率密度; (2) 关于 Y 的边缘概率密度; (3) 当 8 月份的订单数为 51 时, 求 9 月份订单数的条件分布律.

3. 设随机变量 (X,Y) 在区域 D 上服从均匀分布, 其中 D 为 x 轴, y 轴和直线 $y=2-2x$ 所围成的三角形区域. 求: (1)$f_{X|Y}(x|y)$; (2)$f_{Y|X}(y|x)$.

4. 设 (X,Y) 是二维离散型随机变量, X 和 Y 的边缘分布律如下:

X	-1	0	1
p	$\frac{1}{4}$	$\frac{1}{2}$	$\frac{1}{4}$

Y	0	1
p	$\frac{1}{2}$	$\frac{1}{2}$

判断 X 和 Y 是否相互独立.

5. 在一个箱子中装有 12 只开关, 其中 2 只是次品, 在其中取两次, 每次任取一只, 考虑两种试验: (1) 放回抽样; (2) 不放回抽样. 定义随机变量 X, Y 如下:

$$X=\begin{cases}0, & \text{第一次取出的是正品,}\\ 1, & \text{第一次取出的是次品;}\end{cases} \quad Y=\begin{cases}0, & \text{第二次取出的是正品,}\\ 1, & \text{第二次取出的是次品.}\end{cases}$$

分别就 (1) 和 (2) 两种情况, 求关于 X 的边缘概率密度、关于 Y 的边缘概率密度, 并判断 X 与 Y 是否相互独立.

6. 已知随机变量 X 与 Y 相互独立且服从同一分布, 其分布律为

X	0	1	2
p	0.4	0.3	0.3

求二维随机变量 (X,Y) 的分布律.

7. 已知二维随机变量 (X,Y) 的概率密度为

$$f(x,y)=\begin{cases}x^2+\dfrac{1}{3}xy, & 0\leqslant x\leqslant 1, 0\leqslant y\leqslant 2\\ 0, & \text{其他}\end{cases}$$

求: (1) 关于 X 的边缘概率密度; (2) 关于 Y 的边缘概率密度; (3) 判断 X 和 Y 是否相互独立.

8. 已知二维随机变量 (X,Y) 的概率密度为

$$f(x,y)=\begin{cases}cxy^2, & 0<x<1, 0<y<1\\ 0, & \text{其他}\end{cases}$$

(1) 求关于 X 的边缘概率密度; (2) 求关于 Y 的边缘概率密度; (3) 判断 X 和 Y 是否相互独立.

9. 已知二维随机变量 (X,Y) 的概率密度为 $f(x,y)=\begin{cases} c(3x^2+xy), & 0<x<1, 0<y<2, \\ 0, & \text{其他}, \end{cases}$ 判断 X 和 Y 是否相互独立.

10. 设随机变量 X,Y 相互独立, X 服从 $(0,0.2)$ 上的均匀分布, Y 服从参数为 5 的指数分布, 求: (1)(X,Y) 的概率密度 $f(x,y)$; (2) $P\{-1<X\leqslant 0.1, Y\leqslant 1\}$.

3.5　二维随机变量函数的分布

设 (X,Y) 为二维随机变量, $Z=g(X,Y)$ 是随机变量 X 和 Y 的函数, 类似于一维随机变量函数的分布, 我们可以由 (X,Y) 的分布确定 Z 的分布.

3.5.1　二维离散型随机变量函数的分布

设 (X,Y) 为二维离散型随机变量, 其分布律为 $p_{ij}=P\{X=x_i, Y=y_j\}(i,j=1,2,\cdots)$, 则二维随机变量 (X,Y) 函数 $Z=g(X,Y)$ 的分布律为

$$P\{Z=z_k\}=\sum_{i,j:g(x_i,y_j)=z_k} P\{X=x_i, Y=y_j\} \quad (k=1,2,\cdots)$$

例 3.5.1　设随机变量 X 和 Y 相互独立, 且 $X\sim B\left(1,\dfrac{1}{4}\right)$, $Y\sim B\left(2,\dfrac{1}{2}\right)$. 求: (1) $X+Y$ 的分布律; (2) XY 的分布律.

解　X 和 Y 的分布律分别为

X	0	1
p	$\frac{3}{4}$	$\frac{1}{4}$

Y	0	1	2
p	$\frac{1}{4}$	$\frac{1}{2}$	$\frac{1}{4}$

$$P\{X+Y=0\}=P\{X=0,Y=0\}=P\{X=0\}P\{Y=0\}=\frac{3}{4}\times\frac{1}{4}=\frac{3}{16}$$

$$\begin{aligned} P\{X+Y=1\}&=P\{X=0,Y=1\}+P\{X=1,Y=0\}\\ &=P\{X=0\}P\{Y=1\}+P\{X=1\}P\{Y=0\}\\ &=\frac{3}{4}\times\frac{1}{2}+\frac{1}{4}\times\frac{1}{4}=\frac{7}{16}\\ P\{X+Y=2\}&=P\{X=0,Y=2\}+P\{X=1,Y=1\}\\ &=P\{X=0\}P\{Y=2\}+P\{X=1\}P\{Y=1\}\\ &=\frac{3}{4}\times\frac{1}{4}+\frac{1}{4}\times\frac{1}{2}=\frac{5}{16} \end{aligned}$$

$$P\{X+Y=3\}=P\{X=1,Y=2\}=P\{X=1\}P\{Y=2\}=\frac{1}{4}\times\frac{1}{4}=\frac{1}{16}$$

(1) $X+Y$ 的分布律为

$X+Y$	0	1	2	3
p	$\frac{3}{16}$	$\frac{7}{16}$	$\frac{5}{16}$	$\frac{1}{16}$

(2) 同理可得 XY 的分布律为

XY	0	1	2
p	$\frac{13}{16}$	$\frac{1}{8}$	$\frac{1}{16}$

例 3.5.2 设随机变量 X 和 Y 相互独立, 且 $X\sim P(\lambda_1), Y\sim P(\lambda_2)$, 证明: $X+Y\sim P(\lambda_1+\lambda_2)$.

证明 由于

$$P\{X=i\}=\frac{\lambda_1^i}{i!}\mathrm{e}^{-\lambda_1},\quad i=0,1,2,\cdots$$

$$P\{Y=j\}=\frac{\lambda_2^j}{j!}\mathrm{e}^{-\lambda_2},\quad j=0,1,2,\cdots$$

$X+Y$ 的所有可能值为 $0,1,2,\cdots$, 由于 X 和 Y 相互独立, 对于任意非负整数 k, 有

$$\begin{aligned}P\{X+Y=k\}&=P\left(\bigcup_{l=0}^{k}\{X=l,Y=k-l\}\right)=\sum_{l=0}^{k}(P\{X=l\}\cdot P\{Y=k-l\})\\&=\sum_{l=0}^{k}\left[\frac{\lambda_1^l\mathrm{e}^{-\lambda_1}}{l!}\cdot\frac{\lambda_2^{k-l}\mathrm{e}^{-\lambda_2}}{(k-l)!}\right]=\sum_{l=0}^{k}\frac{k!}{l!(k-l)!}\lambda_1^l\cdot\lambda_2^{k-l}\frac{\mathrm{e}^{-(\lambda_1+\lambda_2)}}{k!}\\&=\frac{\mathrm{e}^{-(\lambda_1+\lambda_2)}}{k!}\sum_{l=0}^{k}\frac{k!}{l!(k-l)!}\lambda_1^l\cdot\lambda_2^{k-l}=\frac{(\lambda_1+\lambda_2)^k}{k!}\cdot\mathrm{e}^{-(\lambda_1+\lambda_2)},\quad k=0,1,2,\cdots\end{aligned}$$

即 $X+Y\sim P(\lambda_1+\lambda_2)$.

3.5.2 二维连续型随机变量函数的分布

设 (X,Y) 为二维连续型随机变量, 其概率密度为 $f(x,y)$, 为了求二维随机变量 (X,Y) 函数 $Z=g(X,Y)$ 的概率密度. 我们可以通过分布函数的定义, 先求出 Z 的分布函数 $F_Z(z)$, 再利用性质 $f_Z(z)=F'_Z(z)$ 求得 Z 的概率密度 $f_Z(z)$.

1. $Z=X+Y$ 的概率密度

设 (X,Y) 为二维连续型随机变量, 其概率密度为 $f(x,y)$, 我们来求随机变量 X 和 Y 的和函数 $Z=X+Y$ 的概率密度.

首先求 Z 的分布函数, 由分布函数的定义

$$F_Z(z)=P\{Z\leqslant z\}=P\{X+Y\leqslant z\}=\iint\limits_{x+y\leqslant z}f(x,y)\mathrm{d}x\mathrm{d}y=\int_{-\infty}^{+\infty}\left[\int_{-\infty}^{z-x}f(x,y)\mathrm{d}y\right]\mathrm{d}x$$

对固定的 z 和 x, 作变量代换 $y = u - x$, 得到 (图 3.4)

$$\int_{-\infty}^{z-x} f(x,y)\mathrm{d}y = \int_{-\infty}^{z} f(x,u-x)\mathrm{d}u$$

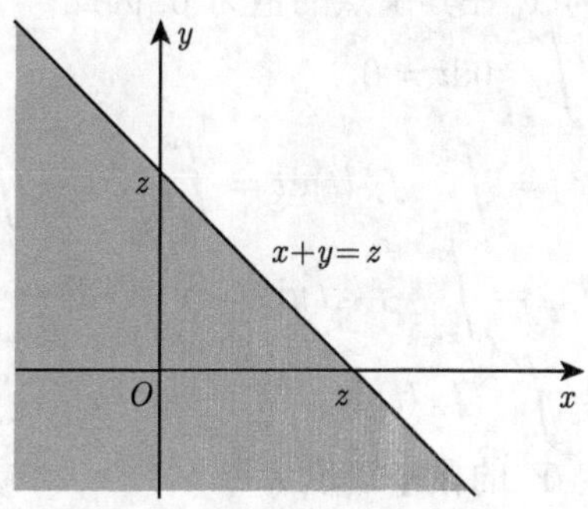

图 3.4　和函数 $Z = X + Y$ 概率密度求解示意图

因此

$$F_Z(z) = \int_{-\infty}^{+\infty}\left[\int_{-\infty}^{z} f(x,u-x)\mathrm{d}u\right]\mathrm{d}x = \int_{-\infty}^{z}\left[\int_{-\infty}^{+\infty} f(x,u-x)\mathrm{d}x\right]\mathrm{d}u$$

于是, 由概率密度的定义知, 随机变量 Z 的概率密度为

$$f_Z(z) = \int_{-\infty}^{+\infty} f(x,z-x)\mathrm{d}x$$

同理

$$f_Z(z) = \int_{-\infty}^{+\infty} f(z-y,y)\mathrm{d}y$$

特别地, 如果 X 和 Y 相互独立, $f_X(x), f_Y(y)$ 分别为二维随机变量 (X,Y) 关于 X 和关于 Y 的边缘概率密度, 则有

$$f_Z(z) = \int_{-\infty}^{+\infty} f_X(x)f_Y(z-x)\mathrm{d}x$$

$$f_Z(z) = \int_{-\infty}^{+\infty} f_X(z-y)f_Y(y)\mathrm{d}y$$

上式称为卷积公式, 记作 $f_X * f_Y$.

例 3.5.3　设 X 和 Y 是两个相互独立的随机变量, 且都服从 $(0,1)$ 上的均匀分布, 求随机变量 $Z = X + Y$ 的概率密度.

解　由均匀分布的定义, 可得

$$f_X(x) = \begin{cases} 1, & 0 < x < 1, \\ 0, & \text{其他}; \end{cases} \quad f_Y(y) = \begin{cases} 1, & 0 < y < 1 \\ 0, & \text{其他} \end{cases}$$

由卷积公式, 得

$$f_Z(z) = \int_{-\infty}^{+\infty} f_X(z-y)f_Y(y)\mathrm{d}y = \int_{0}^{1} f_X(z-y)\mathrm{d}y$$

令 $z-y=t$, 上式变成

$$f_Z(z)=\int_{z-1}^{z} f_X(t)\mathrm{d}t, \quad -\infty<z<+\infty$$

由于 $f_X(x)$ 在 $(0,1)$ 内的值为 1, 在其余点的值为 0, 因此

(i) 当 $z<0$ 时, $f_Z(z)=\int_{z-1}^{z} 0\mathrm{d}t=0$;

(ii) 当 $0\leqslant z<1$ 时, $f_Z(z)=\int_{z-1}^{z} f_X(t)\mathrm{d}t=\int_{z-1}^{0} 0\mathrm{d}t+\int_{0}^{z} 1\mathrm{d}t=z$;

(iii) 当 $1\leqslant z<2$ 时, $f_Z(z)=\int_{z-1}^{z} f_X(t)\mathrm{d}t=\int_{z-1}^{1} 1\mathrm{d}t+\int_{1}^{z} 0\mathrm{d}t=2-z$;

(iv) 当 $z\geqslant 2$ 时, $f_Z(z)=\int_{z-1}^{z} f_X(t)\mathrm{d}t=\int_{z-1}^{z} 0\mathrm{d}t=0$.

综上, 随机变量 $Z=X+Y$ 的概率密度为

$$f_Z(z)=\begin{cases} z, & 0\leqslant z<1 \\ 2-z, & 1\leqslant z<2 \\ 0, & \text{其他} \end{cases}$$

例 3.5.4 设随机变量 X 和 Y 相互独立, 且 $X\sim N(\mu_1,\sigma_1^2)$, $Y\sim N(\mu_2,\sigma_2^2)$, 求 $Z=X+Y$ 的概率密度.

解 由于

$$f_X(x)=\frac{1}{\sqrt{2\pi}\sigma_1}\mathrm{e}^{-\frac{(x-\mu_1)^2}{2\sigma_1^2}}, \quad f_Y(y)=\frac{1}{\sqrt{2\pi}\sigma_2}\mathrm{e}^{-\frac{(y-\mu_2)^2}{2\sigma_2^2}}$$

$Z=X+Y$ 的概率密度为

$$f_Z(z)=\frac{1}{\sqrt{2\pi}\sigma_1\sigma_2}\int_{-\infty}^{+\infty}\mathrm{e}^{-\frac{(x-\mu_1)^2}{2\sigma_1^2}-\frac{[(z-x)-\mu_2]^2}{2\sigma_2^2}}\mathrm{d}x$$

令 $u=x-\mu_1, v=z-(\mu_1+\mu_2)$, 则

$$f_Z(z)=\frac{1}{\sqrt{2\pi}\sigma_1\sigma_2}\int_{-\infty}^{+\infty}\mathrm{e}^{-\frac{1}{2}\left[\frac{u^2}{\sigma_1^2}+\frac{(v-u)^2}{\sigma_2^2}\right]}\mathrm{d}u$$

注意到

$$\frac{u^2}{\sigma_1^2}+\frac{(v-u)^2}{\sigma_2^2}=\frac{\sigma_1^2+\sigma_2^2}{\sigma_1^2\sigma_2^2}u^2-\frac{2uv}{\sigma_2^2}+\frac{v^2}{\sigma_2^2}=\left[\frac{\sqrt{\sigma_1^2+\sigma_2^2}}{\sigma_1\sigma_2}u-\frac{\sigma_1 v}{\sigma_2\sqrt{\sigma_1^2+\sigma_2^2}}\right]^2+\frac{v^2}{\sigma_1^2+\sigma_2^2}$$

再令

$$t=\frac{\sqrt{\sigma_1^2+\sigma_2^2}}{\sigma_1\sigma_2}u-\frac{\sigma_1}{\sigma_2\sqrt{\sigma_1^2+\sigma_2^2}}v$$

得到 Z 的概率密度

$$f_Z(z)=\frac{1}{\sqrt{2\pi}\sqrt{\sigma_1^2+\sigma_2^2}}\mathrm{e}^{-\frac{v^2}{2(\sigma_1^2+\sigma_2^2)}}\int_{-\infty}^{+\infty}\frac{1}{\sqrt{2\pi}}\mathrm{e}^{-\frac{t^2}{2}}\mathrm{d}t=\frac{1}{\sqrt{2\pi}\sqrt{\sigma_1^2+\sigma_2^2}}\mathrm{e}^{-\frac{[z-(\mu_1+\mu_2)]^2}{2(\sigma_1^2+\sigma_2^2)}}$$

由此可见, $Z \sim N(\mu_1+\mu_2, \sigma_1^2+\sigma_2^2)$, 这一结果表明: 两个独立的正态随机变量之和仍为正态随机变量, 且其两个参数恰好为原来两个正态随机变量相应参数之和, 利用数学归纳法, 不难将此结论推广到 n 个独立正态随机变量之和的情形.

若 $X_i \sim N(\mu_i, \sigma_i^2)(i=1,2,\cdots,n)$, 且它们相互独立, 则它们的和 $Z = X_1+X_2+\cdots+X_n$ 仍然服从正态分布, 且有

$$Z \sim N(\mu_1+\mu_2+\cdots+\mu_n, \sigma_1^2+\sigma_2^2+\cdots+\sigma_n^2)$$

2. $U=\max(X,Y)$ 和 $V=\min(X,Y)$ 的分布

设 X 和 Y 是相互独立的随机变量, 分布函数分别为 $F_X(x)$ 和 $F_Y(y)$. 令 $U=\max(X,Y)$ 和 $V=\min(X,Y)$, 记 U 的分布函数为 $F_{\max}(u)$, V 的分布函数 $F_{\min}(v)$, 其中 $-\infty<u<+\infty$, $-\infty<v<+\infty$. 下面来求 $U=\max(X,Y)$ 和 $V=\min(X,Y)$ 的分布函数.

注意到对于任意实数 u, 都有 $\{U\leqslant u\}=\{X\leqslant u, Y\leqslant u\}$, 由于 X 和 Y 相互独立, 因此得到 $U=\max(X,Y)$ 的分布函数为

$$F_{\max}(u)=P\{U\leqslant u\}=P\{X\leqslant u, Y\leqslant u\}=P\{X\leqslant u\}P\{Y\leqslant u\}=F_X(u)F_Y(u)$$

类似地, 可以得到 $V=\min(X,Y)$ 的分布函数为

$$\begin{aligned}F_{\min}(v)&=P\{V\leqslant v\}=1-P\{V>v\}=1-P\{X>v\}P\{Y>v\}\\&=1-[1-P\{X\leqslant v\}][1-P\{Y\leqslant v\}]=1-[1-F_X(v)][1-F_Y(v)]\end{aligned}$$

以上结果容易推广到 n 个相互独立的随机变量的情况. 设 $X_1,X_2,\cdots,X_n$ 是 n 个相互独立的随机变量, 它们的分布函数分别为 $F_{X_i}(x_i)(i=1,2,\cdots,n)$, 则 $U=\max\{X_1, X_2,\cdots,X_n\}$ 和 $V=\min\{X_1, X_2,\cdots,X_n\}$ 的分布函数分别为

$$F_{\max}(u)=F_{X_1}(u)F_{X_2}(u)\cdots F_{X_n}(u)$$

$$F_{\min}(v)=1-[1-F_{X_1}(v)][1-F_{X_2}(v)]\cdots[1-F_{X_n}(v)]$$

特别地, 当 $X_1,X_2,\cdots,X_n$ 相互独立且有相同的分布函数 $F(x)$ 时, 有

$$F_{\max}(u)=[F(u)]^n, \quad F_{\min}(v)=1-[1-F(v)]^n$$

例 3.5.5 假设一电路装有三个同类电器元件, 其工作状态相互独立, 且无故障工作时间都服从参数为 $\lambda>0$ 的指数分布, 当三个元件都无故障时, 电路正常工作, 否则整个电路不能正常工作, 求电路正常工作时间 T 的概率分布函数.

解 以 $X_i(i=1,2,3)$ 表示第 i 个电器元件无故障工作时间, 则 X_1,X_2,X_3 相互独立且同分布, 其分布函数为

$$F(x)=\begin{cases}1-\mathrm{e}^{-\lambda x}, & x>0\\0, & x\leqslant 0\end{cases}$$

设 $G(t)$ 为工作时间 T 的分布函数,

当 $t \leqslant 0$ 时, $G(t)=0$,

当 $t>0$ 时,

$$\begin{aligned}G(t)&=P\{T\leqslant t\}=1-P\{T>t\}=1-P\{X_1>t,X_2>t,X_3>t\}\\&=1-P\{X_1>t\}\cdot P\{X_2>t\}\cdot P\{X_3>t\}\\&=1-[1-F(t)]^3\\&=1-\mathrm{e}^{-3\lambda t}\end{aligned}$$

即

$$G(t)=\begin{cases}1-\mathrm{e}^{-3\lambda t}, & t>0\\ 0, & t\leqslant 0\end{cases}$$

于是, T 服从参数为 3λ 的指数分布.

下面我们再举几个有关二维随机变量函数的概率分布的例子.

例 3.5.6 设随机变量 X 和 Y 相互独立, 且有 $X\sim E(\lambda_1), Y\sim E(\lambda_2)$, 求随机变量 $Z=\dfrac{X}{Y}$ 的概率密度.

解 由题设, 二维随机变量 (X,Y) 的概率密度为

$$f(x,y)=f_X(x)\cdot f_Y(y)=\begin{cases}\lambda_1\lambda_2\mathrm{e}^{-(\lambda_1 x+\lambda_2 y)}, & x>0,y>0\\ 0, & \text{其他}\end{cases}$$

由于 X,Y 均取正值, 因此当 $z\leqslant 0$ 时, 随机变量 $Z=\dfrac{X}{Y}$ 的分布函数 $F_Z(z)=0$, 当 $z>0$ 时, 有 (图 3.5)

$$F_Z(z)=P\{Z\leqslant z\}=P\left\{\frac{X}{Y}\leqslant z\right\}=\iint\limits_{\frac{x}{y}\leqslant z}f(x,y)\mathrm{d}x\mathrm{d}y=\int_0^{+\infty}\mathrm{d}y\int_0^{zy}\lambda_1\lambda_2\mathrm{e}^{-(\lambda_1 x+\lambda_2 y)}\mathrm{d}x$$

$$=\frac{\lambda_1 z}{\lambda_1 z+\lambda_2}$$

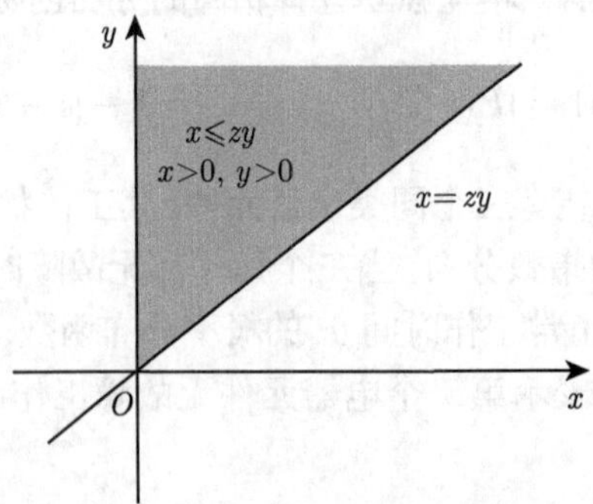

图 3.5 $Z=\dfrac{X}{Y}$ 概率密度求解示意图

于是, $Z=\dfrac{X}{Y}$ 的概率密度为 $f_Z(z)=F_Z'(z)=\begin{cases}\dfrac{\lambda_1\lambda_2}{(\lambda_1 z+\lambda_2)^2}, & z>0,\\ 0, & z\leqslant 0.\end{cases}$

例 3.5.7　设二维随机变量 (X,Y) 在矩形 $D=\{(x,y)|0\leqslant x\leqslant 2,0\leqslant y\leqslant 1\}$ 上服从均匀分布, 求边长为 X 和 Y 的矩形面积 S 的概率密度.

解　二维随机变量 (X,Y) 的概率密度为 $\varphi(x,y)=\begin{cases}\dfrac{1}{2}, & 0\leqslant x\leqslant 2,0\leqslant y\leqslant 1,\\ 0, & 其他.\end{cases}$

设 $F(s)=P(S\leqslant s\}$ 为 S 的分布函数, 则

当 $s<0$ 时, $F(s)=0$;

当 $s\geqslant 2$ 时, $F(s)=1$;

当 $0\leqslant s<2$ 时, 曲线 $xy=2$ 与矩形 D 的上边交于点 $(s,1)$ (图 3.6), 位于曲线 $xy=2$ 上方的点满足 $xy>s$, 位于曲线 $xy=2$ 下方的点满足 $xy<s$, 于是

$$\begin{aligned}F(s)&=P\{S\leqslant s\}=P\{XY\leqslant s\}=1-P\{XY>s\}\\&=1-\iint\limits_{xy>s}\frac{1}{2}\mathrm{d}x\mathrm{d}y=1-\frac{1}{2}\int_s^2\mathrm{d}x\int_{\frac{s}{x}}^1\mathrm{d}y=\frac{s}{2}(1+\ln 2-\ln s)\end{aligned}$$

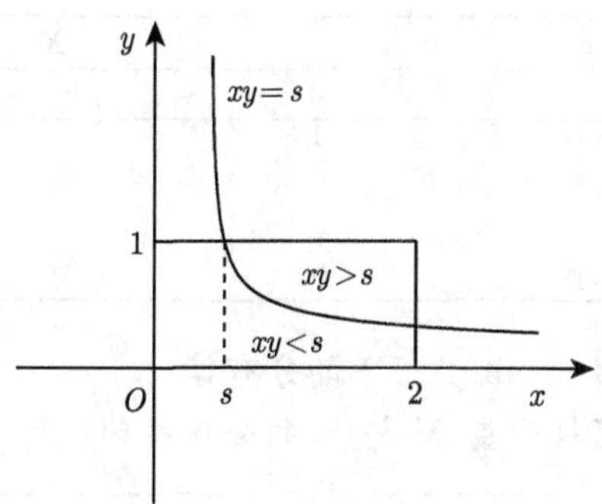

图 3.6　概率密度求解示意图

于是, S 的概率密度为 $f(s)=F'(s)=\begin{cases}\dfrac{1}{2}(\ln 2-\ln s), & 0\leqslant s<2,\\ 0, & 其他.\end{cases}$

例 3.5.8　设随机变量 X 和 Y 相互独立, 且都服从正态分布 $N(0,\sigma^2)(\sigma>0)$, 求随机变量 $Z=\sqrt{X^2+Y^2}$ 的概率密度.

解　先求随机变量 Z 的分布函数 $F_Z(z)$. 由于随机变量 X 和 Y 相互独立, 因此, 二维随机变量 (X,Y) 的概率密度为

$$f(x,y)=f_X(x)\cdot f_Y(y)=\frac{1}{2\pi\sigma^2}\exp\left\{-\frac{x^2+y^2}{2\sigma^2}\right\},\quad -\infty<x<+\infty,-\infty<y<+\infty$$

当 $z<0$ 时, 有

$$F_Z(z)=P\{Z\leqslant z\}=P\{\sqrt{X^2+Y^2}\leqslant z\}=0$$

当 $z \geqslant 0$ 时, 有

$$F_Z(z) = P\{Z \leqslant z\} = P\{\sqrt{X^2+Y^2} \leqslant z\} = \iint\limits_{\sqrt{x^2+y^2}\leqslant z} f(x,y)\mathrm{d}x\mathrm{d}y$$

$$= \iint\limits_{\sqrt{x^2+y^2}\leqslant z} \frac{1}{2\pi\sigma^2}\exp\left\{-\frac{x^2+y^2}{2\sigma^2}\right\}\mathrm{d}x\mathrm{d}y = \frac{1}{2\pi}\int_0^{2\pi}\mathrm{d}\theta\int_0^z \frac{1}{\sigma^2}\exp\left\{-\frac{r^2}{2\sigma^2}\right\}\mathrm{d}r$$

$$= -\exp\left\{-\frac{r^2}{2\sigma^2}\right\}\Bigg|_0^z = 1-\exp\left\{-\frac{z^2}{2\sigma^2}\right\}$$

由此得到 $Z=\sqrt{X^2+Y^2}$ 的概率密度为 $f_Z(z) = \begin{cases} \dfrac{z}{\sigma^2}\exp\left\{-\dfrac{z^2}{2\sigma^2}\right\}, & z \geqslant 0, \\ 0, & z < 0. \end{cases}$ 我们称 Z 服从参数为 $\sigma(\sigma > 0)$ 的瑞利 (Rayleigh) 分布.

练习 5

1. X, Y 相互独立, 服从参数为 λ 的泊松分布, 证明 $Z = X+Y$ 服从参数为 2λ 的泊松分布.

2. 已知二维随机变量 (X, Y) 的分布律为

Y	X	
	0	1
0	$\frac{1}{10}$	$\frac{3}{10}$
1	$\frac{3}{10}$	$\frac{3}{10}$

求: (1) XY 的分布律; (2) $Z = \min(X, Y)$ 的分布律.

3. 设两个相互独立的随机变量 X 与 Y 的分布律为

X	1	3
p	0.3	0.7

Y	2	4
p	0.6	0.4

求随机变量 $Z = X+Y$ 的分布律.

4. 设随机变量 X 与 Y 相互独立, 且 $X \sim U(0,1)$, $Y \sim U(0,1)$, 求 $Z = X+Y$ 的概率密度.

5. 设随机变量 (X, Y) 的概率密度为

$$f(x,y) = \begin{cases} 3x, & 0 < x < 1, 0 < y < x \\ 0, & \text{其他} \end{cases}$$

求 $Z = X - Y$ 的概率密度.

6. 设随机变量 (X, Y) 的概率密度为 $f(x,y) = \begin{cases} 8xy, & 0 < x \leqslant y, 0 < y \leqslant 1, \\ 0, & \text{其他}, \end{cases}$ 求 $Z = XY$ 的概率密度.

7. 某种商品一周的需求量是一个随机变量, 记为 X, 其概率密度为

$$f(x)=\begin{cases} x\mathrm{e}^{-x}, & x>0 \\ 0, & \text{其他} \end{cases}$$

设各周的需求量是相互独立的, 求: (1) 两周需求量的概率密度 $f_2(x)$; (2) 三周需求量的概率密度 $f_3(x)$.

8. 设随机变量 $X_1, X_2, \cdots, X_n$ 相互独立, 且服从 0-1 分布, 即

X_i	0	1
P	$1-p$	p

其中 $i=1,2,\cdots,n$. 证明: 随机变量 $X=X_1+X_2+\cdots+X_n$ 服从参数为 n,p 的二项分布 $B(n,p)$.

习题 3

一、填空题

1. 设随机变量 $X_i \sim \begin{array}{c|ccc} x_i & -1 & 0 & 1 \\ \hline p & \frac{1}{4} & \frac{1}{2} & \frac{1}{4} \end{array}$, $i=1,2$, 且 $P(X_1X_2=0)=1$, 则 $P(X_1=X_2)=$__________.

2. 已知 $P\{X=k\}=\dfrac{a}{k}, P\{Y=-k\}=\dfrac{b}{k^2}\ (k=1,2,3)$, X 与 Y 独立, 则 $a=$__________, $b=$__________, (X,Y) 联合分布律__________, $Z=X+Y$ 的分布律为__________.

3. 设两个随机变量 X 与 Y 相互独立, 且均服从区间 $[0,3]$ 上的均匀分布, 则 $P\{\max(X,Y)\leqslant 1\}=$__________.

4. 已知 (X,Y) 联合密度为 $\varphi(x,y)=\begin{cases} c\sin(x+y), & 0\leqslant x,y\leqslant \dfrac{\pi}{4}, \\ 0, & \text{其他}, \end{cases}$ 则 $c=$__________, Y 的边缘概率密度 $\varphi_Y(y)=$__________.

5. 如果 (X,Y) 的联合分布用下列表格给出,

(X,Y)	(1, 1)	(1, 2)	(1, 3)	(2, 1)	(2, 2)	(2, 3)
P	$\frac{1}{6}$	$\frac{1}{9}$	$\frac{1}{18}$	$\frac{1}{3}$	α	β

且 X 与 Y 相互独立, 则 $\alpha=$__________, $\beta=$__________.

6. 设 $(X,Y)\sim N(\mu,\mu,\sigma^2,\sigma^2,0)$, 则 $P(X<Y)=$__________.

二、选择题

1. 设随机变量 X 和 Y 相互独立, 其概率分布为

m	-1	1
$P\{X=m\}$	$\frac{1}{2}$	$\frac{1}{2}$

m	-1	1
$P\{Y=m\}$	$\frac{1}{2}$	$\frac{1}{2}$

则下列式子正确的是（　　）.

(A) $X=Y$　　(B) $P\{X=Y\}=0$　　(C) $P\{X=Y\}=\frac{1}{2}$　　(D) $P\{X=Y\}=1$

2. 设随机变量 $X_i \sim \begin{bmatrix} -1 & 0 & 1 \\ \frac{1}{4} & \frac{1}{2} & \frac{1}{4} \end{bmatrix}$ $(i=1,2)$, 且满足 $P\{X_1X_2=0\}=1$, 则 $P\{X_1=X_2\}$ 等于（　　）.

(A) 0　　(B) $\frac{1}{4}$　　(C) $\frac{1}{2}$　　(D) 1

3. 设随机变量 X 与 Y 相互独立且同分布, $P(X=-1)=P(Y=1)=\frac{1}{2}$, 则成立（　　）.

(A) $P(X=Y)=\frac{1}{2}$　　(B) $P(X=Y)=1$

(C) $P(X+Y=0)=\frac{1}{4}$　　(D) $P(XY=1)=\frac{1}{4}$

4. X 与 Y 相互独立, 且都服从区间 [0, 1] 上的均匀分布, 则服从区间或区域上的均匀分布的随机变量是（　　）.

(A) (X,Y)　　(B) $X+Y$　　(C) X^2　　(D) $X-Y$

5. 设 X 的密度函数为 $\varphi(x)$, 而 $\varphi(x)=\dfrac{1}{\pi(1+x^2)}$, 则 $Y=2X$ 的概率密度是（　　）.

(A) $\dfrac{1}{\pi(1+4y^2)}$　　(B) $\dfrac{2}{\pi(4+y^2)}$　　(C) $\dfrac{1}{\pi(1+y^2)}$　　(D) $\dfrac{1}{\pi}\arctan y$

6. 设随机变量 (X,Y) 的联合分布函数为 $\varphi(x,y)=\begin{cases} \mathrm{e}^{-(x+y)}, & x>0,y>0, \\ 0, & \text{其他}, \end{cases}$ 则 $Z=\dfrac{X+Y}{2}$ 的分布密度是（　　）.

(A) $\varphi_Z(Z)=\begin{cases} \frac{1}{2}\mathrm{e}^{-(x+y)}, & x>0,y>0 \\ 0, & \text{其他} \end{cases}$　　(B) $\varphi_Z(z)=\begin{cases} \mathrm{e}^{-\frac{x+y}{2}}, & x>0,y>0 \\ 0, & \text{其他} \end{cases}$

(C) $\varphi_Z(Z)=\begin{cases} 4z\mathrm{e}^{-2z}, & z>0 \\ 0, & z\leqslant 0 \end{cases}$　　(D) $\varphi_Z(Z)=\begin{cases} \frac{1}{2}\mathrm{e}^{-z}, & z>0 \\ 0, & z\leqslant 0 \end{cases}$

三、解答题

1. 设随机变量 X 与 Y 相互独立, 且 X 服从标准正态分布 $N(0,1)$, Y 的分布律为 $P\{Y=0\}=P\{Y=1\}=\frac{1}{2}$. 记 $F_Z(z)$ 为随机变量 $Z=XY$ 的分布函数, 请判断函数 $F_Z(z)$ 的间断点个数?

2. 袋中有一个红球、两个黑球、三个白球, 现有放回地从袋中取两次, 每次取一球, 以 X, Y, Z 分别表示两次取球的红、黑、白球个数. 求:

(1) $P\{X=1|Z=0\}$;

(2) 二维随机变量 (X,Y) 的分布律.

3. 设二维随机变量 (X,Y) 的概率密度为

$$f(x,y)=\begin{cases}\mathrm{e}^{-x}, & 0<y<x\\ 0, & 其他\end{cases}$$

求: (1) 条件概率密度 $f_{Y|X}(y|x)$;

(2) 条件概率 $P\{X\leqslant 1|Y\leqslant 1\}$.

4. 假设随机变量 X 与 Y 相互独立, X 的分布律为 $P\{X=i\}=\dfrac{1}{3}\ (i=-1,0,1)$, Y 的概率密度为

$$f_Y(y)=\begin{cases}1, & 0\leqslant y<1\\ 0, & 其他\end{cases}$$

令 $Z=X+Y$.

求: (1) $P\left\{Z\leqslant\dfrac{1}{2}\middle|X=0\right\}$;

(2) Z 的概率密度.

5. 已知随机变量 X_1 和 X_2 的概率分布

$$X_1\sim\begin{bmatrix}-1 & 0 & 1\\ \dfrac{1}{4} & \dfrac{1}{2} & \dfrac{1}{4}\end{bmatrix},\quad X_2\sim\begin{bmatrix}0 & 1\\ \dfrac{1}{2} & \dfrac{1}{2}\end{bmatrix}$$

而且 $P\{X_1X_2=0\}=1$.

(1) 求 X_1 和 X_2 的联合分布;

(2) 问 X_1 和 X_2 是否独立? 为什么?

6. 一电子仪器由两个部件构成, 以 X 和 Y 分别表示两个部件的寿命 (单位: 小时), 已知 (X,Y) 的联合分布函数为

$$F(x,y)=\begin{cases}1-\mathrm{e}^{-0.5x}-\mathrm{e}^{-0.5y}+\mathrm{e}^{-0.5(x+y)}, & x\geqslant y\geqslant 0\\ 0, & 其他\end{cases}$$

(1) 问 X 和 Y 是否独立?

(2) 求两个部件的寿命都超过 100 小时的概率.

(3) 求条件概率密度 $f_{Y|X}(y|x)$.

7. 设二维随机变量 (X,Y) 的概率密度为

$$f(x,y)=\begin{cases}1, & 0<x<1, 0<y<2x\\ 0, & 其他\end{cases}$$

求: (1) (X,Y) 的边缘概率密度 $f_X(x), f_Y(y)$;

(2) $Z=2X-Y$ 的概率密度 $f_Z(z)$;

(3) $P\left\{Y\leqslant\dfrac{1}{2}\middle|X\leqslant\dfrac{1}{2}\right\}$.

8. 设 X 与 Y 独立且均在 $(0,a)$ 内服从均匀分布, 求 $Z=XY$ 的概率密度.

9. 设某班车起点站上车人数 X 服从参数 $\lambda(\lambda>0)$ 的泊松分布, 每位乘客在中途下车的概率为 $p(0<p<1)$, 且他们在中途下车与否是相互独立的, 用 Y 表示在中途下车的人数. 求:

(1) 在发车时有 n 个乘客的条件下, 中途有 m 人下车的概率;

(2) 二维随机向量 (X,Y) 的概率分布.

10. 设随机变量 $X_i(i=1,2,3,4)$ 相互独立, 均服从分布 $B\left(1,\dfrac{1}{2}\right)$, 求行列式 $X=\begin{vmatrix} X_1 & X_2 \\ X_3 & X_4 \end{vmatrix}$ 的概率分布.

11. 设随机变量 X 在区间 (0, 1) 上服从均匀分布, 在 $X=x(0<x<1)$ 的条件下, 随机变量 Y 在区间 $(0,x)$ 上服从均匀分布. 求:

(1) 随机变量 X 和 Y 的联合概率密度;

(2) Y 的概率密度;

(3) 概率 $P(X+Y>1)$.

12. 已知 X 服从参数 $p=0.6$ 的 0-1 分布在 $X=0$, $X=1$ 下, 关于 Y 的条件分布分别如下:

Y	1	2	3
$P(Y\|X=0)$	$\frac{1}{4}$	$\frac{1}{2}$	$\frac{1}{4}$

Y	1	2	3
$P(Y\|X=1)$	$\frac{1}{2}$	$\frac{1}{6}$	$\frac{1}{3}$

求 (X,Y) 的联合概率分布, 以及在 $Y\neq 1$ 时, 关于 X 的条件分布.

13. 设 (X,Y) 的密度为

$$\varphi(x,y)=\begin{cases} 24y(1-x-y), & x>0,y>0,x+y<1 \\ 0, & \text{其他} \end{cases}$$

求: (1) $\varphi_X(x),\varphi(y|x),\varphi\left(y\middle|x=\dfrac{1}{2}\right)$;

(2) $\varphi_Y(y),\varphi(x|y),\varphi\left(x\middle|y=\dfrac{1}{2}\right)$.

第4章 随机变量的数字特征

前面我们讨论了随机变量的概率分布, 这是关于随机变量统计规律的一种完整描述, 然而在实际问题中, 确定一个随机变量的分布往往不是一件容易的事, 况且许多问题并不需要考虑随机变量的全面情况, 只需知道它的某些特征数值. 例如, 在测量某种零件的长度时, 测得的长度是一个随机变量, 它有自己的分布, 但是人们关心的往往是这些零件的平均长度以及测量结果的精确程度; 再如, 检查一批棉花的质量, 既要考虑棉花纤维的平均长度, 又要考虑纤维长度与平均长度的偏离程度, 平均长度越大, 偏离程度越小, 质量越好. 这些与随机变量有关的数值, 我们称之为随机变量的数字特征, 在概率论与数理统计中起着重要的作用.

4.1 数学期望

4.1.1 数学期望的概念

在实际问题中, 我们常常需要知道某一随机变量的平均值, 怎样合理地规定随机变量的平均值呢? 先看下面的一个实例.

例 4.1.1 设有一批钢筋共 10 根, 它们的抗拉强度指标为 110, 135, 140 的各有一根; 120 和 130 的各有两根; 125 的有三根. 显然它们的平均抗拉强度指标绝对不是 10 根钢筋所取到的 6 个不同抗拉强度: 110, 120, 125, 130, 135, 140 的算术平均, 而是以取这些值的次数与试验总次数的比值 (取到这些值的频率) 为权重的加权平均, 即

$$\begin{aligned}\text{平均抗拉强度} &= (110+120\times 2+125\times 3+130\times 2+135+140)\times\frac{1}{10}\\&=110\times\frac{1}{10}+120\times\frac{2}{10}+125\times\frac{3}{10}+130\times\frac{2}{10}+135\times\frac{1}{10}+140\times\frac{1}{10}\\&=126\end{aligned}$$

从上例可以看出, 对于一个离散型随机变量 X, 其可能取值为 $x_1, x_2, \cdots, x_n$, 如果将这 n 个数相加后除以 n 作为 "均值" 是不对的. 因为 X 取各个值的频率是不同的, 对频率大的取值, 该值出现的机会就大, 也就是在计算取值的平均时其权数大. 如果用概率替换频率, 用取值的概率作为一种 "权数" 做加权计算平均值是十分合理的.

经以上分析, 我们可以给出离散型随机变量数学期望的一般定义.

1. 离散型随机变量的数学期望

定义 4.1.1 设 X 为一离散型随机变量, 其分布律为 $P\{X=x_k\}=p_k\ (k=1,2,\cdots)$, 若级数 $\sum\limits_{k=1}^{\infty} x_k p_k$ 绝对收敛, 则称此级数之和为随机变量 X 的**数学期望**, 简称**期望**或**均值**. 记为 $E(X)$, 即 $E(X)=\sum\limits_{k=1}^{\infty} x_k p_k$.

例 4.1.2 某人从 n 把钥匙中任取一把去试房门, 打不开则除去, 另取一把再试直至房门打开. 已知钥匙中只有一把能够把房门打开, 求试开次数的数学期望.

解 设试开次数为 X, 则分布律为 $P\{X=k\}=\dfrac{1}{n}, k=1,2,\cdots,n$, 从而

$$E(X)=\sum_{k=1}^{n} k\cdot\frac{1}{n}=\frac{1}{n}\cdot\frac{n(n+1)}{2}=\frac{n+1}{2}$$

例 4.1.3 设随机变量 $X\sim B(n,p)$, 求 $E(X)$.

解 因为 $p_k=P\{X=k\}=\mathrm{C}_n^k p^k(1-p)^{n-k}\ (k=0,1,\cdots,n)$, 所以

$$\begin{aligned}E(X)&=\sum_{k=0}^{n} kp_k=\sum_{k=1}^{n} k\mathrm{C}_n^k p^k(1-p)^{n-k}=\sum_{k=1}^{n}\frac{n!}{(k-1)!(n-k)!}p^k(1-p)^{n-k}\\&=np\sum_{k=1}^{n}\frac{(n-1)!}{(k-1)![n-1-(k-1)]!}p^{k-1}(1-p)^{n-1-(k-1)}\\&=np[p+(1-p)]^{n-1}=np\end{aligned}$$

例 4.1.4 设随机变量 $X\sim P(\lambda)$, 求 $E(X)$.

解 因为 $X\sim P(\lambda)$, 有 $P\{X=k\}=\dfrac{\lambda^k}{k!}\mathrm{e}^{-\lambda}\ (k=0,1,2,\cdots)$, 所以

$$E(X)=\sum_{k=0}^{\infty}\frac{\lambda^k}{k!}\mathrm{e}^{-\lambda}=\lambda\mathrm{e}^{-\lambda}\sum_{k=1}^{\infty}\frac{\lambda^{k-1}}{(k-1)!}=\lambda\mathrm{e}^{-\lambda}\cdot\mathrm{e}^{\lambda}=\lambda$$

我们可以类似地给出连续型随机变量数学期望的定义, 只要把分布律中的概率 p_k 改为概率密度 $f(x)$, 将求和改为求积分即可. 因此, 我们有下面的定义.

2. 连续型随机变量的数学期望

定义 4.1.2 设 X 为一连续型随机变量, 其概率密度为 $f(x)$, 若广义积分 $\displaystyle\int_{-\infty}^{+\infty} xf(x)\mathrm{d}x$ 绝对收敛, 则称广义积分 $\displaystyle\int_{-\infty}^{+\infty} xf(x)\mathrm{d}x$ 的值为连续型随机变量 X 的**数学期望**或**均值**, 记为 $E(X)$, 即 $E(X)=\displaystyle\int_{-\infty}^{+\infty} xf(x)\mathrm{d}x$.

例 4.1.5　设随机变量 X 的概率密度为 $f(x)=\begin{cases}2x, & 0<x<1,\\ 0, & \text{其他},\end{cases}$ 求 $E(X)$.

解　$E(X)=\int_{-\infty}^{+\infty}xf(x)\mathrm{d}x=\int_0^1 x\cdot 2x\mathrm{d}x=\dfrac{2}{3}$.

例 4.1.6　设随机变量 X 服从区间 (a,b) 上的均匀分布, 求 $E(X)$.

解　X 的概率密度为 $f(x)=\begin{cases}\dfrac{1}{b-a}, & a<x<b,\\ 0, & \text{其他},\end{cases}$

$$E(X)=\int_{-\infty}^{+\infty}xf(x)\mathrm{d}x=\int_a^b x\cdot\frac{1}{b-a}\mathrm{d}x=\frac{a+b}{2}$$

例 4.1.7　设随机变量 X 服从 λ 为参数的指数分布, 求 $E(X)$.

解　依题意, X 的概率密度为 $f(x)=\begin{cases}\lambda\mathrm{e}^{-\lambda x}, & x>0,\\ 0, & x\leqslant 0,\end{cases}$ 因此

$$E(X)=\int_{-\infty}^{+\infty}xf(x)\mathrm{d}x=\int_0^{+\infty}x\cdot\lambda\mathrm{e}^{-\lambda x}\mathrm{d}x=\frac{1}{\lambda}$$

例 4.1.8　设随机变量 X 服从正态分布 $N(\mu,\sigma^2)$, 求 $E(X)$.

解　由于 $f(x)=\dfrac{1}{\sqrt{2\pi}\sigma}\mathrm{e}^{-\frac{(x-\mu)^2}{2\sigma^2}}\ (-\infty<x<+\infty)$, 因此

$$\begin{aligned}E(X)&=\int_{-\infty}^{+\infty}xf(x)\mathrm{d}x=\int_{-\infty}^{+\infty}x\frac{1}{\sqrt{2\pi}\sigma}\mathrm{e}^{-\frac{(x-\mu)^2}{2\sigma^2}}\mathrm{d}x\\ &\xlongequal{\frac{x-\mu}{\sigma}}\frac{1}{\sqrt{2\pi}}\int_{-\infty}^{+\infty}(\sigma t+\mu)\mathrm{e}^{-\frac{t^2}{2}}\mathrm{d}t=\frac{\mu}{\sqrt{2\pi}}\int_{-\infty}^{+\infty}\mathrm{e}^{-\frac{t^2}{2}}\mathrm{d}t=\mu\end{aligned}$$

4.1.2　随机变量函数的数学期望

定理 4.1.1　设随机变量 Y 是随机变量 X 的函数, $Y=g(X)$ (其中 g 为一元连续函数).

(1) X 是离散型随机变量, 概率分布律为 $P\{X=x_k\}=p_k,\ k=1,2,\cdots$, 则当无穷级数 $\sum\limits_{k=1}^{\infty}g(x_k)p_k$ 绝对收敛时, 随机变量 Y 的数学期望为 $E(Y)=E[g(X)]=\sum\limits_{k=1}^{\infty}g(x_k)p_k$;

(2) X 是连续型随机变量, 其概率密度为 $f(x)$, 则当广义积分 $\displaystyle\int_{-\infty}^{+\infty}g(x)f(x)\mathrm{d}x$ 绝对收敛时, 随机变量 Y 的数学期望为 $E(Y)=E[g(X)]=\displaystyle\int_{-\infty}^{+\infty}g(x)f(x)\mathrm{d}x$.

这一定理的重要意义在于, 求随机变量 $Y=g(X)$ 的数学期望时, 只需利用 X 的分布律或概率密度就可以了, 无需求 Y 的分布, 这给我们计算随机变量函数的数学期望提供了极大的方便. 定理的证明超出了本书的范围.

例 4.1.9　设离散型随机变量 X 的分布律为

X	-1	0	1	2
p	0.1	0.3	0.4	0.2

求随机变量 $Y=3X^2-2$ 的数学期望.

解 依题意, 可得

$$
\begin{aligned}
E(Y)&=[3\times(-1)^2-2]\times 0.1+(3\times 0^2-2)\times 0.3+(3\times 1^2-2)\times 0.4+(3\times 2^2-2)\times 0.2\\
&=1.9
\end{aligned}
$$

例 4.1.10 随机变量 $X\sim N(0,1)$, 求 $Y=X^2$ 的数学期望.

解 依题意, 可得

$$
\begin{aligned}
E(Y)=E(X^2)&=\int_{-\infty}^{+\infty}x^2f(x)\mathrm{d}x=\int_{-\infty}^{+\infty}x^2\frac{1}{\sqrt{2\pi}}\mathrm{e}^{-\frac{x^2}{2}}\mathrm{d}x\\
&=\frac{1}{\sqrt{2\pi}}\int_{-\infty}^{+\infty}(-x)\mathrm{d}\mathrm{e}^{-\frac{x^2}{2}}=\frac{1}{\sqrt{2\pi}}\left(x\mathrm{e}^{-\frac{x^2}{2}}\Big|_{-\infty}^{+\infty}-\int_{-\infty}^{+\infty}\mathrm{e}^{-\frac{x^2}{2}}\mathrm{d}x\right)\\
&=\frac{1}{\sqrt{2\pi}}\int_{-\infty}^{+\infty}\mathrm{e}^{-\frac{x^2}{2}}\mathrm{d}x=1
\end{aligned}
$$

例 4.1.11 国际市场每年对我国某种商品的需求量是随机变量 X(单位: 吨), 它服从 $[2000,4000]$ 上的均匀分布, 已知每售出 1 吨商品, 可挣得外汇 3 万元; 若售不出去而积压, 则每吨商品需花费库存费等共 1 万元, 问需要组织多少货源, 才能使国家的期望收益最大?

解 设组织货源 t 吨, $t\in[2000,4000]$, 收益为随机变量 Y(单位: 万元), 按照题意 Y 是需求 X 的函数

$$
Y=g(X)=\begin{cases}3X-(t-X), & X<t\\ 3t, & X\geqslant t\end{cases}
$$

X 的概率密度为

$$
f(x)=\begin{cases}\dfrac{1}{2000}, & 2000\leqslant x\leqslant 4000\\ 0, & \text{其他}\end{cases}
$$

$$
\begin{aligned}
E(Y)=E[g(X)]&=\int_{-\infty}^{+\infty}g(x)f(x)\mathrm{d}x=\frac{1}{2000}\left\{\int_{2000}^{t}[3x-(t-x)]\mathrm{d}x+\int_{t}^{4000}3t\mathrm{d}x\right\}\\
&=\frac{1}{2000}(-2t^2+14000t-8000000)
\end{aligned}
$$

当 $t=3500$ 时 $E(Y)$ 达到最大值, 也就是说组织货源 3500 吨时国家的期望收益最大.

定理 4.1.1 可以推广到两个或两个以上随机变量的函数上去, 我们有下面的定理.

定理 4.1.2 设随机变量 Z 是随机变量 (X,Y) 的函数, $Z=g(X,Y)$, 其中 g 为二元连续函数, 则

(1) 如果 (X,Y) 为二维离散型随机变量, 其分布律为 $P\{X=x_i,Y=y_j\}=p_{ij}$, $i,j=1,2,\cdots$, 且 $\sum\limits_{j=1}^{\infty}\sum\limits_{i=1}^{\infty}g(x_i,y_j)p_{ij}$ 绝对收敛, 则随机变量 $Z=g(X,Y)$ 的数学期望为

$$E(Z)=E[g(X,Y)]=\sum_{j=1}^{\infty}\sum_{i=1}^{\infty}g(x_i,y_j)p_{ij}$$

(2) 如果 (X,Y) 为二维连续型随机变量时, 概率密度为 $f(x,y)$, 且

$$\int_{-\infty}^{+\infty}\int_{-\infty}^{+\infty}g(x,y)f(x,y)\mathrm{d}x\mathrm{d}y$$

绝对收敛, 则随机变量 $Z=g(X,Y)$ 的数学期望为

$$E(Z)=E[g(X,Y)]=\int_{-\infty}^{+\infty}\int_{-\infty}^{+\infty}g(x,y)f(x,y)\mathrm{d}x\mathrm{d}y$$

例 4.1.12 设二维离散型随机变量 (X,Y) 的分布律为

X	Y	
	0	1
0	0.1	0.3
1	0.4	0.2

求 $E(XY)$ 和 $E(Z)$, 其中 $Z=\max(X,Y)$.

解 依题意, 可得

$$E(XY)=0\times0\times0.1+0\times1\times0.3+1\times0\times0.4+1\times1\times0.2=0.2$$

$$E(Z)=0\times0.1+1\times0.9=0.9$$

例 4.1.13 设二维连续型随机变量 (X,Y) 的概率密度为

$$f(x,y)=\begin{cases}12y^2, & 0\leqslant y\leqslant x\leqslant 1\\ 0, & \text{其他}\end{cases}$$

求: (1) $E(XY)$; (2) $E(X^2)$.

解 (1) $E(XY)=\int_{-\infty}^{+\infty}\int_{-\infty}^{+\infty}xyf(x,y)\mathrm{d}x\mathrm{d}y=\int_0^1 x\mathrm{d}x\int_0^x y(12y^2)\mathrm{d}y=\frac{1}{2}$

(2) 将 X^2 看成是函数 $Z=g(X,Y)$ 的特殊情况,

$$E(X^2)=\int_{-\infty}^{+\infty}\int_{-\infty}^{+\infty}x^2f(x,y)\mathrm{d}x\mathrm{d}y=\int_0^1 x^2\mathrm{d}x\int_0^x 12y^2\mathrm{d}y=\frac{2}{3}$$

需要说明的是: 本题在求解 $E(X^2)$ 时, 也可以先求出 (X,Y) 关于 X 的边缘概率密度, 再利用公式 $E(X^2)=\int_{-\infty}^{+\infty}x^2f_X(x)\mathrm{d}x$, 求解 $E(X^2)$.

例 4.1.14 一商店经销某种商品, 每周进货量 X 与顾客对商品的需求量 Y 是相互独立的随机变量, 且都服从 $[10,20]$ 上的均匀分布, 商店每售出一单位商品可得利润 1000

元, 若需求量超过进货量, 商店可从其他商店调剂供应, 这时每单位商品获利润 500 元, 计算经销此商品每周所获得平均利润.

解 设 Z 表示商店每周所获利润, 依题意

$$Z=g(X,Y)=\begin{cases}1000Y, & Y\leqslant X\\ 1000X+500(Y-X), & Y>X\end{cases}$$

由于 (X,Y) 的概率密度为

$$f(x,y)=\begin{cases}\dfrac{1}{100}, & 10\leqslant x\leqslant 20, 10\leqslant y\leqslant 20\\ 0, & \text{其他}\end{cases}$$

所以

$$\begin{aligned}E(Z)&=\int_{10}^{20}\int_{10}^{20}g(x,y)f(x,y)\mathrm{d}x\mathrm{d}y\\&=\int_{10}^{20}\mathrm{d}y\int_{y}^{20}1000y\cdot\frac{1}{100}\mathrm{d}x+\int_{10}^{20}\mathrm{d}y\int_{10}^{y}500(x+y)\cdot\frac{1}{100}\mathrm{d}x\\&=\int_{10}^{20}\mathrm{d}y\int_{y}^{20}1000y\cdot\frac{1}{100}\mathrm{d}x+\int_{10}^{20}\mathrm{d}y\int_{10}^{y}500(x+y)\cdot\frac{1}{100}\mathrm{d}x\\&=10\int_{10}^{20}y(20-y)\mathrm{d}y+5\int_{10}^{20}\left(\frac{3}{2}y^2-10y-50\right)\mathrm{d}y\\&=\frac{20000}{3}+5\times 1500\approx 14166.67(\text{元})\end{aligned}$$

4.1.3 数学期望的性质

设 C 为常数, 随机变量 X,Y 的数学期望都存在. 关于数学期望有如下性质成立.

性质 4.1.1 $E(X)=C$.

性质 4.1.2 $E(CX)=CE(X)$.

性质 4.1.3 $E(X+Y)=E(X)+E(Y)$.

性质 4.1.4 如果随机变量 X 和 Y 相互独立, 则 $E(XY)=E(X)E(Y)$.

例 4.1.15 设两个随机变量 X 和 Y, 若 $E(X^2)$ 和 $E(Y^2)$ 都存在, 证明:

$$[E(XY)]^2\leqslant E(X^2)E(Y^2)$$

该不等式称为柯西–施瓦茨 (Cauchy-Schwarz) 不等式.

证明 对于任意实数 t, 令 $g(t)=E[(X+tY)^2]$, 由数学期望的性质, 有

$$\begin{aligned}E[(X+tY)^2]&=E(X^2+2tXY+t^2Y^2)\\&=E(X^2)+2tE(XY)+t^2E(Y^2)\end{aligned}$$

因此

$$g(t)=E(X^2)+2tE(XY)+t^2E(Y^2)$$

由于 $g(t) \geqslant 0$, 上述关于 t 的二次函数的判别式小于或等于 0. 即

$$\Delta = 4[E(XY)]^2 - 4E(X^2)E(Y^2) \leqslant 0$$

因此

$$[E(XY)]^2 \leqslant E(X^2)E(Y^2)$$

例 4.1.16 将 n 个球随机放入 M 个盒子中去, 设每个球放入各盒子是等可能的, 求有球盒子数 X 的期望.

解 令随机变量

$$X_i = \begin{cases} 1, & \text{第 } i \text{ 个盒子有球}, \\ 0, & \text{第 } i \text{ 个盒子无球}, \end{cases} \quad i = 1, 2, \cdots, M$$

显然有 $X = \sum\limits_{i=1}^{M} X_i$.

对于第 i 个盒子而言, 每个球不放入其中的概率为 $\left(1 - \dfrac{1}{M}\right)$, n 个球都不放入的概率为 $\left(1 - \dfrac{1}{M}\right)^n$, 因此

$$P\{X_i = 0\} = \left(1 - \frac{1}{M}\right)^n, \quad P\{X_i = 1\} = 1 - \left(1 - \frac{1}{M}\right)^n$$

由于

$$E(X_i) = 1 \times P\{X_i = 1\} + 0 \times P\{X_i = 0\} = 1 - \left(1 - \frac{1}{M}\right)^n$$

由数学期望的性质, 可以得到

$$E(X) = \sum_{i=1}^{M} E(X_i) = M\left(1 - \left(1 - \frac{1}{M}\right)^n\right)$$

练习 1

1. 设一盒子中有 5 个球, 其中 2 个是红球, 3 个是黑球, 从中任意抽取 3 个球. 令随机变量 X 表示抽取到的白球数, 求 $E(X)$.

2. 一批产品中有 9 个合格品和 3 个废品. 装配仪器时, 从这批零件中任取一个, 如果取出的是废品, 则扔掉后重新任取一个. 求在取到合格品前已经扔掉的废品数的数学期望.

3. 一台设备由三大部件构成, 在设备运转的过程中各部件需要维护的概率分别为 0.1, 0.2, 0.3. 假设各部件的状态都是相互独立的, 以 X 表示同时需要调整的部件数, 求 $E(X)$.

4. 已知投资某一项目的收益率 X 是一随机变量, 其分布律为

X	1%	2%	3%	4%	5%	6%
p	0.1	0.1	0.2	0.3	0.2	0.1

一位投资者在该项目上投资了 10 万元, 求他预期获得多少收益?

5. 已知随机变量 X 的概率密度为 $f(x)=\begin{cases}x, & 0\leqslant x<1,\\ 2-x, & 1\leqslant x<a,\\ 0, & \text{其他},\end{cases}$ 求: (1) 常数 a; (2) $E(X)$.

6. 设随机变量 X 的分布律为

X	-1	0	1
p	0.4	0.2	c

求: (1) 常数 c; (2) $E(X)$; (3) $E(X^2)$; (4) $E(2X^3-3X^2+1)$.

7. 设随机变量 X 在区间 $[-1,2]$ 上服从均匀分布, 令随机变量 $Y=\begin{cases}1, & X>0,\\ 0, & X=0,\\ -1, & X<0,\end{cases}$ 求 $E(X)$.

8. 设随机变量 X 的概率密度为 $f(x)=\begin{cases}\dfrac{3}{8}x^2, & 0<x<2,\\ 0, & \text{其他},\end{cases}$ 求: (1) $E\left(\dfrac{1}{X}\right)$; (2) $E(X^2)$.

9. 已知 X 的分布函数为 $F(x)=\begin{cases}0, & x<0,\\ x^2, & 0\leqslant x<1,\\ 0, & x\geqslant 1,\end{cases}$ 求: (1) $E\left(\dfrac{1}{X}\right)$; (2) $E(3X^2+4)$.

10. 已知二维随机变量 (X,Y) 的分布律为

X	Y		
	-1	0	1
1	0.2	0.1	0.1
2	0.1	0	0.1
3	0	0.3	0.1

求: (1) $E(X)$; (2) $E(X^2)$; (3) $E(XY)$; (4) $E[(X-Y)^2]$.

11. 已知随机变量 X 和 Y 相互独立, 且各自的分布律为

X	1	2	3
p	0.25	0.5	0.25

Y	0	1
p	0.5	0.5

求: (1) $E(X)$; (2) $E(XY)$; (3) $E\left(\dfrac{Y}{X}\right)$; (4) $E[(X-Y)^2]$.

12. 已知二维随机变量 (X,Y) 的概率密度为 $f(x,y)=\begin{cases}x^2+\dfrac{xy}{3}, & 0<x<1,0<y<2,\\ 0, & \text{其他},\end{cases}$ 求: (1) $E(X)$; (2) $E(X^2)$; (3) $E(XY)$.

13. 已知随机变量 X 与 Y 相互独立, 且各自的概率密度为

$$f_X(x)=\begin{cases}4x(1-x^2), & 0\leqslant x\leqslant 1,\\ 0, & \text{其他},\end{cases}\qquad f_Y(y)=\begin{cases}4y^3, & 0\leqslant y\leqslant 1\\ 0, & \text{其他}\end{cases}$$

求: (1) $E(X)$; (2) $E(XY)$.

14. 已知随机变量 X 和 Y 相互独立, 且各自的概率密度为

$$f_X(x)=\begin{cases}1, & 0<x<1,\\ 0, & \text{其他},\end{cases}\qquad f_Y(y)=\begin{cases}\mathrm{e}^{-y}, & y>0\\ 0, & \text{其他}\end{cases}$$

求: (1) $E(X+Y)$; (2) $E(X^2Y)$; (3) $E(2X-3Y^2)$.

15. 设二维随机变量 (X,Y) 在区域 $D=\{(x,y)|0<x<1,|y|<x\}$ 上服从均匀分布, 求: (1) $E(XY)$; (2) $E(X)$; (3) $E(-3X^2-5Y)$.

4.2 方差

4.2.1 方差及其计算公式

数学期望体现了随机变量所有可能取值的平均值, 是随机变量最重要的数字特征之一. 但在许多问题中只知道这一点是不够的, 还需要知道与其数学期望之间的偏离程度. 在概率论中, 这个偏离程度通常用 $E\{[X-E(X)]^2\}$ 来表示, 我们有下面关于方差的定义.

定义 4.2.1　设 X 为一随机变量, 如果随机变量 $[X-E(X)]^2$ 的数学期望存在, 则称之为 X 的方差, 记为 $D(X)$, 即 $D(X)=E\{[X-E(X)]^2\}$, 称 $\sqrt{D(X)}$ 为随机变量 X 的**标准差或均方差**, 记作 $\sigma(X)$.

由定义 4.2.1 可知, 随机变量 X 的方差反映了 X 与其数学期望 $E(X)$ 的偏离程度, 如果 X 取值集中在 $E(X)$ 附近, 则方差 $D(X)$ 较小; 如果 X 取值比较分散, 方差 $D(X)$ 较大. 不难看出, 方差 $D(X)$ 实质上是随机变量 X 函数 $[X-E(X)]^2$ 的数学期望.

如果 X 是离散型随机变量, 其概率分布律为 $P\{X=x_k\}=p_k,\ k=1,2,\cdots$, 则有

$$D(X)=E\{[X-E(X)]^2\}=\sum_{k=1}^{\infty}[x_k-E(X)]^2p_k$$

如果 X 是连续型随机变量, 其概率密度为 $f(x)$, 则有

$$D(X)=E\{[X-E(X)]^2\}=\int_{-\infty}^{+\infty}[x-E(X)]^2f(x)\mathrm{d}x$$

根据数学期望的性质, 可得

$$\begin{aligned}D(X)&=E\{[X-E(X)]^2\}=E\{X^2-2X\cdot E(X)+[E(X)]^2\}\\&=E(X^2)-2E(X)\cdot E(X)+[E(X)]^2=E(X^2)-[E(X)]^2\end{aligned}$$

这是计算随机变量方差常用的公式.

例 4.2.1 设离散型随机变量 X 的分布律为

X	-1	0	1	2
p	0.1	0.3	0.4	0.2

求 $D(X)$.

解 因为

$$E(X)=(-1)\times 0.1+0\times 0.3+1\times 0.4+2\times 0.2=0.7$$

$$E(X^2)=(-1)^2\times 0.1+0^2\times 0.3+1^2\times 0.4+2^2\times 0.2=1.3$$

所以

$$D(X)=E(X^2)-[E(X)]^2=1.3-0.7^2=0.81$$

例 4.2.2 设 $X\sim B(n,p)$, 求 $D(X)$.

解 $E(X)=np$, 令 $q=1-p$, 则

$$\begin{aligned}E(X^2)&=\sum_{k=0}^{n}k^2\mathrm{C}_n^k p^k q^{n-k}=\sum_{k=1}^{n}[k(k-1)+k]\frac{n!}{k!(n-k)!}p^k q^{n-k}\\&=\sum_{k=1}^{n}(k-1)\frac{n(n-1)(n-2)!}{(k-1)!(n-k)!}p^2p^{k-2}q^{(n-2)-(k-2)}+\sum_{k=1}^{n}\frac{n!}{(k-1)!(n-k)!}p^k q^{n-k}\\&=n(n-1)p^2\sum_{k=2}^{n}\frac{(n-2)!}{(k-2)!(n-k)!}p^{k-2}q^{(n-2)-(k-2)}+E(X)\\&=n(n-1)p^2+np\end{aligned}$$

所以

$$D(X)=E(X^2)-[E(X)]^2=n(n-1)p^2+np-n^2p^2=npq$$

例 4.2.3 设 $X\sim P(\lambda)$, 求 $D(X)$.

解 因为

$$E(X)=\lambda$$

$$\begin{aligned}E(X^2)&=\sum_{k=0}^{\infty}k^2\frac{\lambda^k\mathrm{e}^{-\lambda}}{k!}=\sum_{k=1}^{\infty}[(k-1)+1]\frac{\lambda^k\mathrm{e}^{-\lambda}}{(k-1)!}\\&=\sum_{k=2}^{\infty}\frac{\lambda^2\cdot\lambda^{k-2}}{(k-2)!}\cdot\mathrm{e}^{-\lambda}+\sum_{k=1}^{\infty}\frac{\lambda^k}{(k-1)!}\cdot\mathrm{e}^{-\lambda}=\lambda^2+\lambda\end{aligned}$$

所以

$$D(X)=(\lambda^2+\lambda)-\lambda^2=\lambda$$

例 4.2.4 设随机变量 X 服从几何分布 $X\sim G(p)$, 即 $P\{X=k\}=pq^{k-1},k=1,2,\cdots$, 其中 $0<p<1,q=1-p$, 求 $E(X),D(X)$.

解　$E(X)=\sum\limits_{k=1}^{\infty}kpq^{k-1}=p\sum\limits_{k=1}^{\infty}kq^{k-1}$. 由于 $\sum\limits_{k=0}^{\infty}q^k=\dfrac{1}{1-q}, 0<q<1$, 对此级数逐项求导, 得

$$\frac{\mathrm{d}}{\mathrm{d}q}\left(\sum_{k=0}^{\infty}q^k\right)=\sum_{k=0}^{\infty}\frac{\mathrm{d}}{\mathrm{d}q}q^k=\sum_{k=1}^{\infty}kq^{k-1}$$

因此

$$\sum_{k=1}^{\infty}kq^{k-1}=\frac{\mathrm{d}}{\mathrm{d}q}\left(\frac{1}{1-q}\right)=\frac{1}{(1-q)^2}$$

从而

$$E(X)=p\cdot\frac{1}{(1-q)^2}=\frac{1}{p}$$

又

$$E(X^2)=\sum_{k=1}^{\infty}k^2pq^{k-1}=\sum_{k=1}^{\infty}k(k-1)pq^{k-1}+\sum_{k=1}^{\infty}kpq^{k-1}=pq\sum_{k=2}^{\infty}k(k-1)q^{k-2}+\frac{1}{p}.$$

对 $\sum\limits_{k=1}^{\infty}kq^{k-1}=\dfrac{1}{(1-q)^2}$ 两边求导, 得

$$\sum_{k=2}^{\infty}k(k-1)q^{k-2}=\frac{\mathrm{d}}{\mathrm{d}q}\left(\sum_{k=1}^{\infty}kq^{k-1}\right)=\frac{\mathrm{d}}{\mathrm{d}q}\left(\frac{1}{(1-q)^2}\right)=\frac{2}{(1-q)^3}$$

于是

$$E(X^2)=pq\frac{2}{(1-q)^3}+\frac{1}{p}=\frac{2q}{p^2}+\frac{1}{p}$$

因此

$$D(X)=E(X^2)-[E(X)]^2=\frac{2q}{p^2}+\frac{1}{p}-\frac{1}{p^2}=\frac{1-p}{p^2}$$

例 4.2.5　设 $X\sim N(\mu,\sigma^2)$, 求 $D(X)$.

解　由于 $E(X)=\mu$, 所以

$$\begin{aligned}D(X)&=\int_{-\infty}^{+\infty}(x-\mu)^2\cdot\frac{1}{\sqrt{2\pi}\sigma}\cdot\mathrm{e}^{-\frac{(x-\mu)^2}{2\sigma^2}}\mathrm{d}x\xlongequal{\frac{x-\mu}{\sigma}=t}\frac{\sigma^2}{\sqrt{2\pi}}\int_{-\infty}^{+\infty}t^2\mathrm{e}^{-\frac{t^2}{2}}\mathrm{d}t\\&=\frac{\sigma^2}{\sqrt{2\pi}}\left[-t\mathrm{e}^{-\frac{t^2}{2}}\Big|_{-\infty}^{+\infty}+\int_{-\infty}^{+\infty}\mathrm{e}^{-\frac{t^2}{2}}\mathrm{d}t\right]=\sigma^2\end{aligned}$$

这样对于 $X\sim N(\mu,\sigma^2)$, 两个参数 μ,σ^2 分别是 X 的数学期望和方差. 因而正态分布完全可由它的数学期望和方差确定.

4.2.2　方差的性质

设 C 为常数, 随机变量 X,Y 的方差都存在. 关于方差有如下性质.

性质 4.2.1　$D(X)=0$.

性质 4.2.2　$D(CX)=C^2D(X)$.

性质 4.2.3　$D(X+C)=D(X)$.

性质 4.2.4 如果随机变量 X, Y 相互独立, 则 $D(X+Y)=D(X)+D(Y)$.

性质 4.2.5 随机变量 X 的方差 $D(X)=0$ 的充分必要条件是: X 以概率 1 取值常数 C, 即

$$P\{X=C\}=1$$

下面的结论在数理统计中是很有用的.

例 4.2.6 设 $X_1, X_2, \cdots, X_n$ 相互独立并且服从同一分布, 若 $E(X_1)=\mu, D(X_1)=\sigma^2$, 记 $\bar{X}=\frac{1}{n}\sum\limits_{i=1}^{n} X_i$, 证明: $E(\bar{X})=\mu, D(\bar{X})=\frac{\sigma^2}{n}$.

证明 由数学期望的性质:

$$E\left(\sum_{i=1}^{n} X_i\right)=\sum_{i=1}^{n} E(X_i)=n\mu$$

又由独立性和方差的性质知

$$D\left(\sum_{i=1}^{n} X_i\right)=\sum_{i=1}^{n} D(X_i)=n\sigma^2$$

于是

$$E(\bar{X})=\mu, \quad D(\bar{X})=\frac{1}{n^2} D\left(\sum_{i=1}^{n} X_i\right)=\frac{\sigma^2}{n}$$

若用 $X_1, X_2, \cdots, X_n$ 表示对物体重量的 n 次重复测量的误差, 而 σ^2 为误差大小的度量, 公式 $D(\bar{X})=\frac{\sigma^2}{n}$ 表明 n 次重复测量的平均误差是单次测量误差的 $\frac{1}{n}$, 也就是说, 重复测量的平均精度要比单次测量的精度高.

节末给出几个重要分布的数学期望与方差, 以方便查阅.

几种重要分布的数学期望与方差

分布	分布律或概率密度	数学期望	方差
1. (0-1) 分布	$P(X=k)=p^k q^{1-k}, \quad k=0,1$ $0<p<1, \quad p+q=1$	p	pq
2. 二项分布	$P(X=k)=\mathrm{C}_n^k p^k q^{n-k}, \quad k=0,1,2,\cdots,n$ $0<p<1, \quad p+q=1$	np	npq
3. 泊松分布	$P(X=k)=\frac{\lambda^k}{k!}\mathrm{e}^{-\lambda}, \quad k=0,1,2,\cdots,\lambda>0$	λ	λ
4. 正态分布	$f(x)=\frac{1}{\sqrt{2\pi}\sigma}\mathrm{e}^{-\frac{(x-\mu)^2}{2\sigma^2}}, \sigma>0, -\infty<x<+\infty$	μ	σ^2
5. 均匀分布	$\varphi(x)=\begin{cases}\frac{1}{b-a}, & a<x<b, \\ 0, & \text{其他,}\end{cases}$	$\frac{a+b}{2}$	$\frac{(b-a)^2}{12}$
6. 指数分布	$\varphi(x)=\begin{cases}\lambda\mathrm{e}^{-\lambda x}, & x>0, \\ 0, & x\leqslant 0\end{cases}$ ($\lambda>0$ 为参数)	$\frac{1}{\lambda}$	$\frac{1}{\lambda^2}$
7. 几何分布	$P(X=k)=(1-p)^{k-1}p, \quad k=1,2,\cdots;0<p<1$	$\frac{1}{p}$	$\frac{1-p}{p^2}$

练习 2

1. 设二维随机变量 (X,Y) 在区域 $D: 0<x<1, |y|<x$ 内服从均匀分布. 求随机变量 $Z=2X+1$ 的方差.

2. 某流水生产线上每个产品不合格的概率为 $P(0<P<1)$, 各产品合格与否相互独立, 当出现一个不合格产品时即停机检修. 设开机后第一次停机时已生产了 X 个产品, 求 $E(X)$ 和 $D(X)$.

3. 有两台同样的自动记录仪. 每台无故障工作的时间服从参数为 5 的指数分布. 先开动其中的一台, 当发生故障时, 自动停机, 同时另一台自动开机. 求两台记录仪无故障工作的时间和 T 的概率密度 $f(t)$、期望值和方差.

4.3 协方差与相关系数

上两节中, 介绍了用于描述单个随机变量取值的平均值和偏离程度的两个数字特征——数学期望和方差. 对于二维随机变量, 不仅要考虑单个随机变量自身的统计规律性, 还要考虑两个随机变量相互联系的统计规律性. 因此, 我们还需要反映两个随机变量之间关系的数字特征, 协方差和相关系数就是这样的数字特征.

4.3.1 协方差

定义 4.3.1 设随机变量 X 与 Y、数学期望 $E(X)$ 和 $E(Y)$ 都存在, 如果随机变量 $[X-E(X)][Y-E(Y)]$ 的数学期望存在, 则称之为随机变量 X 和 Y 的协方差, 记作 $\mathrm{Cov}(X,Y)$. 即 $\mathrm{Cov}(X,Y)=E\{[X-E(X)][Y-E(Y)]\}$.

利用数学期望的性质, 容易得到协方差的另一计算公式

$$\mathrm{Cov}(X,Y)=E(XY)-E(X)E(Y)$$

容易验证协方差有如下性质.

性质 4.3.1 $\mathrm{Cov}(X,Y)=\mathrm{Cov}(Y,X)$.

性质 4.3.2 $\mathrm{Cov}(X,X)=D(X)$.

性质 4.3.3 $\mathrm{Cov}(aX,bY)=ab\mathrm{Cov}(X,Y)$, 其中 a,b 为常数.

性质 4.3.4 $\mathrm{Cov}(X+Y,Z)=\mathrm{Cov}(X,Z)+\mathrm{Cov}(Y,Z)$.

由此容易得到计算方差的一般公式

$$D(X+Y)=D(X)+D(Y)+2\mathrm{Cov}(X,Y)$$

或一般地

$$D\left(\sum_{i=1}^{n}a_iX_i\right)=\sum_{i=1}^{n}a_i^2D(X_i)+2\sum_{i<j}a_ia_j\mathrm{Cov}(X_i,X_j),\quad a_i(i=1,2,\cdots,n)\text{ 为常数}$$

例 4.3.1 (蒙特莫特 (Montmort) 配对问题) n 个人将自己的帽子放在一起, 充分混合后每人随机地取出一顶, 求选中自己帽子人数的均值和方差.

解 令 X 表示选中自己帽子的人数, 设

$$X_i=\begin{cases}1, & \text{如第 } i \text{ 人选中自己的帽子},\\ 0, & \text{其他},\end{cases}\quad i=1,2,\cdots,n$$

则有 $X=X_1+X_2+\cdots+X_n$, 易知

$$P\{X_i=1\}=\frac{1}{n},\quad P\{X_i=0\}=\frac{n-1}{n}$$

所以

$$E(X_i)=\frac{1}{n},\quad D(X_i)=\frac{n-1}{n^2},\quad i=1,2,\cdots,n$$

因此

$$E(X)=E(X_1)+E(X_2)+\cdots+E(X_n)=1$$

注意到

$$X_iX_j=\begin{cases}1, & \text{如第 } i \text{ 人与第 } j \text{ 人都选中自己的帽子}\\ 0, & \text{反之}\end{cases}$$

于是

$$E(X_iX_j)=P\{X_i=1,X_j=1\}=P\{X_i=1\}P\{X_j=1|X_i=1\}=\frac{1}{n(n-1)}$$

$$\mathrm{Cov}(X_i,X_j)=E(X_iX_j)-E(X_i)E(X_j)=\frac{1}{n^2(n-1)}$$

从而

$$D(X)=\sum_{i=1}^{n}D(X_i)+2\sum_{i<j}\mathrm{Cov}(X_i,X_j)=\frac{n-1}{n}+2\mathrm{C}_n^2\frac{1}{n^2(n-1)}=1$$

引入协方差的目的在于度量随机变量之间关系的强弱, 但由于协方差有量纲, 其数值受 X 和 Y 本身量纲的影响, 为了克服这一缺点, 我们对随机变量进行标准化.

称 $X^*=\dfrac{X-E(X)}{\sqrt{D(X)}}$ 为随机变量 X 的标准化随机变量, 不难验证 $E(X^*)=0$, $D(X^*)=1$.

我们对 X 和 Y 的标准化随机变量求协方差, 有

$$\begin{aligned}\mathrm{Cov}(X^*,Y^*)&=E(X^*Y^*)-E(X^*)E(Y^*)=E(X^*Y^*)=E\left(\frac{X-E(X)}{\sqrt{D(X)}}\cdot\frac{Y-E(Y)}{\sqrt{D(Y)}}\right)\\&=\frac{E[(X-E(X))(Y-E(Y))]}{\sqrt{D(X)}\sqrt{D(Y)}}=\frac{\mathrm{Cov}(X,Y)}{\sqrt{DX}\sqrt{DY}}\end{aligned}$$

上式表明, 可以利用标准差对协方差进行修正, 从而我们可以得到一个能更好地度量随机变量之间关系强弱的数字特征 —— 相关系数.

4.3.2 相关系数

定义 4.3.2　设随机变量 X 和 Y 的方差都存在且不为零, X 和 Y 的协方差 $\mathrm{Cov}(X,Y)$ 也存在, 则称 $\dfrac{\mathrm{Cov}(X,Y)}{\sqrt{DX}\sqrt{DY}}$ 为随机变量 X 和 Y 的**相关系数**, 记作 ρ_{XY} , 即 $\rho_{XY}=\dfrac{\mathrm{Cov}(X,Y)}{\sqrt{DX}\sqrt{DY}}$. 如果 $\rho_{XY}=0$, 则称 X 和 Y 不相关; 如果 $\rho_{XY}>0$, 则称 X 和 Y 正相关, 特别地, 如果 $\rho_{XY}=1$, 则称 X 和 Y 完全正相关; 如果 $\rho_{XY}<0$, 则称 X 和 Y 负相关, 特别地, 如果 $\rho_{XY}=-1$, 则称 X 和 Y 完全负相关.

容易验证 X 和 Y 的相关系数 ρ_{XY} 有如下性质.

性质 4.3.5　$|\rho_{XY}|\leqslant 1$.

事实上, 由柯西–施瓦茨不等式, 有

$$
\begin{aligned}
[\mathrm{Cov}(X,Y)]^2&=\{E\{[X-E(X)][Y-E(Y)]\}\}^2\\
&\leqslant E\{[X-E(X)]^2\}E\{[Y-E(Y)]\}^2\\
&=D(X)D(Y)
\end{aligned}
$$

有

$$|\mathrm{Cov}(X,Y)|\leqslant\sqrt{D(X)}\sqrt{D(Y)}$$

即

$$|\rho_{XY}|=\left|\frac{\mathrm{Cov}(X,Y)}{\sqrt{D(X)}\sqrt{D(Y)}}\right|\leqslant 1$$

性质 4.3.6　$|\rho_{XY}|=1$ 的充分必要条件是: 存在常数 a,b 使得 $P\{Y=a+bX\}=1$. 事实上, 设 $D(X)=\sigma_X^2>0, D(Y)=\sigma_Y^2>0$, 对于任意实数 b, 有

$$
\begin{aligned}
D(Y-bX)&=E\{[Y-bX-E(Y-bX)]^2\}=E\{\{[Y-E(Y)]-b[X-E(X)]\}^2\}\\
&=E\{[Y-E(Y)]^2\}-2bE\{[Y-E(Y)][X-E(X)]\}+b^2E\{[X-E(X)]^2\}\\
&=b^2\sigma_X^2-2b\mathrm{Cov}(X,Y)+\sigma_Y^2
\end{aligned}
$$

在上式中, 取 $b=\dfrac{\mathrm{Cov}(X,Y)}{\sigma_X^2}$, 则有

$$
\begin{aligned}
D(Y-bX)&=\frac{[\mathrm{Cov}(X,Y)]^2}{\sigma_X^2}-2\frac{[\mathrm{Cov}(X,Y)]^2}{\sigma_X^2}+\sigma_Y^2=\sigma_Y^2-\frac{[\mathrm{Cov}(X,Y)]^2}{\sigma_X^2}\\
&=\sigma_Y^2\left\{1-\frac{[\mathrm{Cov}(X,Y)]^2}{\sigma_X^2\sigma_Y^2}\right\}=\sigma_Y^2(1-\rho_{XY}^2)
\end{aligned}
$$

因此 $|\rho_{XY}|=1$ 的充分必要条件是 $D(Y-bX)=0$.

由方差的性质 4.2.5 知 $D(Y-bX)=0$ 的充分必要条件是 $Y-bX$ 以概率 1 取常数 $a=E(Y-bX)$, 即 $P\{Y-bX=a\}=1$, 也就是 $P\{Y=a+bX\}=1$.

由此可见, 相关系数定量地刻画了 X 和 Y 的相关程度: $|\rho_{XY}|$ 越大, X 和 Y 的相关程度越大, $|\rho_{XY}|=0$ 时相关程度最低. 需要说明的是: X 和 Y 相关的含义是指 X 和 Y

存在某种程度的线性关系, 因此, 若 X 和 Y 不相关, 只能说明 X 与 Y 之间不存在线性关系, 但并不排除 X 和 Y 之间存在其他关系.

对于随机变量 X 与 Y, 容易验证下列事实是等价的:

(1) $\mathrm{Cov}(X,Y)=0$;

(2) X 和 Y 不相关;

(3) $E(XY)=E(X)E(Y)$;

(4) $D(X+Y)=D(X)+D(Y)$.

例 4.3.2 设 Θ 是 $[-\pi,\pi]$ 上均匀分布的随机变量, 又 $X=\sin\Theta, Y=\cos\Theta$, 求 X 与 Y 之间的相关系数.

解 由于

$$E(X)=\frac{1}{2\pi}\int_{-\pi}^{\pi}\sin x\mathrm{d}x=0,\quad E(Y)=\frac{1}{2\pi}\int_{-\pi}^{\pi}\cos x\mathrm{d}x=0$$

$$E(X^2)=\frac{1}{2\pi}\int_{-\pi}^{\pi}\sin^2 x\mathrm{d}x=\frac{1}{2},\quad E(Y^2)=\frac{1}{2\pi}\int_{-\pi}^{\pi}\cos^2 x\mathrm{d}x=\frac{1}{2}$$

$$E(XY)=\frac{1}{2\pi}\int_{-\pi}^{\pi}\sin x\cos x\mathrm{d}x=0$$

因此

$$\mathrm{Cov}(X,Y)=E(XY)-E(X)E(Y)=0$$

于是

$$\rho_{XY}=\frac{\mathrm{Cov}(X,Y)}{\sqrt{DX}\sqrt{DY}}=0$$

上例中 X 与 Y 是不相关的, 但显然有 $X^2+Y^2=1$. 也就是说 X 与 Y 虽然没有线性关系, 但有另外一种函数关系, 从而 X 与 Y 是不独立的. 综上所述, 当 $\rho_{XY}=0$ 时, X 与 Y 可能独立, 也可能不独立.

例 4.3.3 将一颗均匀的骰子重复投掷 n 次, 随机变量 X 表示出现点数小于 3 的次数, Y 表示出现点数不小于 3 的次数.

(1) 证明: X 与 Y 不相互独立;

(2) 证明: $X+Y$ 和 $X-Y$ 不相关;

(3) 求 $3X+Y$ 和 $X-3Y$ 的相关系数.

由题意可知,

$$X\sim B\left(n,\frac{1}{3}\right),\quad E(X)=\frac{n}{3},\quad D(X)=\frac{2n}{9}$$

$$Y=n-X\sim B\left(n,\frac{2}{3}\right),\quad E(Y)=\frac{2n}{3},\quad D(Y)=\frac{2n}{9}$$

(1) **证明** $\mathrm{Cov}(X,Y)=\mathrm{Cov}(X,n-X)=-D(X)=-\dfrac{2n}{9}\neq 0$, 因此 X 和 Y 不相互独立;

(2) **证明** $\mathrm{Cov}(X+Y,X-Y)=\mathrm{Cov}(X,X)-\mathrm{Cov}(Y,Y)=D(X)-D(Y)=0$, 因此, $X+Y$ 和 $X-Y$ 不相关;

(3) **解**

$$D(3X+Y)=9D(X)+6\mathrm{Cov}(X,Y)+D(Y)=\frac{8n}{9}$$

$$D(X-3Y)=D(X)-6\mathrm{Cov}(X,Y)+9D(Y)=\frac{32n}{9}$$

$$\mathrm{Cov}(3X+Y,X-3Y)=3D(X)-8\mathrm{Cov}(X,Y)-3D(Y)=\frac{16n}{9}$$

于是, $3X+Y$ 和 $X-3Y$ 的相关系数为

$$\rho=\frac{\mathrm{Cov}(3X+Y,X-3Y)}{\sqrt{D(3X+Y)}\cdot\sqrt{D(X-3Y)}}=1$$

例 4.3.4　设 $X_1,X_2,\cdots,X_{n+m}(n>m)$ 独立同分布, 且有有限方差. 求 $Y=\sum\limits_{k=1}^{n}X_k$ 与 $Z=\sum\limits_{k=1}^{n}X_{m+k}$ 的相关系数.

解　设 $E(X_k)=\mu,D(X_k)=\sigma^2$, 则

$$\mathrm{Cov}(Y,Z)=E\{[Y-E(Y)][Z-E(Z)]\}=E\left\{\left[\sum_{k=1}^{n}(X_k-\mu)\right]\left[\sum_{k=1}^{n}(X_{m+k}-\mu)\right]\right\}$$

注意到, 当 $i\neq j$ 时, 有 $E[(X_i-\mu)(X_j-\mu)]=E[(X_i-\mu)]\cdot E[(X_j-\mu)]=0$, 因此

$$\mathrm{Cov}(Y,Z)=E\left[\sum_{k=1}^{n-m}(X_{m+k}-\mu)^2\right]=(n-m)\sigma^2$$

又

$$D(Y)=D(Z)=n\sigma^2$$

所以

$$\rho_{XY}=\frac{\mathrm{Cov}(X,Y)}{\sqrt{DX}\sqrt{DY}}=\frac{n-m}{n}$$

例 4.3.5　设二维随机变量 (X,Y) 在单位圆 $D=\{(x,y)|x^2+y^2\leqslant 1\}$ 上服从均匀分布, (1) 求 X 和 Y 的相关系数 ρ_{XY}; (2) X 和 Y 是否相互独立?

解　(1) 因为 (X,Y) 在单位圆 D 上服从均匀分布, 所以

$$f(x,y)=\begin{cases}\dfrac{1}{\pi}, & x^2+y^2\leqslant 1\\ 0, & \text{其他}\end{cases}$$

因此,

$$E(XY)=\iint\limits_{x^2+y^2\leqslant 1}xy\frac{1}{\pi}\mathrm{d}x\mathrm{d}y=\int_0^{2\pi}\mathrm{d}\theta\int_0^1\frac{1}{\pi}r^3\sin\theta\cos\theta\mathrm{d}r=0$$

$$E(X)=\iint\limits_{x^2+y^2\leqslant 1}x\frac{1}{\pi}\mathrm{d}x\mathrm{d}y=\int_0^{2\pi}\mathrm{d}\theta\int_0^1\frac{1}{\pi}r^2\cos\theta\mathrm{d}r=0$$

$$E(Y) = \iint_{x^2+y^2\leqslant 1} y\frac{1}{\pi}\mathrm{d}x\mathrm{d}y = \int_0^{2\pi}\mathrm{d}\theta\int_0^1 \frac{1}{\pi}r^2\sin\theta\mathrm{d}r = 0$$

于是

$$\mathrm{Cov}(X,Y) = E(XY) - E(X)E(Y) = 0$$

从而

$$\rho_{XY} = 0$$

即 X 和 Y 不相关;

(2) 因为

$$f_X(x) = \int_{-\infty}^{+\infty} f(x,y)\mathrm{d}y = \begin{cases} \dfrac{2\sqrt{1-x^2}}{\pi}, & -1\leqslant x\leqslant 1 \\ 0, & \text{其他} \end{cases}$$

$$f_Y(y) = \int_{-\infty}^{+\infty} f(x,y)\mathrm{d}x = \begin{cases} \dfrac{2\sqrt{1-y^2}}{\pi}, & -1\leqslant y\leqslant 1 \\ 0, & \text{其他} \end{cases}$$

显然 $f(x,y)\neq f_X(x)f_Y(y)$, 因此, X 和 Y 不相互独立.

例 4.3.6 设 A,B 为随机事件, 且 $P(A)=p_1>0, P(B)=p_2>0$, 定义随机变量

$$X = \begin{cases} 1, & A\text{ 发生}, \\ 0, & A\text{ 不发生}, \end{cases} \qquad Y = \begin{cases} 1, & B\text{ 发生} \\ 0, & B\text{ 不发生} \end{cases}$$

证明: X 与 Y 相互独立的充分必要条件是 X 与 Y 不相关.

证明 依题意, 有 $X\sim B(1,p_1), Y\sim(1,p_2)$, 有 $E(X)=p_1, E(Y)=p_2$, 如果 X 与 Y 不相关, 则有 $E(XY)=1\times P\{X=1,Y=1\}=E(X)E(Y)=P\{X=1\}P\{Y=1\}$, 此时

$$\begin{aligned} P\{X=1,Y=0\} &= P\{X=1\}-P\{X=1,Y=1\}=P\{X=1\}[1-P\{Y=1\}] \\ &= P\{X=1\}P\{Y=0\} \end{aligned}$$

同理可证

$$P\{X=0,Y=1\}=P\{X=0\}P\{Y=1\}$$
$$P\{X=0,Y=0\}=P\{X=0\}P\{Y=0\}$$

从而 X 与 Y 相互独立.

反过来, 若 X 与 Y 相互独立必有 X 与 Y 不相关. 得证.

从上面的讨论我们知道, 随机变量的独立性和不相关性都是随机变量之间的联系 “薄弱” 的一种反映. “不相关” 是一个比 “独立” 更弱的一个概念. 不过对于最常用的正态分布来说, 不相关性和独立性是一致的.

例 4.3.7 设二维随机变量 $(X,Y)\sim N(\mu_1,\mu_2,\sigma_1^2,\sigma_2^2,\rho)$, 证明: X 与 Y 相互独立的充分必要条件是 X 与 Y 不相关.

证明 (X,Y) 的概率密度为

$$f(x,y)=\frac{1}{2\pi\sigma_1\sigma_2\sqrt{1-\rho^2}}\exp\left\{-\frac{1}{2(1-\rho^2)}\left[\frac{(x-\mu_1)^2}{\sigma_1^2}\right.\right.$$
$$\left.\left.-2\rho\frac{(x-\mu_1)(y-\mu_2)}{\sigma_1\sigma_2}+\frac{(y-\mu_2)^2}{\sigma_2^2}\right]\right\},\quad -\infty<x<+\infty,-\infty<y<+\infty$$

两个边缘概率密度为

$$f_X(x)=\frac{1}{\sqrt{2\pi}\sigma_1}\exp\left\{-\frac{(x-\mu_1)^2}{2\sigma_1^2}\right\},\quad -\infty<x<+\infty$$

同理

$$f_Y(y)=\frac{1}{\sqrt{2\pi}\sigma_2}\exp\left\{-\frac{(y-\mu_2)^2}{2\sigma_2^2}\right\},\quad -\infty<y<+\infty$$

由此

$$E(X)=\mu_1,\quad E(Y)=\mu_2,\quad D(X)=\sigma_1^2,\quad D(Y)=\sigma_2^2$$

由于

$$\begin{aligned}
&\mathrm{Cov}(X,Y)\\
&=E\{[X-E(X)][Y-E(Y)]\}=\int_{-\infty}^{+\infty}\int_{-\infty}^{+\infty}(x-\mu_1)(y-\mu_2)f(x,y)\mathrm{d}x\mathrm{d}y\\
&=\frac{1}{2\pi\sigma_1\sigma_2\sqrt{1-\rho^2}}\int_{-\infty}^{+\infty}\int_{-\infty}^{+\infty}(x-\mu_1)(y-\mu_2)\exp\left\{-\frac{1}{2(1-\rho^2)}\left[\frac{(x-\mu_1)^2}{\sigma_1^2}\right.\right.\\
&\quad\left.\left.-2\rho\frac{(x-\mu_1)(y-\mu_2)}{\sigma_1\sigma_2}+\frac{(y-\mu_2)^2}{\sigma_2^2}\right]\right\}\mathrm{d}x\mathrm{d}y\\
&=\frac{1}{2\pi\sigma_1\sigma_2\sqrt{1-\rho^2}}\int_{-\infty}^{+\infty}\int_{-\infty}^{+\infty}(x-\mu_1)(y-\mu_2)\exp\left\{-\frac{(x-\mu_1)^2}{2\sigma_1^2}\right\}\\
&\quad\cdot\exp\left\{-\frac{1}{2(1-\rho^2)}\left[\frac{y-\mu_2}{\sigma_2}-\rho\frac{x-\mu_1}{\sigma_1}\right]^2\right\}\mathrm{d}x\mathrm{d}y
\end{aligned}$$

令 $t=\frac{1}{\sqrt{1-\rho^2}}\left(\frac{y-\mu_2}{\sigma_2}-\rho\frac{x-\mu_1}{\sigma_1}\right)$, $u=\frac{x-\mu_1}{\sigma_1}$, 则有

$$\begin{aligned}
\mathrm{Cov}(X,Y)&=\frac{1}{2\pi}\int_{-\infty}^{+\infty}\int_{-\infty}^{+\infty}\sigma_1\sigma_2(\sqrt{1-\rho^2}tu+\rho u^2)\mathrm{e}^{-\frac{t^2}{2}}\mathrm{e}^{-\frac{u^2}{2}}\mathrm{d}t\mathrm{d}u\\
&=\frac{\sigma_1\sigma_2\sqrt{1-\rho^2}}{2\pi}\int_{-\infty}^{+\infty}t\mathrm{e}^{-\frac{t^2}{2}}\mathrm{d}t\int_{-\infty}^{+\infty}u\mathrm{e}^{-\frac{u^2}{2}}\mathrm{d}u\\
&\quad+\rho\sigma_1\sigma_2\int_{-\infty}^{+\infty}\frac{1}{\sqrt{2\pi}}\mathrm{e}^{-\frac{t^2}{2}}\mathrm{d}t\int_{-\infty}^{+\infty}\frac{1}{\sqrt{2\pi}}u^2\mathrm{e}^{-\frac{u^2}{2}}\mathrm{d}u
\end{aligned}$$

由于

$$\int_{-\infty}^{+\infty}t\mathrm{e}^{-\frac{t^2}{2}}\mathrm{d}t=-\left.\mathrm{e}^{-\frac{t^2}{2}}\right|_{-\infty}^{+\infty}=0,\quad \int_{-\infty}^{+\infty}u\mathrm{e}^{-\frac{u^2}{2}}\mathrm{d}u=0,\quad \int_{-\infty}^{+\infty}\frac{1}{\sqrt{2\pi}}\mathrm{e}^{-\frac{t^2}{2}}\mathrm{d}t=1$$

又

$$\int_{-\infty}^{+\infty}\frac{1}{\sqrt{2\pi}}u^2\mathrm{e}^{-\frac{u^2}{2}}\mathrm{d}u=-\frac{1}{\sqrt{2\pi}}\int_{-\infty}^{+\infty}u\mathrm{d}\mathrm{e}^{-\frac{u^2}{2}}=-\frac{1}{\sqrt{2\pi}}\left(\left.u\mathrm{e}^{-\frac{u^2}{2}}\right|_{-\infty}^{+\infty}-\int_{-\infty}^{+\infty}\mathrm{e}^{-\frac{u^2}{2}}\mathrm{d}u\right)$$

$$= \frac{1}{\sqrt{2\pi}} \int_{-\infty}^{+\infty} \mathrm{e}^{-\frac{u^2}{2}} \mathrm{d}u = 1$$

因此

$$\mathrm{Cov}(X, Y) = \rho\sigma_1\sigma_2$$

从而

$$\rho_{XY} = \frac{\mathrm{Cov}(X, Y)}{\sqrt{D(X)}\sqrt{D(Y)}} = \frac{\rho\sigma_1\sigma_2}{\sigma_1\sigma_2} = \rho$$

由第 3 章知, 二维随机变量 $(X, Y) \sim N(\mu_1, \mu_2, \sigma_1^2, \sigma_2^2, \rho)$, 则随机变量 X 和 Y 相互独立的充分必要条件是参数 $\rho = 0$, 且由于 $\rho = \rho_{XY}$, 所以 X 与 Y 相互独立的充分必要条件是 X 与 Y 不相关.

从上面的例子我们还看到, 二维正态随机变量 (X, Y) 的概率密度中的参数 ρ 就是 X 与 Y 的相关系数, 因此, 二维正态随机变量 (X, Y) 的分布完全由 X 和 Y 的数学期望、方差以及 X 与 Y 的相关系数所确定.

为了更好地描述随机变量的特征, 除了前面介绍过的数学期望、方差、协方差和相关系数等概念之外, 在本节的最后, 我们介绍一种在理论和应用中都起到重要作用的数学特征 —— 矩.

4.3.3 原点矩与中心矩

设 X 是随机变量, 关于矩有如下定义.

定义 4.3.3 设 X 为随机变量, 如果 X^k 的数学期望存在, 则称之为随机变量 X 的 k **阶原点矩**, 记作 μ_k, 即 $\mu_k = E(X^k)$, $k = 1, 2, \cdots$.

定义 4.3.4 设 X 为随机变量, 如果随机变量 $[X - E(X)]^k$ 的数学期望存在, 则称之为随机变量 X 的 k **阶中心矩**, 记为 ν_k , 即 $\nu_k = E\{[X - E(X)]^k\}$, $k = 1, 2, \cdots$.

显然, 随机变量 X 的数学期望 $E(X)$ 即一阶原点矩, 方差 $D(X)$ 即二阶中心矩.

例 4.3.8 设随机变量 $X \sim N(\mu, \sigma^2)$, 求 X 的 k 阶中心矩.

解 由于 $\nu_k = E\{[X - E(X)]^k\} = E[(X - \mu)^k] = \dfrac{1}{\sqrt{2\pi}} \displaystyle\int_{-\infty}^{+\infty} (x - \mu)^k \mathrm{e}^{-\frac{(x-\mu)^2}{2\sigma^2}} \mathrm{d}x$.

令 $t = \dfrac{x - \mu}{\sigma}$, 则 $\nu_k = \dfrac{\sigma^{k+1}}{\sqrt{2\pi}} \displaystyle\int_{-\infty}^{+\infty} t^k \mathrm{e}^{-\frac{t^2}{2}} \mathrm{d}t$.

当 k 为奇数时, $\nu_k = 0$;

当 k 为偶数时, 令 $t^2 = 2z$, 此时

$$\nu_k = \frac{2\sigma^k}{\sqrt{2\pi}} \int_0^{+\infty} t^k \mathrm{e}^{-\frac{t^2}{2}} \mathrm{d}t = \frac{2^{k/2}\sigma^k}{\sqrt{\pi}} \int_0^{+\infty} z^{\frac{k-1}{2}} \mathrm{e}^{-z} \mathrm{d}z = \frac{2^{k/2}\sigma^k}{\sqrt{\pi}} \Gamma\left(\frac{k+1}{2}\right)$$

利用 Γ 函数的性质, 当 $s > 0$ 时, $\Gamma(s+1) = s\Gamma(s)$, 且 $\Gamma\left(\dfrac{1}{2}\right) = \sqrt{\pi}$, 于是

$$\nu_k = (k-1)!!\sigma^k, \quad k = 2, 4, 6, \cdots$$

练习 3

1. 设二维随机变量 (X,Y) 的分布律为

X	Y	
	0	1
-1	0.25	0
0	0	0.5
1	0.25	0

求: (1) $E(X)$; (2) $D(X)$; (3) $\mathrm{Cov}(X,Y)$; (4) 判断 X 和 Y 是否相互独立; (5) 判断 X 和 Y 是否相关.

2. 设二维随机变量 (X,Y) 的概率密度为

$$f(x,y)=\begin{cases}6, & 0<x^2<y<x<1\\ 0, & \text{其他}\end{cases}$$

(1) 求 $\mathrm{Cov}(X,Y)$; (2) 判断 X 和 Y 是否相互独立; (3) 判断 X 和 Y 是否相关.

3. 已知二维随机变量 (X,Y) 的概率密度为

$$f(x,y)=\begin{cases}\dfrac{1}{8}(x+y), & 0\leqslant x\leqslant 2, 0\leqslant y\leqslant 2\\ 0, & \text{其他}\end{cases}$$

求: (1) $E(X)$; (2) $E(Y)$; (3) $\mathrm{Cov}(X,Y)$ 和 ρ_{XY}; (4) $D(X+Y)$.

4. 设随机变量 X 和 Y 相互独立, 且 $E(X)=E(Y)=1$, $D(X)=2$, $D(Y)=3$, 求 $D(XY)$.

5. 设 $D(X)=25$, $D(Y)=36$, $\rho_{XY}=\dfrac{1}{6}$, 求: (1) $D(X+Y)$; (2) $D(X-Y)$.

6. 已知三个随机变量 X, Y 和 Z 满足 $E(X)=E(Y)=E(Z)=-1$, $D(X)=D(Y)=D(Z)=1$, $\rho_{XY}=0$, $\rho_{YZ}=-\dfrac{1}{2}$. 求: (1) $E(X+Y+Z)$; (2) $D(X+Y+Z)$.

7. 假设随机变量 X 和 Y 相互独立, 且服从同一个正态分布: $N(\mu,\sigma^2)$, 令 $Z_1=\alpha X+\beta Y$, $Z_2=\alpha X-\beta Y$(其中 α,β 为不为零的常数), 求 ρ_{Z_1,Z_2}.

习题 4

一、填空题

1. 设随机变量 X 的概率密度为 $f(x)=\begin{cases}ax+b, & 0<x<1,\\ 0, & \text{其他},\end{cases}$ 且 $E(X)=\dfrac{1}{3}$, 则 $a=$________, $b=$________.

2. 设随机变量 X 服从参数为 λ 的指数分布, 则 $P\left\{X>\sqrt{D(X)}\right\}=$________.

3. 设随机变量 (X,Y) 在 D: $x^2+y^2\leqslant 1$ 内服从均匀分布, 则 X 和 Y 的相关系数 $\rho_{XY}=$________.

4. 已知随机变量 X 的分布 $P(X=k)=\dfrac{C}{2^k k!}, k=0,1,2,\cdots$, 其中 C 为常数, 则随机变量 $Y=2X-3$ 的 $D(Y)=$__________.

5. 设随机变量 X 在区间 $[-1,2]$ 上服从均匀分布, 随机变量 $Y=\begin{cases}1, & X>0,\\ 0, & X=0,\\ -1, & X<0,\end{cases}$ 则方差 $D(Y)=$__________.

6. 若随机变量 X_1,X_2,X_3 相互独立, 且服从相同的两点分布 $\begin{pmatrix}0 & 1\\ 0.8 & 0.2\end{pmatrix}$, 则 $X=\sum\limits_{i=1}^{3}X_i$ 服从__________分布, $E(X)=$__________, $D(X)=$__________.

7. 设 X 和 Y 是两个相互独立的随机变量, 其概率密度分别为: $\varphi(x)=\begin{cases}2x, & 0\leqslant x\leqslant 1,\\ 0, & 其他,\end{cases}$ $\varphi(y)=\begin{cases}\mathrm{e}^{-(y-5)} & y>5,\\ 0, & 其他,\end{cases}$ 则 $E(XY)=$__________.

8. 若随机变量 X_1,X_2,X_3 相互独立, 其中 X_1 在 $[0,6]$ 服从均匀分布, X_2 服从正态分布 $N(0,2^2)$, X_3 服从参数 $\lambda=3$ 的泊松分布, 记 $Y=X_1-2X_2=3X_3$, 则 $D(Y)=$__________.

二、选择题

1. 设随机变量 X 和 Y 相互独立, 且在 $(0,\theta)$ 服从均匀分布, 则 $E[\min\{X,Y\}]=$ (　　).

(A) $\dfrac{\theta}{2}$　　(B) θ　　(C) $\dfrac{\theta}{3}$　　(D) $\dfrac{\theta}{4}$

2. 设随机变量 X 的方差存在, 则 (　　).

(A) $(E(X))^2=E(X^2)$　　(B) $(E(X))^2\geqslant E(X^2)$

(C) $(E(X))^2>E(X^2)$　　(D) $(E(X))^2\leqslant E(X^2)$

3. 设随机变量 X 与 Y 独立同分布, 记 $U=X-Y, V=X+Y$, 则随机变量 U 与 V 必然 (　　).

(A) 不独立　　(B) 独立

(C) 相关系数不为零　　(D) 相关系数为零

4. 设随机变量 $X_1,X_2,\cdots,X_n(n\geqslant 1)$ 独立同分布, 且其方差为 $\sigma^2>0$, 令 $Y=\dfrac{1}{n}\sum\limits_{i=1}^{n}X_i$, 则 (　　).

(A) $\mathrm{Cov}(X_1,Y)=\dfrac{\sigma^2}{n}$　　(B) $\mathrm{Cov}(X_1,Y)=\sigma^2$

(C) $D(X_1+Y)=\dfrac{n+2}{n}\sigma^2$　　(D) $D(X_1-Y)=\dfrac{n+1}{n}\sigma^2$

5. 现有 10 张奖券, 其中 8 张为 2 元、2 张为 5 元, 今每人从中随机地无放回地抽取 3 张, 则此人抽得奖券的金额的数学期望 (　　).

(A) 6　　(B) 12　　(C) 7.8　　(D) 9

6. 随机变量 X,Y 均服从正态分布, 则 (　　).

(A) $X+Y$ 一定服从正态分布　　(B) X,Y 不相关与独立等价

(C) (X,Y) 一定服从正态分布　　(D) $(X,-Y)$ 未必服从正态分布

7. 设 X,Y 的相关系数 $\rho_{XY}=1$, 则 (　　).

(A) X 与 Y 相互独立

(B) X 与 Y 必不相关

(C) 存在常数 a,b 使 $P(Y=aX+b)=1$

(D) 存在常数 a,b 使 $P(Y=aX^2+b)=1$

8. 设 X 为连续型随机变量, 方差存在, 则对任意常数 C 和 $\varepsilon>0$, 必有 (　　).

(A) $P(|X-C|\geqslant\varepsilon)=\dfrac{E|X-C|}{\varepsilon}$

(B) $P(|X-C|\geqslant\varepsilon)\geqslant\dfrac{E|X-C|}{\varepsilon}$

(C) $P(|X-C|\geqslant\varepsilon)\leqslant\dfrac{E|X-C|}{\varepsilon}$

(D) $P(|X-C|\geqslant\varepsilon)\leqslant\dfrac{D(X)}{\varepsilon^2}$

三、计算题

1. 设随机变量 X 与 Y 相互独立且同分布, 且 X 的分布律为

X	1	2
p	$\frac{2}{3}$	$\frac{1}{3}$

令 $U=\max\{X,Y\}$, $V=\min\{X,Y\}$, 求: (1) (U,V) 的分布律; (2) $\mathrm{Cov}(U,V)$.

2. 设二维随机变量 (X,Y) 的分布律为

X	Y		
	-1	0	1
-1	a	0	0.2
0	0.1	b	0.2
1	0	0.1	c

其中 a, b, c 为常数, 且 $E(X)=-0.2$, $P\{Y\leqslant 0|X\leqslant 0\}=0.5$, 令 $Z=X+Y$. 求: (1) a, b, c 的值; (2) Z 的分布律; (3) $P\{X=Z\}$.

3. 假设随机变量 U 在区间 $[-2,2]$ 上服从均匀分布, 随机变量

$$X=\begin{cases}-1, & U\leqslant -1,\\ 1, & U>-1,\end{cases}\qquad Y=\begin{cases}-1, & U\leqslant 1\\ 1, & U>1\end{cases}$$

试求: (1) X 和 Y 的联合概率分布; (2) $D\,(X+Y)$.

4. 设随机变量 X 的概率密度为 $f(x)=\begin{cases}\dfrac{1}{2}\cos\dfrac{x}{2}, & 0\leqslant x\leqslant \pi,\\ 0, & \text{其他},\end{cases}$ 对 X 独立地重复观察 4 次, 用 Y 表示观察值大于 $\dfrac{\pi}{3}$ 的次数, 求 Y^2 的数学期望.

5. 设随机变量 X 的概率分布密度为 $f(x)=\frac{1}{2}\mathrm{e}^{-|x|}, -\infty<x<+\infty$.

(1) 求 X 的 $E(X)$ 和 $D(X)$;

(2) 求 X 与 $|X|$ 的协方差, 问 X 与 $|X|$ 是否不相关?

(3) 问 X 与 $|X|$ 是否相互独立? 为什么?

6. 设随机变量 X 和 Y 的联合概率分布为

(X,Y)	(0, 0)	(0, 1)	(1, 0)	(1, 1)	(2, 0)	(2, 1)
$P(X=x,Y=y)$	0.10	0.15	0.25	0.20	0.15	0.15

求 $E\left[\sin\frac{\pi(X+Y)}{2}\right]$.

7. 设二维随机变量 (X,Y) 的概率密度为

$$f(x,y)=\begin{cases}1, & |y|<x, \quad 0<x<1\\ 0, & \text{其他}\end{cases}$$

求 $EX, EY, E(XY), D(2X+1)$.

8. 假设随机变量 Y 服从参数为 $\lambda=1$ 的指数分布, 随机变量

$$X_k=\begin{cases}0, & Y\leqslant k,\\ 1, & Y>k,\end{cases}\quad k=1,2$$

求: (1) X_1, X_2 的联合分布;

(2) $E(X_1+X_2)$.

9. 设二维随机变量 (X,Y) 在矩形 $G=\{(x,y)|0\leqslant x\leqslant 2, 0\leqslant y\leqslant 1\}$ 上服从均匀分布, 记

$$U=\begin{cases}0, & X\leqslant Y,\\ 1, & X>Y;\end{cases}\quad V=\begin{cases}0, & X\leqslant 2Y\\ 1, & X>2Y\end{cases}$$

求: (1) U 和 V 的联合分布;

(2) U 和 V 的相关系数 ρ.

10. 设 X,Y 是两个相互独立的且均服从正态分布 $N\left(0,\frac{1}{2}\right)$ 的随机变量, 求 $E|X-Y|$ 与 $D|X-Y|$.

四、解答题

1. 设某产品每周需求量为 Q, Q 等可能地取 1, 2, 3, 4, 5. 生产每件产品的成本是 3 元, 每件产品的售价为 9 元, 没有售出的产品以每件 1 元的费用存入仓库. 问生产者每周生产多少件产品可使利润的期望最大?

2. 设某企业生产线上产品的合格率为 0.96, 不合格产品中只有 75%的产品可进行再加工, 且再加工的合格率为 0.8, 其余均为废品. 已知每件合格品可获利 80 元, 每件废品亏损 20 元, 为保证该企业每天平均利润不低于 2 万元, 问该企业每天至少应生产多少产品?

3. 设商店经销某种商品的每周需求量 X 服从区间 [10, 30] 上的均匀分布, 而进货量为区间 [10, 30] 中的某一个整数, 商店每售一单位商品可获利 500 元, 若供大于求, 则削价

处理, 每处理一单位商品亏损 100 元, 若供不应求, 则从外部调剂供应, 此时每售出一单位商品仅获利 300 元, 求此商店经销这种商品每周进货量为多少, 可使获利的期望不少于 9280 元.

4. 假设一部机器在一天内发生故障的概率为 0.2, 机器发生故障时全天停止工作. 若一周 5 个工作日里无故障, 可获利润 10 万元, 发生一次故障仍可获利润 5 万元; 发生二次故障所获利润 0 元; 发生三次或三次以上故障就要亏损 2 万元. 求一周内期望利润是多少?

5. 两台相互独立的自动记录仪, 每台无故障工作的时间服从参数为 5 的指数分布; 若先开动其中的一台, 当其发生故障时停用而另一台自行开动. 试求两台记录仪无故障工作的总时间 T 的概率密度 $f(t)$、数学期望和方差.

五、证明题

1. 某流水生产线上每个产品不合格的概率为 $p(0<p<1)$, 各产品合格与否相互独立, 当出现一个不合格产品时即停机检修. 设开机后第一次停机时已生产了的产品个数为 X, 证明:

(1) $E(X)=\dfrac{1}{p}$;

(2) $D(X)=\dfrac{1-p}{p^2}$.

2. 设随机变量 $X_{ij}(i,j=1,2,\cdots,n;n\geqslant 2)$ 独立同分布, 且 $E(X_{11})=2$, 令

$$Y=\begin{vmatrix} X_{11} & X_{12} & \cdots & X_{1n} \\ X_{21} & X_{22} & \cdots & X_{2n} \\ \vdots & \vdots & & \vdots \\ X_{n1} & X_{n2} & \cdots & X_{nn} \end{vmatrix}$$

证明: EY =0.

3. 设 X 与 Y 为具有二阶矩的随机变量, 且设 $Q(a,b)=E[Y-(a+bX)]^2$, 求 a,b 使 $Q(a,b)$ 达到最小值 $Q_{\min}$, 并证明 $Q_{\min}=DY(1-\rho_{XY}^2)$.

4. 设随机变量 X 与 Y 相互独立, 且都服从 $N(\mu,\sigma^2)$ 分布, 试证:

$$E\max(X,Y)=\mu+\frac{\sigma}{\pi},\quad E\min(X,Y)=\mu-\frac{\sigma}{\sqrt{\pi}}$$

5. 设 A,B 是两个随机事件, 随机变量

$$X=\begin{cases}1, & A\text{ 出现},\\ -1, & A\text{ 不出现};\end{cases}\qquad Y=\begin{cases}1, & B\text{ 出现}\\ -1, & B\text{ 不出现}\end{cases}$$

试证明随机变量 X 和 Y 不相关的充分必要条件是 A 与 B 相互独立.

第5章

大数定律与中心极限定理

我们知道, 随机事件在某次试验中可能发生也可能不发生, 但在大量的重复试验中随机事件的发生却呈现出明显的规律性, 例如人们通过大量的试验认识到随机事件的频率具有稳定性这一客观规律. 实际上, 大量随机现象的一般平均结果也具有稳定性, 大数定律以严格的数学形式阐述了这种稳定性, 揭示了随机现象的偶然性与必然性之间的内在联系.

客观世界中的许多随机现象都是由大量相互独立的随机因素综合作用的结果, 而其中每个随机因素在总的综合影响中所起作用相对微小. 可以证明, 这样的随机现象可以用正态分布近似描述, 中心极限定理阐述了这一原理.

5.1 大数定律

首先我们介绍证明大数定律的重要工具 —— **切比雪夫** (Chebyshev) **不等式**.

5.1.1 切比雪夫不等式

定理 5.1.1 设随机变量 X 的数学期望 $E(X)$ 和方差 $D(X)$ 都存在, 则对任意给定的正数 ε, 成立 $P\{|X-E(X)|\geqslant\varepsilon\}\leqslant\dfrac{D(X)}{\varepsilon^2}$. (切比雪夫不等式)

证明 只对 X 是连续型随机变量的情形给予证明.

设 X 的密度函数为 $f(x)$, 则有

$$\begin{aligned}P\{|X-E(X)|\geqslant\varepsilon\}&=\int_{|x-E(X)|\geqslant\varepsilon}f(x)\mathrm{d}x\leqslant\int_{|x-E(X)|\geqslant\varepsilon}\frac{[x-E(X)]^2}{\varepsilon^2}f(x)\mathrm{d}x\\&\leqslant\frac{1}{\varepsilon^2}\int_{-\infty}^{+\infty}[x-E(X)]^2f(x)\mathrm{d}x=\frac{D(X)}{\varepsilon^2}\end{aligned}$$

切比雪夫不等式等价形式为 $P\{|X-E(X)|<\varepsilon\}\geqslant1-\dfrac{D(X)}{\varepsilon^2}$.

切比雪夫不等式直观的概率意义在于: 随机变量 X 与它的均值 $E(X)$ 的距离大于等于 ε 的概率不超过 $\frac{1}{\varepsilon^2}D(X)$. 在随机变量 X 分布未知的情况下, 利用切比雪夫不等式可以给出随机事件 $\{|X-E(X)|<\varepsilon\}$ 的概率的一种估计. 例如当 $\varepsilon=3\sqrt{D(X)}$ 时, 有

$$P\left\{|X-E(X)|<3\sqrt{D(X)}\right\}\geqslant\frac{8}{9}=0.8889$$

也就是说, 随机变量 X 落在以 $E(X)$ 为中心, 以 $3\sqrt{D(X)}$ 为半径的邻域内的概率很大, 而落在该邻域之外的概率很小. 当 $\sqrt{D(X)}$ 较小时, 随机变量 X 的取值集中在 $E(X)$ 附近, 而这正是方差这个数字特征的意义所在.

例 5.1.1　已知随机变量 X 和 Y 的数学期望、方差以及相关系数分别为 $E(X)=E(Y)=2, D(X)=1, D(Y)=4, \rho_{X,Y}=0.5$, 用切比雪夫不等式估计概率 $P\{|X-Y|\geqslant 6\}$.

解　由于 $E(X-Y)=E(X)-E(Y)=0$, $\mathrm{Cov}(X,Y)=\rho_{X,Y}\sqrt{D(X)}\sqrt{D(Y)}=1$,

$$D(X-Y)=D(X)+D(Y)-2\mathrm{Cov}(X,Y)=5-2=3$$

由切比雪夫不等式, 有

$$\begin{aligned}P\{|X-Y|\geqslant 6\}&=P\{|(X-Y)-E(X-Y)|\geqslant 6\}\leqslant\frac{D(X-Y)}{6^2}\\&=\frac{3}{36}=\frac{1}{12}=0.0833.\end{aligned}$$

例 5.1.2　假设某电站供电网有 10000 盏电灯, 夜晚每一盏灯开灯的概率都是 0.7, 并且每一盏灯开、关时间彼此独立, 试用切比雪夫不等式估计夜晚同时开灯的盏数在 6800 至 7200 之间的概率.

解　令 X 表示夜晚同时开灯的盏数, 则 $X\sim B(n,p)$, $n=10000$, $p=0.7$, 所以

$$E(X)=np=7000,\quad D(X)=np(1-p)=2100$$

由切比雪夫不等式, 有 $P\{6800<X<7200\}=P\{|X-7000|<200\}\geqslant 1-\frac{2100}{200^2}=0.9475$

在例 5.1.2 中, 如果用二项分布直接计算, 这个概率近似为 0.99999. 可见切比雪夫不等式的估计精确度不高. 切比雪夫不等式的意义在于它的理论价值, 它是证明大数定律的重要工具.

5.1.2　依概率收敛

在微积分中, 收敛性及极限是一个基本而重要的概念, 数列 $\{a_n\}$ 收敛到 a 是指对任意 $\varepsilon>0$, 总存在正整数 N, 对任意的 $n>N$ 时, 恒有 $|a_n-a|<\varepsilon$.

在概率论中, 我们研究的对象是随机变量, 要考虑随机变量序列的收敛性. 如果我们以定义数列的极限完全相同的方式来定义随机变量序列的收敛性, 那么, 随机变量序列 $\{X_n\}$ 收敛到一个随机变量 X 是指对任意 $\varepsilon>0$, 总存在正整数 N, 对任意的 $n>N$ 时, 恒有 $|X_n-X|<\varepsilon$. 但由于 X_n, X 均为随机变量, 于是 $|X_n-X|$ 也是随机变量, 要求一个随机变量取值小于给定足够小的 ε 未免太苛刻了, 而且对概率论中问题的进一步研究

意义并不大. 为此, 我们需要对上述定义进行修正, 以适合随机变量本身的特性. 我们并不要求 $n>N$ 时, $|X_n-X|<\varepsilon$ 恒成立, 只要求 n 足够大时, 出现 $|X_n-X|>\varepsilon$ 的概率可以任意小. 于是有下列的定义.

定义 5.1.1 设 $X_1,X_2,\cdots,X_n,\cdots$ 是一个随机变量序列, X 是一个随机变量, 如果对于任意给定的正数 ε, 恒有 $\lim\limits_{n\to\infty}P\{|X_n-X|>\varepsilon\}=0$ 或 $\lim\limits_{n\to\infty}P\{|X_n-X|<\varepsilon\}=1$, 则称随机变量序列 $X_1,X_2,\cdots,X_n,\cdots$ **依概率收敛于** X, 记作 $X_n\xrightarrow{P}X$.

5.1.3 常用的大数定律

定义 5.1.2 设 $\{X_n\}$ 是一个随机变量序列, 有有限的数学期望 $E(X_n)$. 如果

$$\frac{1}{n}\sum_{i=1}^{n}X_i\xrightarrow{P}E\left(\frac{1}{n}\sum_{i=1}^{n}X_i\right)$$

即

$$\lim_{n\to\infty}P\left\{\left|\frac{1}{n}\sum_{k=1}^{n}X_k-\frac{1}{n}\sum_{k=1}^{n}E(X_k)\right|>\varepsilon\right\}=0$$

则称 $\{X_n\}$ 服从大数定律.

在第 1 章, 我们曾指出, 如果一个事件 A 的概率为 p, 那么大量重复试验中事件 A 发生的频率将逐渐稳定到 p, 这只是一种直观的说法. 下面的定理给出这一说法的严格数学表述.

定理 5.1.2 (伯努利大数定律) 设 n_A 是 n 重伯努利试验中事件 A 发生的次数, $p(0<p<1)$ 是事件 A 在一次试验中发生的概率, 则对任意给定的正数 ε, 有

$$\lim_{n\to\infty}P\left\{\left|\frac{n_A}{n}-p\right|<\varepsilon\right\}=1$$

证明 由于 n_A 是 n 重伯努利试验中事件 A 发生的次数, 所以 $n_A\sim B(n,p)$, 进而

$$E(n_A)=np,\quad D(n_A)=np(1-p)$$

$$E\left(\frac{n_A}{n}\right)=\frac{E(n_A)}{n}=p,\quad D\left(\frac{n_A}{n}\right)=\frac{D(n_A)}{n^2}=\frac{p(1-p)}{n}$$

根据切比雪夫不等式, 对任意给定的 $\varepsilon>0$, 有

$$P\left\{\left|\frac{n_A}{n}-E\left(\frac{n_A}{n}\right)\right|<\varepsilon\right\}\geqslant 1-\frac{D\left(\frac{n_A}{n}\right)}{\varepsilon^2}$$

即

$$1-\frac{p(1-p)}{n\varepsilon^2}\leqslant P\left\{\left|\frac{n_A}{n}-p\right|<\varepsilon\right\}\leqslant 1$$

令 $n\to\infty$, 则有 $\lim\limits_{n\to\infty}P\left\{\left|\frac{n_A}{n}-p\right|<\varepsilon\right\}=1$.

由伯努利大数定律可以看出, 当试验次数 n 充分大时, 事件 A 发生的频率 $\frac{n_A}{n}$ 与其概率 p 能任意接近的可能性很大 (概率趋近于 1), 这为实际应用中用频率近似代替概率提供了理论依据.

定理 5.1.3 (切比雪夫大数定律)　设 $X_1, X_2, \cdots, X_n, \cdots$ 是相互独立的随机变量序列, 其数学期望与方差都存在, 且方差一致有界, 即存在正数 M, 对任意 $k(k=1,2,\cdots)$, 有

$$D(X_k) \leqslant M$$

则对任意给定的正数 ε, 恒有 $\lim\limits_{n\to\infty} P\left\{\left|\frac{1}{n}\sum\limits_{k=1}^{n} X_k - \frac{1}{n}\sum\limits_{k=1}^{n} E(X_k)\right| < \varepsilon\right\} = 1$.

证明　因为

$$E\left(\frac{1}{n}\sum_{k=1}^{n} X_k\right) = \frac{1}{n}\sum_{k=1}^{n} E(X_k), \quad D\left(\frac{1}{n}\sum_{k=1}^{n} X_k\right) = \frac{1}{n^2}\sum_{k=1}^{n} D(X_k)$$

由切比雪夫不等式, 有

$$P\left\{\left|\frac{1}{n}\sum_{k=1}^{n} X_k - \frac{1}{n}\sum_{k=1}^{n} E(X_k)\right| < \varepsilon\right\} \geqslant 1 - \frac{\sum\limits_{k=1}^{n} D(X_k)}{n^2\varepsilon^2}$$

由于方差一致有界, 因此 $\sum\limits_{k=1}^{n} D(X_k) \leqslant nM$, 从而得

$$1 - \frac{M}{n\varepsilon^2} \leqslant P\left\{\left|\frac{1}{n}\sum_{k=1}^{n} X_k - \frac{1}{n}\sum_{k=1}^{n} E(X_k)\right| < \varepsilon\right\} \leqslant 1$$

令 $n \to \infty$, 则有

$$\lim_{n\to\infty} P\left\{\left|\frac{1}{n}\sum_{k=1}^{n} X_k - \frac{1}{n}\sum_{k=1}^{n} E(X_k)\right| < \varepsilon\right\} = 1$$

推论 5.1.1　设随机变量 $X_1, X_2, \cdots, X_n, \cdots$ 相互独立且服从相同的分布, 具有数学期望 $E(X_k) = \mu (k=1,2,\cdots)$ 和方差 $D(X_k) = \sigma^2 (k=1,2,\cdots)$, 则对任意给定的正数 ε, 有

$$\lim_{n\to\infty} P\left\{\left|\frac{1}{n}\sum_{k=1}^{n} X_k - \mu\right| < \varepsilon\right\} = 1$$

切比雪夫大数定律是 1866 年俄国数学家切比雪夫提出并证明的, 它是大数定律的一个相当普遍的结果, 而伯努利大数定律可以看成它的推论. 事实上, 在伯努利大数定律中, 令

$$X_k = \begin{cases} 1, & \text{在第 } k \text{ 次试验中事件 } A \text{ 发生}, \\ 0, & \text{在第 } k \text{ 次试验中事件 } A \text{ 不发生} \end{cases} \quad (k=1,2,\cdots)$$

则 $X_k \sim B(1,p)(k=1,2,\cdots)$, $\sum\limits_{k=1}^{n} X_k = n_A$, $\frac{1}{n}\sum\limits_{k=1}^{n} X_k = \frac{n_A}{n}$, $\frac{1}{n}\sum\limits_{k=1}^{n} E(X_k) = p$, 并且 $X_1, X_2, \cdots, X_n, \cdots$ 满足切比雪夫大数定律的条件, 于是由切比雪夫大数定律可证明伯努利大数定律.

以上两个大数定律都是以切比雪夫不等式为基础来证明的, 所以要求随机变量的方差存在. 但是进一步的研究表明, 方差存在这个条件并不是必要的. 下面介绍的辛钦大数定律就表明了这一点.

定理 5.1.4 (辛钦 (Khinchine) 大数定律) 设随机变量序列 $X_1, X_2, \cdots, X_n, \cdots$ 相互独立且服从相同的分布, 具有数学期望 $E(X_k)=\mu, k=1,2,\cdots$, 则对任意给定的正数 ε, 有

$$\lim_{n\to\infty} P\left\{\left|\frac{1}{n}\sum_{k=1}^{n} X_k-\mu\right|<\varepsilon\right\}=1$$

证明略.

使用依概率收敛的概念, 伯努利大数定律表明: n 重伯努利试验中事件 A 发生的频率依概率收敛于事件 A 发生的概率, 它以严格的数学形式阐述了频率具有稳定性的这一客观规律. 辛钦大数定律表明: n 个独立同分布的随机变量的算术平均值依概率收敛于随机变量的数学期望, 这为实际问题中算术平均值的应用提供了理论依据.

例 5.1.3 已知 $X_1, X_2, \cdots, X_n, \cdots$ 相互独立且都服从参数为 2 的指数分布, 求当 $n\to\infty$ 时, $Y_n=\frac{1}{n}\sum\limits_{k=1}^{n} X_k^2$ 依概率收敛的极限.

解 显然 $E(X_k)=\frac{1}{2}$, $D(X_k)=\frac{1}{4}$, 所以

$$E(X_k^2)=E^2(X_k)+D(X_k)=\frac{1}{4}+\frac{1}{4}=\frac{1}{2}, \quad k=1,2,\cdots$$

由辛钦大数定律, 有

$$Y_n=\frac{1}{n}\sum_{k=1}^{n} X_k^2 \xrightarrow{P} E(X_k^2)=\frac{1}{2}$$

最后需要指出的是: 不同的大数定律应满足的条件是不同的, 切比雪夫大数定律中虽然只要求 $X_1, X_2, \cdots, X_n, \cdots$ 相互独立而不要求具有相同的分布, 但对于方差的要求是一致有界的; 伯努利大数定律则要求 $X_1, X_2, \cdots, X_n, \cdots$ 不仅独立同分布, 而且要求同服从同参数的 0-1 分布; 辛钦大数定律并不要求 X_k 的方差存在, 但要求 $X_1, X_2, \cdots, X_n, \cdots$ 独立同分布. 各大数定律都要求 X_k 的数学期望存在, 如服从柯西 (Cauchy) 分布, 密度函数均为 $f(x)=\frac{1}{\pi(1+x^2)}$ 的相互独立随机变量序列, 由于数学期望不存在, 因而不满足大数定律.

练习 1

1. 设 $\{X_k\}$ 为相互独立的随机变量序列, 且

X_k	-2^k	0	$2k$
p	$\frac{1}{2^{2k+1}}$	$1-\frac{1}{2^{2k}}$	$\frac{1}{2^{2k+1}}$

$k=1,2,\cdots$

试证 $\{X_k\}$ 服从大数定律.

2. 设总体 X 服从参数为 2 的指数分布, $X_1, X_2, \cdots, X_n$ 为来自总体 X 的简单随机样本, 则当 $n\to\infty$ 时, $Y_n=\frac{1}{n}\sum\limits_{i=1}^{n} X_i^2$ 依概率收敛于 ________.

3. 设 $\{X_k\}$ 为相互独立且同分布的随机变量序列, 并且 X_k 的概率分布为

$$P\left(X_k=2^{i-2\ln i}\right)=2^{-i}, \quad i=1,2,\cdots$$

试证 $\{X_i\}$ 服从大数定律.

4. 设 $X_1, X_2, \cdots, X_n, \cdots$ 相互独立同分布, 且 $E(X_n)=0$, 则 $\lim\limits_{n\to\infty} P\left(\sum\limits_{i=1}^{n} X_i < n\right) =$ ________.

5. 设 $X_1, X_2, \cdots, X_n, \cdots$ 是相互独立的随机变量序列, X_n 服从参数为 n 的指数分布 $(n=1,2,\cdots)$, 则下列中不服从切比雪夫大数定律的随机变量序列是

(A) $X_1, X_2, \cdots, X_n, \cdots$　　(B) $X_1, 2^2X_2, \cdots, n^2X_n, \cdots$

(C) $X_1, X_2/2, \cdots, X_n/n, \cdots$　　(D) $X_1, 2X_2, \cdots, nX_n, \cdots$

5.2 中心极限定理

在客观实际中有许多随机变量, 它们是由大量的相互独立的随机因素的综合影响所形成的. 而其中每一个因素在总的影响中所起的作用都是微不足道的. 经过长期实践和研究, 人们发现这种随机变量往往近似地服从正态分布.

定义 5.2.1　对独立随机变量序列 $\{X_n\}$, 如果 $E(X_n)$, $D(X_n)$ 均有限, 且 $D(X_n)>0$,

$$\lim_{n\to\infty} P\left\{\frac{\sum\limits_{k=1}^{n} X_k - \sum\limits_{k=1}^{n} E(X_k)}{\sqrt{D\left(\sum\limits_{k=1}^{n} X_k\right)}} \leqslant x\right\} = \frac{1}{\sqrt{2\pi}}\int_{-\infty}^{x} \mathrm{e}^{-\frac{t^2}{2}}\mathrm{d}t = \varPhi(x)$$

成立, 则称 $\{X_n\}$ 服从中心极限定理.

定理 5.2.1 (列维–林德伯格 (Levy-Lindeberg) 定理 (独立同分布的中心极限定理)) 设随机变量 $X_1, X_2, \cdots, X_n, \cdots$ 相互独立且服从相同的分布, 具有数学期望 $E(X_k)=\mu$ 和方差 $D(X_k)=\sigma^2>0$ $(k=1,2,\cdots)$, 则对任意实数 x, 有

$$\lim_{n\to\infty} P\left\{\frac{\sum\limits_{k=1}^{n} X_k - n\mu}{\sqrt{n}\sigma} \leqslant x\right\} = \frac{1}{\sqrt{2\pi}}\int_{-\infty}^{x} \mathrm{e}^{-\frac{t^2}{2}}\mathrm{d}t = \varPhi(x)$$

证明略.

独立同分布的中心极限定理表明: 只要相互独立的随机变量序列 $X_1, X_2, \cdots, X_n, \cdots$ 服从相同的分布, 数学期望和方差 (非零) 存在, 则 $n\to\infty$ 时, 随机变量 $Y_n = \dfrac{\sum\limits_{k=1}^{n} X_k - n\mu}{\sqrt{n}\sigma}$ 总以标准正态分布为极限分布, 或者说, 随机变量 $\sum\limits_{k=1}^{n} X_k$ 以 $N(n\mu, n\sigma^2)$ 为其极限分布. 在实际应用中, 只要 n 足够大, 便可以近似地把 n 个独立同分布的随机变量之和当作正态

随机变量来处理, 即 $\sum\limits_{k=1}^{n} X_k$ 近似服从 $N(n\mu, n\sigma^2)$ 或 $Y_n = \dfrac{\sum\limits_{i=1}^{n} X_i - n\mu}{\sqrt{n}\sigma}$ 近似服从 $N(0,1)$.

下面的定理是独立同分布的中心极限定理的一种特殊情况.

定理 5.2.2 (棣莫弗–拉普拉斯 (De Moivre-Laplace) 中心极限定理) 设随机变量 Y_n 服从参数为 $n, p(0<p<1)$ 的二项分布, 则对任意实数 x, 恒有

$$\lim_{n\to\infty} P\left\{\frac{Y_n - np}{\sqrt{np(1-p)}} \leqslant x\right\} = \frac{1}{\sqrt{2\pi}}\int_{-\infty}^{x} \mathrm{e}^{-\frac{t^2}{2}}\mathrm{d}t = \varPhi(x)$$

证明 设随机变量 $X_1, X_2, \cdots, X_n, \cdots$ 相互独立, 且都服从 $B(1,p)(0<p<1)$, 则由二项分布的可加性, 知 $Y_n = \sum\limits_{k=1}^{n} X_k$. 由于

$$E(X_k) = p, \quad D(X_k) = p(1-p), \quad k = 1, 2, \cdots$$

根据独立同分布的中心极限定理可知, 对任意实数 x, 恒有

$$\lim_{n\to\infty} P\left\{\frac{\sum\limits_{k=1}^{n} X_k - np}{\sqrt{np(1-p)}} \leqslant x\right\} = \frac{1}{\sqrt{2\pi}}\int_{-\infty}^{x} \mathrm{e}^{-\frac{t^2}{2}}\mathrm{d}t = \varPhi(x)$$

亦即

$$\lim_{n\to\infty} P\left\{\frac{Y_n - np}{\sqrt{np(1-p)}} \leqslant x\right\} = \frac{1}{\sqrt{2\pi}}\int_{-\infty}^{x} \mathrm{e}^{-\frac{t^2}{2}}\mathrm{d}t = \varPhi(x)$$

当 n 充分大时, 可以利用该定理近似计算二项分布的概率.

例 5.2.1 某射击运动员在一次射击中所得的环数 X 具有如下的概率分布:

X	10	9	8	7	6
p	0.5	0.3	0.1	0.05	0.05

求在 100 次独立射击中所得环数不超过 930 的概率.

解 设 X_i 表示第 $i(i=1,2,\cdots,100)$ 次射击的得分数, 则 $X_1, X_2, \cdots, X_{100}$ 相互独立并且都与 X 的分布相同, 计算可知

$$E(X_i) = 9.15, \quad D(X_i) = 1.2275, \quad i = 1, 2, \cdots, 100$$

于是由独立同分布的中心极限定理, 所求概率为

$$\begin{aligned} p &= P\left\{\sum_{i=1}^{100} X_i \leqslant 930\right\} \\ &= P\left\{\frac{\sum\limits_{i=1}^{100} X_i - 100\times 9.15}{\sqrt{100\times 1.2275}} \leqslant \frac{930 - 100\times 9.15}{\sqrt{100\times 1.2275}}\right\} \approx \varPhi(1.35) = 0.9115 \end{aligned}$$

例 5.2.2　某车间有 150 台同类型的机器, 每台出现故障的概率都是 0.02, 假设各台机器的工作状态相互独立, 求机器出现故障的台数不少于 2 的概率.

解　以 X 表示机器出现故障的台数, 依题意, $X \sim B(150, 0.02)$, 且

$$E(X)=3,\quad D(X)=2.94,\quad \sqrt{D(X)}=1.715$$

由棣莫弗–拉普拉斯中心极限定理, 有

$$P\{X \geqslant 2\}=1-P\{X \leqslant 1\}=1-P\left\{\frac{X-3}{1.715} \leqslant \frac{1-3}{1.715}\right\} \approx 1-\Phi(-1.1661)=0.879$$

例 5.2.3　一生产线生产的产品成箱包装, 每箱的重量是一个随机变量, 平均每箱重 50kg, 标准差 5kg. 若用最大载重量为 5t 的卡车承运, 利用中心极限定理说明每辆车最多可装多少箱, 才能保证不超载的概率大于 0.977?

解　设每辆车最多可装 n 箱, 记 $X_i(i=1,2,\cdots,n)$ 为装运的第 i 箱的重量 (单位：kg), 则 $X_1, X_2, \cdots, X_n$ 相互独立且分布相同, 且 $E(X_i)=50$, $D(X_i)=25$, $i=1,2,\cdots,n$, 于是 n 箱的总重量为 $T_n=X_1+X_2+\cdots+X_n$, 由独立同分布的中心极限定理, 有

$$P\{T_n \leqslant 5000\}=P\left\{\frac{\sum\limits_{i=1}^{n} X_i-50n}{\sqrt{25n}} \leqslant \frac{5000-50n}{\sqrt{25n}}\right\} \approx \Phi\left(\frac{5000-50n}{\sqrt{25n}}\right)$$

由题意, 令

$$\Phi\left(\frac{5000-50n}{\sqrt{25n}}\right)>0.977=\Phi(2)$$

则有 $\dfrac{5000-50n}{\sqrt{25n}}>2$, 解得 $n<98.02$, 即每辆车最多可装 98 箱.

第 2 章的泊松定理告诉我们: 在实际应用中, 当 n 较大 p 相对较小而 np 比较适中 $(n \geqslant 100, np \leqslant 10)$ 时, 二项分布 $B(n,p)$ 就可以用泊松分布 $P(\lambda)(\lambda=np)$ 来近似代替; 而棣莫弗–拉普拉斯中心极限定理告诉我们：只要 n 充分大, 二项分布 $B(n,p)$ 就可以用正态分布近似计算, 一般的计算方法是:

(1) 对 $k=0,1,\cdots,n$,

$$P\{X=k\}=P\{k-0.5<k \leqslant k+0.5\} \approx \Phi\left(\frac{k+0.5-np}{\sqrt{np(1-p)}}\right)-\Phi\left(\frac{k-0.5-np}{\sqrt{np(1-p)}}\right)$$

(2) 对非负整数 $k_1, k_2, 0 \leqslant k_1<k_2 \leqslant n$,

$$P\{k_1<X \leqslant k_2\} \approx \Phi\left(\frac{k_2-np}{\sqrt{np(1-p)}}\right)-\Phi\left(\frac{k_1-np}{\sqrt{np(1-p)}}\right)$$

***李雅普诺夫**(Liapunov)**定理**　设 $X_1, X_2, \cdots, X_n, \cdots$ 相互独立, 且具有数学期望

$E(X_k) = \mu_k$ 和方差 $D(X_k) = \sigma_k^2 \neq 0(k = 1,2,\cdots)$, 记 $B_n^2 = \sum\limits_{k=1}^{n} \sigma_k^2$, 若存在正数 δ, 使得 $n \to \infty$ 时, $\dfrac{1}{B_n^{2+\delta}} \sum\limits_{k=1}^{n} E(|X_k - \mu_k|^{2+\delta}) \to 0$, 则随机变量

$$Z_n = \frac{\sum\limits_{k=1}^{n} X_k - E\left(\sum\limits_{k=1}^{n} X_k\right)}{\sqrt{D}\left(\sum\limits_{k=1}^{n} X_k\right)} = \frac{\sum\limits_{k=1}^{n} X_k - \sum\limits_{k=1}^{n} \mu_k}{B_n}$$

的分布函数 $F_n(x)$ 对于任意实数 x, 恒有

$$\lim_{n\to\infty} F_n(x) = \lim_{n\to\infty} P\left\{\frac{\sum\limits_{k=1}^{n} X_k - \sum\limits_{k=1}^{n} \mu_k}{B_n} \leqslant x\right\} = \frac{1}{\sqrt{2\pi}}\int_{-\infty}^{x} \mathrm{e}^{-\frac{t^2}{2}}\mathrm{d}t = \varPhi(x)$$

证明略.

在李雅普诺夫定理的条件下, 当 n 充分大时, 随机变量 $Z_n = \dfrac{\sum\limits_{k=1}^{n} X_k - \sum\limits_{k=1}^{n} \mu_k}{B_n}$ 近似服从标准正态分布 $N(0,1)$. 因此, 当 n 充分大时, 随机变量 $\sum\limits_{k=1}^{n} X_k = B_n Z_n + \sum\limits_{k=1}^{n} \mu_k$ 近似服从正态分布 $N\left(\sum\limits_{k=1}^{n} \mu_k, B_n^2\right)$. 这就是说, 无论随机变量 $X_k(k = 1,2,\cdots)$ 服从什么分布, 只要满足李雅普诺夫定理的条件, 当 n 充分大时, 这些随机变量的和 $\sum\limits_{k=1}^{n} X_k$ 就近似服从正态分布. 在许多实际问题中, 所考察的随机变量往往可以表示成很多个独立的随机变量的和. 例如, 一个试验中的测量误差是由许多观察不到的、可加的微小误差合成的; 一个城市的用水量是大量用户用水量的总和, 等等, 它们都近似服从正态分布.

练习 2

1. 某车间有 200 台车床, 在生产时间内由于需要检修、调换刀具、变换位置、调换工件等常需停车. 设开工率为 0.6, 并设每台车床的工作是独立的, 且在开工时需电力 1kW, 问至少供应该车间多少电力, 才能以 99.9%的概率保证该车间不会因供电不足而影响生产.

2. 历史上皮尔逊曾进行过掷硬币的试验, 当年皮尔逊掷硬币 12000 次, 正面出现 6019 次. 现在如果我们重复皮尔逊的试验, 求正面出现的频率与概率之差的绝对值不大于皮尔逊试验中所发生的偏差的概率.

3. 设随机变量 $X_1, X_2, \cdots, X_n$ 相互独立, $S_n = X_1 + X_2 + \cdots + X_n$, 则根据列维–林德伯格中心极限定理, S_n 近似服从正态分布, 只要 $X_1, X_2, \cdots, X_n$(　　).

(A) 有相同的数学期望　　(B) 有相同的方差

(C) 服从同一指数分布　　(D) 服从同一离散型分布

4. 某厂有 400 台同型机器, 各台机器发生故障的概率均为 0, 02, 假如各台机器相互独立工作, 试求机器出现故障的台数不少于 2 台的概率.

5. 某人要测量 A, B 两地之间的距离, 限于测量工具, 将其分成 1200 段进行测量, 设每段测量误差 (单位: km) 相互独立, 且均服从 $(-0.5, 0.5)$ 上的均匀分布. 试求总距离测量误差的绝对值不超过 20km 的概率.

6. 设 $X_1, X_2, \cdots, X_n, \cdots$ 是相互独立的随机变量序列, 在下面条件下, $X_1^2, X_2^2, \cdots, X_n^2, \cdots$ 满足列维-林德伯格中心极限定理的是 (　　).

(A) $P\{X_i = m\} = p^m q^{1-m}, m = 0, 1$

(B) $P\{X_i \leqslant x\} = \displaystyle\int_{-\infty}^{x} \frac{1}{\pi(1+i^2)} \mathrm{d}t$

(C) $P(|X_i| = m) = \dfrac{c}{m^2}, m = 1, 2, \cdots$, 常数 $c = \left(\displaystyle\sum_{m=1}^{\infty} \frac{2}{m^2}\right)^{-1} = \dfrac{3}{\pi^2}$

(D) X_i 服从参数为 i 的指数分布

 习题 5

1. 已知 $E(X) = 1, D(X) = 4$, 利用切比雪夫不等式估计概率 $P\{|X-1| < 2.5\}$.

2. 设随机变量 X 的数学期望 $E(X) = \mu$, 方差 $D(X) = \sigma^2$, 利用切比雪夫不等式估计 $P\{|X-\mu| \geqslant 3\sigma\}$.

3. 随机地掷 6 颗骰子, 利用切比雪夫不等式估计 6 颗骰子出现点数之和为 $15 \sim 27$ 的概率.

4. 对敌阵地进行 1000 次炮击, 每次炮击中, 炮弹的命中颗数的期望为 0.4, 方差为 3.6, 求在 1000 次炮击中, 有 380 颗到 420 颗炮弹击中目标的概率.

5. 一盒同型号螺丝钉共有 100 个, 已知该型号的螺丝钉的重量是一个随机变量, 期望值是 100g, 标准差是 10g. 求一盒螺丝钉的重量超过 10.2kg 的概率.

6. 用电子计算机做加法时, 对每个加数依四舍五入原则取整, 设所有取整的舍入误差是相互独立的, 且均服从 $[-0.5, 0.5]$ 上的均匀分布.

(1) 若有 1200 个数相加, 则其误差总和的绝对值超过 15 的概率是多少?

(2) 最多可有多少个数相加, 使得误差总和的绝对值小于 10 的概率达到 90% 以上.

7. 在人寿保险公司有 3000 个同一年龄的人参加人寿保险, 在 1 年中, 每人的死亡率为 0.1%, 参加保险的人在 1 年第 1 天交付保险费 10 元, 死亡时家属可以从保险公司领取 2000 元, 求保险公司在一年的这项保险中亏本的概率.

8. 假设 $X_1, X_2, \cdots, X_n$ 是独立同分布的随机变量, 已知 $E(X_i^k) = \alpha_k\ (k = 1, 2, 3, 4; i = 1, 2, \cdots, n)$. 证明: 当 n 充分大时, 随机变量 $Z_n = \dfrac{1}{n}\displaystyle\sum_{i=1}^{n} X_i^2$ 近似服从正态分布.

9. 某保险公司多年的统计资料表明: 在索赔户中被盗索赔户占 20%, 以 X 表示在随机抽查的 100 个索赔户中因被盗向保险公司索赔的户数.

(1) 写出 X 的概率分布;

(2) 利用棣莫弗–拉普拉斯中心极限定理, 求: 被盗索赔户不少于 14 户, 且不多于 30 户的概率.

10. 某厂生产的产品次品率为 $p = 0.1$, 为了确保销售, 该厂向顾客承诺每盒中有 100 只以上正品的概率达到 95%, 问: 该厂需要在一盒中装多少只产品?

11. 某电站供应一万户用电, 设用电高峰时, 每户用电的概率为 0.9, 利用中心极限定理:

(1) 计算同时用电户数在 9030 户以上的概率?

(2) 若每户用电 200 瓦, 问: 电站至少应具有多大发电量, 才能以 0.95 的概率保证供电?

第 6 章 随机过程

引言

自然界变化的过程通常可以分为两大类, **确定过程和随机过程**. 如果每次试验 (观测) 所得到的观测过程都相同, 且都是时间 t 的一个确定函数, 具有确定的变化规律, 那么这样的过程就是**确定过程**. 反之, 如果每次试验 (观测) 所得到的观测过程都不相同, 是时间 t 的不同函数, 试验 (观测) 前又不能预知这次试验 (观测) 会出现什么结果, 没有确定的变化规律, 这样的过程称为**随机过程**.

对连续时间的随机过程进行抽样得到的序列称为离散时间随机过程, 或简称为随机序列, 连续时间随机过程和离散时间随机过程我们都称为随机过程, 连续时间随机过程用 $X(t)$ 表示, 离散时间随机过程用 $X(n)$ 表示.

6.1 随机过程的基本概念

6.1.1 随机过程

定义 6.1.1 设 (Ω,F,P) 是一个概率空间, T 是一个实的参数集, $X(\omega,t)$ 是定义在 Ω 和 T 上的二元函数. 如果对于任意固定的 $t\in T, X(\omega,t)$ 是 (Ω,F,P) 上的随机变量, 则称 $\{X(\omega,t),\omega\in\Omega,t\in T\}$ 为该概率空间上的**随机过程**, 简记为$\{X(t),t\in T\}$.

易见, 对固定 $t=t_0\in T, X(t_0)$ 是一个随机变量.

例 6.1.1 抛掷一枚硬币, 样本空间为 $S=\{H,T\}$ 定义:

$$X(t)=\begin{cases}\cos\pi t, & \text{当出现 } H \text{ 时},\\ 2t, & \text{当出现 } T \text{ 时},\end{cases}\qquad t\in(-\infty,+\infty)$$

其中 $P\{H\}=P\{T\}=\dfrac{1}{2}$, 则 $\{X(t),t\in(-\infty,+\infty)\}$ 是一随机过程.

定义 6.1.2 设 $\{X(t),t\in T\}$ 是随机过程, 则当 t 固定时 $X(t)$ 是一个随机变量, 称之为$\{X(t),t\in T\}$在 t 时刻的状态. 随机变量 $X(t)$(t 固定, $t\in T$) 所有可能的取值构成的集合, 称为随机过程的状态空间, 记为 S.

定义 6.1.3 设$\{X(t),t\in T\}$是随机过程, 则当 $\omega\in\Omega$ 固定时, $X(t)$ 是定义在 T 上不具有随机性的普通函数, 记为 $x(t)$, 称为随机过程的一个样本函数, 其图像称为随机过程的一条**样本曲线**(**轨道或实现**).

随机过程的两种描述方法: 用映射表示 X_T, $X(t,\omega)$: $T\times\Omega\to\mathbf{R}$, 即 $X(\cdot,\cdot)$ 是一定义在 $T\times\Omega$ 上的二元单值函数, 固定 $t\in T, X(t,\cdot)$ 是一定义在样本空间 Ω 上的函数, 即为一随机变量; 对于固定的 $\omega_0\in\Omega$, $X(t,\omega_0)$ 是一个关于参数 $t\in T$ 的函数, 通常称为样本函数, 或称随机过程的一次实现. 记号 $X(t,\omega)$ 有时记为 $X_t(\omega)$ 或简记为 $X(t)$. 参数 T 一般表示时间或空间. 参数常用的一般有:

(1) $T=N_0=\{0,1,2,\cdots\}$, 此时称之为随机序列或时间序列随机序列, 写为 $\{X(n),n\geqslant 0\}$ 或 $\{X_n,n=0,1,\cdots\}$.

(2) $T=\{0,\pm1,\pm2,\cdots\}$.

(3) $T=[a,b]$, 其中 a 可以取 0 或 $-\infty$, b 可以取 $+\infty$.

当参数取可列集时, 一般称随机过程为随机序列. 随机过程 $\{X(t),\ t\in T\}$ 可能取值的全体所构成的集合称为此随机过程的状态空间, 记作 S. S 中的元素称为状态. 状态空间可以由复数、实数或更一般的抽象空间构成.

6.1.2 随机过程的分类

随机过程可以根据参数集 T 和状态空间 S 是离散集还是连续集分为四大类.

1. 离散参数、离散状态的随机过程

这类过程的特点是参数集是离散的, 对于固定的 $t\in T, X(t)$ 是离散型随机变量, 即其取值也是离散的.

2. 离散参数、连续状态的随机过程

这类过程的特点是参数集是离散的, 对于固定的 $t\in T, X(t)$ 是连续型随机变量.

3. 连续参数、离散状态的随机过程

这类过程的特点是参数集是连续的, 而对于固定的 $t\in T, X(t)$ 是随机型离散变量.

4. 连续参数、连续状态的随机过程

这类过程的特点是参数集是连续的, 而对于固定的 $t\in T, X(t)$ 是连续型随机变量.

6.1.3 随机过程的有限维分布函数族

定义 6.1.4 设 $\{X(t),t\in T\}$ 是一随机过程, 对于任意固定的 $t\in T, X(t)$ 是一随机变量, 称 $F(t;x)=P(X(t)\leqslant x), x\in\mathbf{R}, t\in T$ 为随机过程 $\{X(t),t\in T\}$ 的**一维分布函数**; 对于任意固定的 $t_1,t_2\in T, X(t_1),X(t_2)$ 是两个随机变量, 称

$$F(t_1,t_2;x_1,x_2)$$

$$= P(X(t_1) \leqslant x_1, X(t_2) \leqslant x_2), \quad x_1, x_2 \in \mathbf{R}, t_1, t_2 \in T$$

为随机过程 $\{X(t), t \in T\}$ 的**二维分布函数**; 一般地, 对于任意固定的 $t_1, t_2, \cdots, t_n \in T, X(t_1), X(t_2), \cdots, X(t_n)$ 是 n 个随机变量, 称

$$\begin{aligned}&F(t_1, t_2, \cdots, t_n; x_1, x_2, \cdots, x_n)\\&= P(X(t_1) \leqslant x_1, X(t_2) \leqslant x_2, \cdots, X(t_n) \leqslant x_n), \quad x_i \in \mathbf{R}, \quad t_i \in T, i = 1, 2, \cdots, n\end{aligned}$$

为随机过程 $\{X(t), t \in T\}$ 的 **n维分布函数.**

定义 6.1.5 设 $\{X(t), t \in T\}$ 是一随机过程, 其一维分布函数, 二维分布函数, $\cdots$, n 维分布函数的全体

$$F = \{F(t_1, t_2, \cdots, t_n; x_1, x_2, \cdots, x_n), x_i \in \mathbf{R}, t_i \in T, i = 1, 2, \cdots, n, n \in \mathbf{N}\}$$

称为随机过程 $\{X(t), t \in T\}$ 的**有限维分布函数族**.

容易看出, 随机过程的有限分布函数族具有对称性和相容性.

定义 6.1.6 设 $\{X(t), t \in T\}$ 是一个随机过程, 对于任意固定的 $t_1, t_2, \cdots, t_n \in T, X(t_1), X(t_2), \cdots, X(t_n)$ 是 n 个随机变量, 称

$$\begin{aligned}&\varphi(t_1, t_2, \cdots, t_n, u_1, u_2, \cdots, u_n)\\&= E\exp[i(u_1 X(t_1) + u_2 X(t_2) + \cdots + u_n X(t_n))]\\&= \int_{-\infty}^{+\infty} \cdots \int_{-\infty}^{+\infty} \exp[i(u_1 x_1 + u_2 x_2 + \cdots\\&\quad + u_n x_n)] \mathrm{d}F(t_1, t_2, \cdots, t_n; x_1, x_2, \cdots, x_n)\\&u_i \in \mathbf{R}, \quad t_i \in T, \quad i = 1, 2, \cdots, n, \quad \mathrm{i} = \sqrt{-1}\end{aligned}$$

为随机过程 $\{X(t), t \in T\}$ 的 **n维特征函数**.

称 $\Phi = \{\varphi(t_1, t_2, \cdots, t_n; u_1, u_2, \cdots, u_n), u_i \in \mathbf{R}, t_i \in T, i = 1, 2, \cdots, n, n \in \mathbf{N}\}$ 为随机过程 $\{X(t), t \in T\}$ 的**有限维特征函数族**.

注 1 随机过程的统计特性完全由它的有限维分布族决定.

注 2 有限维分布族与有限维特征函数族相互唯一确定.

定理 6.1.1 (柯尔莫哥洛夫存在性定理) 设分布函数族 $\{F_{t_1, \cdots, t_n}(x_1, \cdots, x_n), t_1, \cdots, t_n \in T, n \geqslant 1\}$ 满足以上提到的对称性和相容性, 则必有一随机过程 $\{X(t),\ t \in T\}$, 使 $\{F_{t_1, \cdots, t_n}(x_1, \cdots, x_n), t_1, \cdots, t_n \in T, n \geqslant 1\}$ 恰好是 $\{X(t),\ t \in T\}$ 的有限维分布族, 即

$$F_{t_1, \cdots, t_n}(x_1, \cdots, x_n) = P\{X(t_1) \leqslant x_1, \cdots, X(t_n) \leqslant x_n\}.$$

定理说明: $\{X(t),\ t \in T\}$ 的有限维分布族包含了 $\{X(t),\ t \in T\}$ 的所有概率信息.

柯尔莫哥洛夫定理说明, 随机过程的有限维分布族是随机过程概率特征的完整描述, 但在实际问题中, 要知道随机过程的全部有限维分布族是不可能的. 因此, 人们想到了用随机过程的某些特征来刻画随机过程的概率特征.

6.1.4 随机过程的数字特征

随机变量的主要数字特征是数学期望、方差、协方差等.

(1) 设 $\{X(t), t \in T\}$ 是一随机过程, $\forall t \in T, X(t)$ 是一个随机变量, 如果 $E[X(t)]$ 存在, 记为 $m_X(t)$, 则称 $m_X(t), t \in T$ 为 $\{X(t), t \in T\}$ 的**均值函数**.

(2) 设 $\{X(t), t \in T\}$ 是一随机过程, $\forall t \in T, X(t)$ 是一随机变量, 如果 $X(t)$ 的方差 $D[X(t)]$ 存在, 记为 $D_X(t)$, 则称 $D_X(t), t \in T$ 为 $\{X(t), t \in T\}$ 的**方差函数**.

(3) 设 $\{X(t), t \in T\}$ 是一随机过程, $\forall s, t \in T, X(s), X(t)$ 是两个随机变量, 如果 $\mathrm{Cov}(X(s), X(t))$ 存在, 记为 $C_X(s,t)$, 则称 $C_X(s,t), s,t \in T$ 为 $\{X(t), t \in T\}$ 的**协方差函数**.

(4) 设 $\{X(t), t \in T\}$ 是一随机过程, $\forall s, t \in T, X(s), X(t)$ 是两个随机变量, 如果 $E[X(s)X(t)]$ 存在, 记为 $R_X(s,t)$, 则称 $R_X(s,t)$, $s,t \in T$ 为 $\{X(t), t \in T\}$ 的**相关函数**.

(5) 设 $\{X(t), t \in T\}$ 是一随机过程, $\forall t \in T, X(t)$ 是一随机变量, 如果 $E[X(t)]^2$ 存在, 记为 $\Phi_X(t)$, 则称 $\Phi_X(t)$, $t \in T$ 为 $\{X(t), t \in T\}$ 的**均方值函数**.

练习 1

1. 一个随机过程 $\{X(t),\ t \in T\}$ 的有限维分布族, 是否描述了该过程的全部概率特性?

2. 袋中有一个白球, 两个红球, 每隔单位时间从袋中任取一球后放回, 对每一个确定的 t 对应随机变量

$$X(t) = \begin{cases} \dfrac{t}{3}, & \text{如果 } t \text{ 时取得红球} \\ \mathrm{e}^t, & \text{如果 } t \text{ 时取得白球} \end{cases}$$

试求这个随机过程的一维分布函数族.

3. 利用抛掷硬币的试验定义一个随机过程.

$$X(t) = \begin{cases} \cos \pi t, & \text{出现正面}, \\ 2t, & \text{出现反面}, \end{cases} \quad t \in \mathbf{R}$$

设出现正面反面的概率是相同的. (1) 写出 $X(t)$ 的所有样本函数 (实现); (2) 写出 $X(t)$ 的一维分布函数 $F_1\left(x, \dfrac{1}{2}\right)$ 和 $F_1(x;1)$.

6.2 泊松过程

6.2.1 泊松过程的定义

定义 6.2.1 称随机过程 $\{N(t), t \geqslant 0\}$ 为**计数过程**, 若 $N(t)$ 表示到时刻 t 为止已发生的事件 A 的总数, 且 $N(t)$ 满足下列条件:

(1) $N(t) \geqslant 0$;

(2) $N(t)$ 取整数值;

(3) 若 $s<t$, 则 $N(s)\leqslant N(t)$;

(4) 当 $s<t$ 时, $N(t)-N(s)$ 等于区间 $(s,t]$ 中发生的事件 A 的次数.

如果计数过程 $N(t)$ 在不相重叠的时间间隔内, 事件 A 发生的次数是相互独立的, 即若 $t_1<t_2\leqslant t_3<t_4$, 则在 $(t_1,t_2]$ 内事件 A 发生的次数 $N(t_2)-N(t_1)$ 与在 $(t_3,t_4]$ 内事件 A 发生的次数 $N(t_4)-N(t_3)$ 相互独立, 此时计数过程 $N(t)$ 是**独立增量过程**.

若计数过程 $N(t)$ 在 $(t,t+s]$ 内 $(s>0)$, 事件 A 发生的次数 $N(t+s)-N(t)$ 仅与时间差 s 有关, 而与 t 无关, 则计数过程 $N(t)$ 是**平稳增量过程**.

泊松过程是计数过程的最重要的类型之一, 其定义如下.

定义 6.2.2 称计数过程 $\{X(t),t\geqslant 0\}$ 为具有参数 $\lambda>0$ 的**泊松过程**, 若它满足下列条件:

(1) $X(0)=0$;

(2) $X(t)$ 是独立增量过程;

(3) 在任一长度为 t 的区间中, 事件 A 发生的次数服从 $\lambda>0$ 的泊松分布, 即对任意 $s,t\geqslant 0$ 有

$$P\{X(t+s)-X(s)=n\}=\mathrm{e}^{-\lambda t}\frac{(\lambda t)^n}{n!},\quad n=0,1,2,\cdots \tag{6.2.1}$$

从条件 (3) 知泊松过程是平稳增量过程且 $E[X(t)]=\lambda t$, $\lambda=\dfrac{E[X(t)]}{t}$ 表示单位时间内事件 A 发生的平均次数, 故称 $\lambda>0$ 为**此过程的速率或强度**.

条件 (3) 的检测是非常困难的, 为此给出泊松过程的另一个定义.

定义 6.2.3 称计数过程 $\{X(t),t\geqslant 0\}$ 为具有参数 $\lambda>0$ 的**泊松过程**, 若它满足下列条件:

(1) $X(0)=0$;

(2) $X(t)$ 是独立平稳增量过程;

(3) $X(t)$ 满足下列两式:

$$P\{X(t+h)-X(t)=1\}=\lambda h+o(h)$$

$$P\{X(t+h)-X(t)\geqslant 2\}=o(h) \tag{6.2.2}$$

定义中的条件 (3) 说明, 在充分小的时间间隔内, 最多有一个事件发生, 而不能有两个或两个以上事件同时发生, 这种假设对于许多物理现象较容易得到满足.

例 6.2.1 考虑某一电话交换台在某段时间接到的呼唤, 令 $X(t)$ 表示电话交换台在 $(0,t]$ 内收到的呼唤次数, 则 $\{X(t),t\geqslant 0\}$ 满足定义 6.2.3 的条件, 故该随机过程是一个泊松过程.

例 6.2.2 考虑来到某火车站售票处购买车票的旅客. 若记 $X(t)$ 为在时间 $[0,t]$ 内到达售票处窗口的旅客数, 则 $\{X(t),t\geqslant 0\}$ 为一个泊松过程.

例 6.2.3 考虑机器在 $(t,t+h]$ 内发生故障这一事件. 若机器发生故障, 立即修理后继续工作, 则在 $(t,t+h]$ 内机器发生故障而停止工作的事件数构成一个随机过程, 它可以用泊松过程进行描述.

定理 6.2.1 定义 6.2.2 与定义 6.2.3 是等价的.

6.2.2 泊松过程的数字特征

根据泊松过程的定义, 我们可以导出泊松过程的数字特征.

设 $\{X(t), t \geqslant 0\}$ 是泊松过程, 对任意的 $t, s \in [0, \infty)$, 且 $s < t$, 有

(1) $E[X(t)-X(s)] = D[X(t)-X(s)] = \lambda(t-s)$;

由于 $X(0)=0$, 故

(2) $m_X(t) = E[X(t)] = E[X(t)-X(0)] = \lambda t$;

(3) $\sigma_X^2(t) = D[X(t)] = D[X(t)-X(0)] = \lambda t$;

(4)
$$\begin{aligned} R_X(s,t) &= E[X(s)X(t)] = E\{X(s)[X(t)-X(s)+X(s)]\} \\ &= E[X(s)-X(0)][X(t)-X(s)] + E[X(s)]^2 \\ &= E[X(s)-X(0)]E[X(t)-X(s)] + D[X(s)] + \{E[X(s)]\}^2 \\ &= \lambda s \lambda(t-s) + \lambda s + (\lambda s)^2 = \lambda s(\lambda t + 1); \end{aligned}$$

(5) $B_X(s,t) = R_X(s,t) - m_X(s)m_X(t) = \lambda s$;

(6) 特征函数为 $g_X(u) = E[\mathrm{e}^{iuX(t)}] = \exp[\lambda t(\mathrm{e}^{iu}-1)]$.

6.2.3 泊松过程的应用

1. 时间间隔与等待时间的分布

设 $\{X(t), t \geqslant 0\}$ 是泊松过程, 令 $X(t)$ 表示 t 时刻事件 A 发生 (顾客出现) 的次数, $W_1, W_2, \cdots$ 分别表示第一次, 第二次, $\cdots$ 事件 A 发生的时间, $T_n(n \geqslant 1)$ 表示从第 $(n-1)$ 次事件 A 发生到第 n 次事件 A 发生的时间间隔, 如下所示:

$$0 \leftarrow T_1 \rightarrow W_1 \leftarrow T_2 \rightarrow W_2 \cdots W_{n-1} \leftarrow T_n \rightarrow W_n \rightarrow \cdots$$

通常称 W_n 为第 n 次事件 A 出现的时刻或第 n 次事件 A 的等待时间, T_n 是第 n 个时间间隔, 它们都是随机变量.

定理 6.2.2 设 $\{X(t), t \geqslant 0\}$ 是具有参数 λ 的泊松分布, $T_n(n \geqslant 1)$ 是对应的时间间隔序列, 则随机变量 $T_n(n \geqslant 1)$ 是独立同分布的均值为 $\dfrac{1}{\lambda}$ 的指数分布.

证明 首先注意到事件 $\{T_1 > t\}$ 发生当且仅当泊松过程在区间 $[0, t]$ 内没有事件发生, 因而

$$P\{T_1 > t\} = P\{X(t) = 0\} = \mathrm{e}^{-\lambda t}$$

$$F_{T_1}(t) = P\{T_1 \leqslant t\} = 1 - P\{T_1 > t\} = 1 - \mathrm{e}^{-\lambda t}$$

所以 T_1 是服从均值为 $\dfrac{1}{\lambda}$ 的指数分布, 利用泊松过程独立, 平稳增量性质, 有

$$\begin{aligned} P\{T_2 > t | T_1 = s\} &= P\{(s, s+t] \text{ 内没有事件发生 } | T_1 = s\} \\ &= P\{(s, s+t] \text{ 内没有事件发生 }\} = P\{X(t+s) - X(s) = 0\} \\ &= P\{X(t) - X(0) = 0\} = \mathrm{e}^{-\lambda t} \end{aligned}$$

$$F_{T_2}(t) = P\{T_2 \leqslant t\} = 1 - P\{T_2 > t\} = 1 - \mathrm{e}^{-\lambda t}$$

所以 T_2 也是服从均值为 $\frac{1}{\lambda}$ 的指数分布.

对于任意 $n \geqslant 1, t, s_1, s_2, \cdots, s_{n-1} \geqslant 0$, 有

$$\begin{aligned}
&P\{T_n > t | T_1 = s, \cdots, T_{n-1} = s_{n-1}\} \\
&= P\{X(t + s_1 + \cdots + s_{n-1}) - X(s_1 + \cdots + s_{n-1}) = 0\} \\
&= P\{X(t) - X(0) = 0\} = \mathrm{e}^{-\lambda t}
\end{aligned}$$

$$F_{T_n}(t) = P\{T_n \leqslant t\} = 1 - P\{T_n > t\} = 1 - \mathrm{e}^{-\lambda t}$$

所以对任意 n, T_n 也是服从均值为 $\frac{1}{\lambda}$ 的指数分布.

其分布函数为

$$F_{T_n}(t) = P\{T_n \leqslant t\} = \begin{cases} 1 - \mathrm{e}^{-\lambda t}, & t \geqslant 0 \\ 0, & t < 0 \end{cases}$$

其概率密度为

$$f_{T_n} = \begin{cases} \lambda \mathrm{e}^{-\lambda t}, & t \geqslant 0 \\ 0, & t < 0 \end{cases}$$

因为

$$W_n = \sum_{k=1}^{n} T_k$$

由定理 6.2.2 知,W_n 是相互独立的指数分布随机变量之和, 故用特征函数方法, 立即可得如下定理.

定理 6.2.3 设 $\{W_n, n \geqslant 1\}$ 是与 $\{X(t), t \geqslant 0\}$ 对应的一个等待时间序列, 则 W_n 服从参数为 n 与 λ 的 Γ 分布, 其概率密度为

$$f_{W_n}(t) = \begin{cases} \lambda \mathrm{e}^{-\lambda t} \dfrac{(\lambda t)^{n-1}}{(n-1)!}, & t \geqslant 0 \\ 0, & t < 0 \end{cases}$$

证明 注意到第 n 个事件在时刻 t 或之前发生当且仅当到时间 t 已发生事件的数目至少是 n, 即

$$X(t) \geqslant n \Leftrightarrow W_n \leqslant t$$

因此

$$P(W_n \leqslant t\} = P\{X(t) \geqslant n\} = \sum_{j=n}^{\infty} \mathrm{e}^{-\lambda t} \frac{(\lambda t)^j}{j!}$$

对上式求导, 得 W_n 的概率密度是

$$\begin{aligned}
f_{W_n}(t) &= -\sum_{j=n}^{\infty} \lambda \mathrm{e}^{-\lambda t} \frac{(\lambda t)^j}{j!} \\
&= \lambda \mathrm{e}^{-\lambda t} \frac{(\lambda t)^{n-1}}{(n-1)!}
\end{aligned}$$

2. 到达时间的条件分布

假设在 $[0,t]$ 内事件 A 已经发生一次, 我们要确定这一事件到达时间 W_1 的分布. 因为泊松过程有平稳独立增量, 故有理由认为 $[0,t]$ 内长度相等的区间包含这个事件的概率应该相同. 换言之, 这个事件的到达时间应在 $[0,t]$ 上服从均匀分布. 事实上, 对 $s<t$, 有

$$\begin{aligned}P\{W_1\leqslant s|X(t)=1\}&=\frac{P\{W_1\leqslant s,X(t)=1\}}{P\{X(t)=1\}}\\&=\frac{P\{X(s)=1,X(t)-X(s)=0\}}{P\{X(t)=1\}}=\frac{P\{X(s)=1|X(t)-X(s)\}}{P\{X(t)=1\}}\\&=\frac{\lambda s\mathrm{e}^{-\lambda s}\mathrm{e}^{-\lambda(t-s)}}{\lambda t\mathrm{e}^{-\lambda t}}=\frac{s}{t}\end{aligned}$$

即分布函数为

$$F_{W_1|X(t)=1}(s)=\begin{cases}0, & s<0\\ \dfrac{s}{t}, & 0\leqslant s<t\\ 1, & s\geqslant t\end{cases}$$

$$f_{W_1|X(t)=1}(s)=\begin{cases}\dfrac{1}{t}, & 0\leqslant s<t\\ 0, & s\geqslant t,s<0.\end{cases}$$

定理 6.2.4　设 $\{X(t),t\geqslant 0\}$ 是泊松过程, 已知在 $[0,t]$ 内事件 A 发生 n 次, 则这 n 次到达时间 $W_1<W_2<\cdots<W_n$ 与相应于 n 个 $[0,t]$ 上均匀分布的独立随机变量的顺序统计量有相同的分布.

证明　令 $0\leqslant t_1<t_2<\cdots<t_{n+1}=t$, 且取 h_i 充分小使得 $t_i+h_i<t_{i+1}$ $(i=1,2,\cdots,n)$, 则在给定 $X(t)=n$ 的条件下, 我们有

$$\begin{aligned}&P\{t_1\leqslant W_1\leqslant t_1+h_1,\cdots,t_n\leqslant W_n\leqslant t_n+h_n|X(t)=n\}\\&=\frac{P\{[t_i,t_i+h_i]\text{ 中有一事件},i=1,2,\cdots,n,[0,t]\text{ 的别处无事件}\}}{P\{X(t)=n\}}\\&=\frac{\lambda h_1\mathrm{e}^{-\lambda h_1}\cdots\lambda h_n\mathrm{e}^{-\lambda h_n}\mathrm{e}^{-\lambda(t-h_1-\cdots-h_n)}}{\mathrm{e}^{-\lambda t}(\lambda t)^n/n!}=\frac{n!}{t^n}h_1h_2\cdots h_n\end{aligned}$$

因此

$$\frac{P\{t_i\leqslant W_i\leqslant t_i+h_i,i=1,\cdots,n\,|X(t)=n\}}{h_1\cdots h_n}=\frac{n!}{t^n}$$

令 $h_i\to 0$, 我们得到 $W_1,\cdots,W_n$ 在已知 $X(t)=n$ 的条件下的条件概率密度为

$$f(t_1,\cdots,t_n)=\begin{cases}\dfrac{n!}{t^n}, & 0<t_1<\cdots<t_n\\ 0, & \text{其他}\end{cases}$$

例 6.2.4　设在 $[0,t]$ 内事件 A 已经发生 n 次, 且 $0<s<t$, 对于 $0<k<n$, 求 $P\{X(s)=k|X(t)=n\}$.

解　利用条件概率及泊松分布得

$$P\{X(s)=k|X(t)=n\}=\frac{P\{X(s)=k,X(t)=n\}}{P\{X(t)=n\}}$$

$$= \frac{P\{X(s)=k, X(t)-X(s)=n-k\}}{P\{X(t)=n\}}$$

$$= \frac{\mathrm{e}^{-\lambda t}\frac{(\lambda s)^k}{k!}\mathrm{e}^{-\lambda(t-s)}\frac{[\lambda(t-s)]^{n-k}}{(n-k)!}}{\mathrm{e}^{-\lambda t}\frac{(\lambda t)^n}{n!}} = \mathrm{C}_n^k\left(\frac{s}{t}\right)^k\left(1-\frac{s}{t}\right)^{n-k}$$

这是一个参数为 n 和 $\frac{s}{t}$ 的二项分布.

6.2.4 泊松过程的推广

1. 非齐次泊松过程

定义 6.2.4 称计数过程 $\{N(t), t \geqslant 0\}$ 为具有跳跃强度函数 $\lambda(t)$ 的**非齐次泊松过程**, 若满足

(1) $N(0)=0$;

(2) $N(t)$ 是独立增量过程;

(3) $P\{N(t+h)-N(t)=1\}=\lambda(t)h+o(h)$,

$$P\{N(t+h)-N(t) \geqslant 2\}=o(h)$$

显然根据强度的物理意义, 非齐次泊松过程的均值函数为 $m_X(t)=\int_0^t \lambda(s)\mathrm{d}s$.

概率分布由下面定理给出.

定理 6.2.5 设 $\{X(t), t \geqslant 0\}$ 是具有均值函数 $m_X(t)=\int_0^t \lambda(s)\mathrm{d}s$ 的非齐次泊松过程, 则有

$$P\{X(t+s)-X(t)=n\}=\frac{[m_X(t+s)-m_X(t)]^n}{n!}\exp\{-[m_X(t+s)-m_X(t)]\} \quad (n \geqslant 0)$$

例 6.2.5 某商店每日 8 时开始营业, 从 8 时到 11 时平均顾客到达率线性增加, 在 8 时顾客平均到达率为 5 人/时, 11 时到达率达最高峰 20 人/时. 从 11 时到 13 时, 平均顾客到达率维持不变, 为 20 人/时, 从 13 时到 17 时, 顾客到达率线性下降, 到 17 时顾客到达率为 12 人. 假定不相重叠的时间间隔内到达商店的顾客数是相互独立的, 问在 8: 30 到 9:30 无顾客到达商店的概率是多少, 在这段时间内到达商店的顾客数学期望是多少?

解 将时间 8 时至 17 时平移为 0 到 9 时, 依题意得顾客到达率为

$$\lambda=\begin{cases} 5+5t, & 0 \leqslant t \leqslant 3 \\ 20, & 3<t \leqslant 5 \\ 20-2(t-5), & 5<t \leqslant 9 \end{cases}$$

由题意, 顾客的变化可用非齐次泊松过程描述, 从而有

$$m_X(0.5)=\int_0^{0.5}(5+5t)=\frac{25}{8}$$

$$m_X(1.5)=\int_0^{1.5}(5+5t)=\frac{105}{8}$$

在 0:30 至 1:30 无顾客到达商店的概率：

$$P\{N(1.5)-N(0.5)=0\}=\frac{\left(\dfrac{105}{8}-\dfrac{25}{8}\right)^0}{0!}\exp\left\{-\left(\frac{105}{8}-\frac{25}{8}\right)\right\}=\mathrm{e}^{-10}$$

8:30 至 9:30 有顾客的数学期望是

$$m_X(1.5)-m_X(0.5)=\frac{105}{8}-\frac{25}{8}=10$$

2. 复合泊松过程

定义 6.2.5 设 $\{N(t),t\geqslant 0\}$ 是强度为 λ 的泊松过程, $\{Y_k,k=1,2,\cdots\}$ 是一列独立同分布随机变量, 且与 $\{N(t),t\geqslant 0\}$ 独立, 令

$$X(t)=\sum_{k=1}^{N(t)}Y_k,\quad t\geqslant 0$$

则称 $X(t)$ 为**复合泊松过程**.

例 6.2.6 设 $N(t)$ 是在时间段 $(0,t]$ 内到达某商店的顾客数, $\{N(t),t\geqslant 0\}$ 是泊松过程. 若 Y_k 是第 k 个顾客在商店所花的钱数, 则 $\{Y_k,k=1,2,\cdots\}$ 是独立同分布随机变量序列, 且与 $\{N(t),t\geqslant 0\}$ 独立, 记 $X(t)$ 为该商店在 $(0,t]$ 时间段内的营业额, 则 $X(t)=\sum\limits_{k=1}^{N(t)}Y_k,t\geqslant 0$ 是一个复合泊松过程.

定理 6.2.6 设 $X(t)=\sum\limits_{k=1}^{N(t)}Y_k,t\geqslant 0$ 是复合泊松过程, 则

(1) $\{X(t),t\geqslant 0\}$ 是独立增量过程;

(2) $X(t)$ 特征函数 $g_{X(t)}(u)=\exp\{\lambda t\{g_Y(u)-1\}\}$, 其中 $g_Y(u)$ 是随机变量 Y_1 的特征函数, λ 是事件的到达率;

(3) 若 $E(Y_1^2)<\infty$, 则 $E[X(t)]=\lambda tE[Y_1],D[X(t)]=\lambda tE[Y_1^2]$.

证明 (1) 令 $0\leqslant t_0<t_1<t_2<\cdots<t_m$, 则

$$X(t_k)-X(t_{k-1})=\sum_{i=N(t_{k-1})+1}^{N(t_k)}Y_i,\quad k=1,2,\cdots,m$$

由条件, 不难验证 $X(t)$ 具有独立增量性.

(2) 因为

$$\begin{aligned}g_{X(t)}(u)&=E[\mathrm{e}^{iuX(t)}]=\sum_{n=0}^{\infty}E[\mathrm{e}^{iuX(t)}\,|N(t)=n]P\{N(t)=n\}\\&=\sum_{n=0}^{\infty}E\left[\mathrm{e}^{iu\sum\limits_{k=1}^{n}Y_k}|N(t)=n\right]\mathrm{e}^{-\lambda t}\frac{(\lambda t)^n}{n!}\\&=\sum_{n=0}^{\infty}E\left[\mathrm{e}^{iu\sum\limits_{k=1}^{n}Y_k}\right]\mathrm{e}^{-\lambda t}\frac{(\lambda t)^n}{n!}\end{aligned}$$

$$= \sum_{n=0}^{\infty}[g_Y(u)]^n \mathrm{e}^{-\lambda t}\frac{(\lambda t)^n}{n!} = \exp\{\lambda t[g_Y(u)-1]\}$$

(3) 由条件期望的性质 $E[X(t)] = E\{E[X(t)\,|N(t)]\}$, 由假设知

$$E[X(t)\,|N(t)=n] = E\left[\sum_{i=1}^{N(t)} Y_i \,|N(t)=n\right] = E\left[\sum_{i=1}^{n} Y_i \,|N(t)=n\right]$$

$$= E\left[\sum_{i=1}^{n} Y_i\right] = nE(Y_1)$$

所以

$$E[X(t)] = E\{E[X(t)\,|N(t)]\} = E[N(t)]E(Y_1) = \lambda t E(Y_1)$$

类似地,

$$D[X(t)\,|N(t)] = N(t)D[Y_1]$$

$$D[X(t)] = E\{N(t)D[Y_1]\} + D\{N(t)E[Y_1]\} = \lambda t D(Y_1) + \lambda t (EY_1)^2 = \lambda t E(Y_1)^2$$

练习 2

1. 设在 $[0,t]$ 内事件 A 已经发生 n 次, 求第 $k(k<n)$ 次事件 A 发生的时间 W_k 的条件概率密度函数.

2. 设 $\{X_1(t), t \geqslant 0\}$ 和 $\{X_2(t), t \geqslant 0\}$ 是两个相互独立的泊松过程, 它们在单位时间内平均出现的事件数分别为 λ_1, λ_2. 记 $W_k^{(1)}$ 为过程 $\{X_1(t), t \geqslant 0\}$ 的第 k 次事件到达时间, $W_1^{(2)}$ 为过程 $\{X_2(t), t \geqslant 0\}$ 的第一次事件到达时间, 求 $P\{W_k^{(1)} < W_1^{(2)}\}$, 即第一个泊松过程的第 k 次事件发生比第二个泊松过程的第 1 次事件发生早的概率.

3. 仪器受到震动而引起损伤. 如果震动是按照强度为 λ 的泊松过程发生, 第 k 次震动引起的损伤为 $D_k, D_1, D_2, \cdots$ 是独立同分布随机变量序列, 且和 $\{N(t), t \geqslant 0\}$ 独立, 其中 $N(t)$ 是表示 $[0,t]$ 时间段仪器受到震动次数, 又假设仪器受到震动而引起的损伤随时间按指数减少, 即如果震动的初始损伤为 D, 则震动之后经过时间 t 后减少为 $D\mathrm{e}^{-\alpha t}(\alpha>0)$. 设损伤是可叠加的, 即在时刻 t 的损伤可表示为 $D(t) = \sum\limits_{k=1}^{N(t)} D_k \mathrm{e}^{-\alpha(t-t_k)}$, 其中 t_k 为仪器受到第 k 次震动的时刻, 求 $E[D(t)]$.

4. 设 $\{X(t), t \geqslant 0\}$ 是具有跳跃强度 $\lambda(t) = \dfrac{1}{2}(1+\cos wt)$ 的非齐次泊松过程 $(w \neq 0)$, 求 $E[X(t)]$ 和 $D[X(t)]$.

5. 考虑保险公司准备支付保险总金额的金钱储备. 假设保险单持有者在时刻 $0 < t_1 < t_2 < \cdots < t_n$ 死亡; 家属索取的保险金额 Y_n. Y_n 相互独立, 都服从均匀分布 $U[1500, 2000]$. 假设 $X(t)$ 表示 $[0,t]$ 时间段内人的死亡数量. $X(t)$ 为 $\lambda = 3$ 的齐次泊松过程. 保险公司准备的保险金额 $Z(t) = \sum\limits_{n=1}^{X(t)} Y_n$. 求复合泊松过程的 $E[Z(t)]$, $D[Z(t)]$.

6.3 马尔可夫过程

在实际中有一类很广泛的随机过程, 其特点是: 过去只影响现在, 而不影响将来. 这种随机过程称为马尔可夫过程. 状态离散的马尔可夫过程称为马尔可夫链. 马尔可夫 (Markov) 过程的研究始于 1906 年, 是随机过程的一个重要分支, 它在近代物理、生物学、管理科学、信息处理、自动控制、金融保险等方面有着许多重要应用.

6.3.1 基本定义

定义 6.3.1 设 $\{X(t),t\in T\}$ 是一随机过程, 如果 $\{X(t),t\in T\}$ 在 t_0 时刻所处的状态为已知时, 它在时刻 $t>t_0$ 所处状态的条件分布与其在 t_0 之前所处的状态无关, 则称 $\{X(t),t\in T\}$ 具有**马尔可夫性**.

定义 6.3.2 设 $\{X(t),t\in T\}$ 的状态空间为 S, 如果 $\forall n\geqslant 2,\forall t_1<t_2<\cdots<t_n\in T$, 在条件 $X(t_i)=x_i,x_i\in S,i=1,2,\cdots,n-1$ 下, $X(t_n)$ 的条件分布函数恰好等于在条件 $X(t_{n-1})=x_{n-1}$ 下的条件分布函数, 即

$$
\begin{aligned}
&P(X(t_n)\leqslant x_n|X(t_1)=x_1,X(t_2)=x_2,\cdots,X(t_{n-1})=x_{n-1})\\
=&P(X(t_n)\leqslant x_n|X(t_{n-1})=x_{n-1}),\quad x_n\in \mathbf{R}
\end{aligned}
$$

则称 $\{X(t),t\in T\}$ 为**马尔可夫过程**.

马尔可夫过程按其状态和时间参数是连续的或离散的, 可分为三类:

(1) 时间、状态都是离散的马尔可夫过程, 称为马尔可夫链.

(2) 时间连续、状态离散的马尔可夫过程, 称为连续时间的马尔可夫链.

(3) 时间、状态都连续的马尔可夫过程.

6.3.2 马尔可夫链

参数集和状态空间都是离散的马尔可夫过程称为**马尔可夫链**.

假设马尔可夫过程 $\{X_n,n\in T\}$ 的参数集 T 是离散的时间集合, 即 $T=0,1,2,\cdots$, 其相应 X_n, 可能取值的全体组成的状态空间是离散的状态集 $I=\{i_1,i_2,\cdots\}$.

定义 6.3.3 设有随机过程 $\{X_n,n\in T\}$, 若对于任意的整数 $n\in T$ 和任意的 $i_1,i_2,\cdots,i_n\in I$, 条件概率满足

$$
P\{X_{n+1}=i_{n+1}|X_0=i_0,X_1=i_1,\cdots,X_n=i_n\}=P\{X_{n+1}=i_{n+1}|X_n=i_n\}
$$

则称 $\{X_n,n\in T\}$ 为**马尔可夫链**, 简称**马氏链**.

上式是马尔可夫链的马氏性 (或无后效性) 的数学表达式. 由定义知

$$
\begin{aligned}
&P\{X_0=i_0,X_1=i_1,\cdots,X_n=i_n\}\\
=&P\{X_n=i_n|X_0=i_0,X_1=i_1,\cdots,X_{n-1}=i_{n-1}\}\\
&\cdot P\{X_0=i_0,X_1=i_1,\cdots,X_{n-1}=i_{n-1}\}\\
=&P\{X_n=i_n|X_{n-1}=i_{n-1}\}\cdot P\{X_0=i_0,X_1=i_1,\cdots,X_{n-1}=i_{n-1}\}
\end{aligned}
$$

$$
\begin{aligned}
&= \cdots \\
&= P\{X_n = i_n | X_{n-1} = i_{n-1}\} \cdot P\{X_{n-1} = i_{n-1} | X_{n-2} = i_{n-2}\} \\
&\quad \cdots \cdot P\{X_1 = i_1 | X_0 = i_0\}
\end{aligned}
$$

可见, 马尔可夫链的统计特性完全由条件概率 $P\{X_{n+1} = i_{n+1} | X_n = i_n\}$ 所决定.

易知, 随机过程 $\{X_n, n \geqslant 0\}$ 是马尔可夫链的充分必要条件是对任意的 $n \geqslant 1$ 及任意的 $i_1, i_2, \cdots, i_n, j \in S$, 有

$$
P\{X_{n+1} = j | X_1 = i_1, X_2 = i_2, \cdots, X_n = i_n\} = P\{X_{n+1} = j | X_n = i_n\}
$$

6.3.3 转移概率

条件概率 $P\{X_{n+1} = j | X_n = i\}$ 的直观含义为系统在时刻 n 处于状态 i 的条件下, 在时刻 $n+1$ 系统处于状态 j 的概率. 它相当于随机游动的质点在时刻 n 处于状态 i 的条件下, 下一步转移到状态 j 的概率, 记此条件概率为 $P_{ij}(n)$, 其严格定义如下.

定义 6.3.4 称条件概率

$$
P_{ij}(n) = P\{X_{n+1} = j | X_n = i\}
$$

为马尔可夫链 $\{X_n, n \in T\}$ 在时刻 n 的**一步转移概率**, 其中 $i, j \in I$ 简称为**转移概率**.

一般地, 转移概率 $P_{ij}(n)$ 不仅与状态 i, j 有关, 而且与时刻 n 有关. 当 $P_{ij}(n)$ 不依赖于时刻 n 时, 表示马尔可夫链具有平稳转移概率.

定义 6.3.5 若对任意的 $i, j \in I$, 马尔可夫链 $\{X_n, n \in T\}$ 的转移概率 $P_{ij}(n)$ 与 n 无关, 则称**马尔可夫链是齐次的**, 并记 $P_{ij}(n)$ 为 P_{ij}.

下面我们只讨论齐次马尔可夫链, 通常将 "齐次" 两字省略.

设 P 表示一步转移概率 P_{ij} 所组成的矩阵, 且状态空间 $I = \{1, 2, \cdots\}$, 则

$$
P = \begin{pmatrix}
P_{11} & P_{12} & \cdots & P_{1n} & \cdots \\
P_{21} & P_{22} & \cdots & P_{2n} & \cdots \\
\vdots & \vdots & & \vdots &
\end{pmatrix}
$$

称为系统状态的**一步转移概率矩阵**. 它具有性质:

(1) $P_{ij} \geqslant 0, i, j \in I$;

(2) $\sum\limits_{j \in I} P_{ij} = 1, I \in j$.

(2) 式中对 j 求和是对状态空间 I 的所有可能状态进行的, 此性质说明一步转移概率矩阵中任一行元素之和为 1. 通常称满足上述 (1) 和 (2) 性质的矩阵为**随机矩阵**.

定义 6.3.6 称条件概率

$$
P_{ij}^{(n)} = P\{X_{m+n} = j | X_m = i\} \quad (i, j \in I, m \geqslant 0, n \geqslant 1)
$$

为马尔可夫链 $\{X_n, n \in T\}$ 的 $\boldsymbol{n}$ **步转移概率**, 并称

$$
P^{(n)} = \left(P_{ij}^{(n)}\right)
$$

为马尔可夫链的 n **步转移矩阵**, 其中

$$P_{ij}^{(n)} \geqslant 0,1; \quad \sum_{j \in I} P_{ij}^{(n)} = 1$$

即 $P^{(n)}$ 也是随机矩阵.

当 $n=1$ 时 $P_{ij}^{(1)} = P_{ij}$, 此时一步转移矩阵 $P^{(1)} = P$.

此外, 我们规定

$$P_{ij}^{(0)} = \begin{cases} 0, & i \neq j \\ 1, & i = j \end{cases}$$

定理 6.3.1 设 $\{X_n, n \in T\}$ 为马尔可夫链, 则对任意整数 $n \geqslant 0, 0 \leqslant i < n$ 和 $i, j \in l$, n 步转移概率具有下列性质:

(1) $P_{ij}^{(n)} = \sum\limits_{k \in I} P_{ik}^{(l)} P_{kj}^{(n-l)}$;

(2) $P_{ij}^{(n)} = \sum\limits_{k_1 \in I} \cdots \sum\limits_{k_{n-1} \in I} P_{ik_1} P_{k_1 k_2} \cdots P_{k_{n-1} j}$;

(3) $P^{(n)} = P P^{(n-1)}$;

(4) $P^{(n)} = P^n$.

证明 (1) 利用全概率公式及马尔可夫性, 有

$$\begin{aligned} P_{ij}^{(n)} &= P\{X_{m+n} = j | X_m = i\} = \frac{P\{X_m = i | X_{m+n} = j\}}{P\{X_m = i\}} \\ &= \sum_{k \in I} \frac{P\{X_m = i, X_{m+1} = k, X_{m+n} = j\}}{P\{X_m = i, X_{m+1} = k\}} \cdot \frac{P\{X_{m+n} = j | X_{m+1} = k\}}{P\{X_m = i\}} \\ &= \sum_{k \in I} P\{X_{m+n} = j | X_{m+1} = k\} P\{X_{m+1} = k, X_m = i\} \\ &= \sum_{k \in I} P_{kj}^{(n-l)}(m+l) P_{ik}^{(l)}(m) = \sum_{k \in I} P_{kj}^{(n-l)} P_{ik}^{(l)} \end{aligned}$$

(2) 在 (1) 中令 $l=1, k=k_1$ 得

$$P_{ij}^{(n)} = \sum_{k_1 \in I} P_{ik_1} P_{k_1 j}^{(n-1)}$$

这是一个递推公式, 故可递推得到

$$P_{ij}^{(n)} = \sum_{k_1 \in I} \cdots \sum_{k_{n-1} \in I} P_{ik_1} P_{k_1 k_2} \cdots P_{k_{n-1} j}$$

(3) 在 (1) 中令 $l=1$, 利用矩阵乘法可证.

(4) 由 (3), 利用归纳法可证.

定理 6.3.1 中 (1) 式称为**切普曼–柯尔莫哥洛夫方程**, 简称 **C-K 方程**. 它在马尔可夫链的转移概率的计算中起着重要的作用. (2) 式说明 n 步转移概率完全由一步转移概率决定. (4) 式说明齐次马尔可夫链的 n 步转移概率矩阵是一步转移概率矩阵的 n 次乘方.

定义 6.3.7 设 $\{X_n, n\in T\}$ 为马尔可夫链, 称 $P_j = P\{X_0 = j\}$ 和 $P_j(n) = P\{X_n = j\}(j\in I)$ 为 $\{X_n, n\in T\}$ 的**初始概率和绝对概率**; 并分别称 $\{P_j, j\in I\}$ 和 $\{P_j(n), j\in I\}$ 为 $\{X_n, n\in T\}$ 的**初始分布和绝对分布**, 简记为 $\{P_j\}$ 和 $P_j(n)$; 称概率向量 $P^T(n) = (P_1(n), P_2(n), \cdots)(n>0)$ 为 n 时刻的**绝对概率向量**; 而 $P^T(0) = (P_1, P_2, \cdots)$ 为**初始概率向量**.

定理 6.3.2 设 $\{X_n, n\in T\}$ 为马尔可夫链, 则对任意 $j\in I$ 和 $n\geqslant 1$, 绝对概率 $P_j(n)$ 具有下列性质:

(1) $P_j(n) = \sum\limits_{i\in I} P_i P_{ij}^{(n)}$;

(2) $P_j(n) = \sum\limits_{i\in I} P_i(n-1) P_{ij}$;

(3) $P^T(n) = P^T(0) P^{(n)}$;

(4) $P^T(n) = P^T(n-1) P$.

定理 6.3.3 设 $\{X_n, n\in T\}$ 为马尔可夫链, 则对任意 $i_1, i_2, \cdots, i_n\in I$ 和 $n\geqslant 1$ 有

$$P\{X_1 = i_1, \cdots, X_n = i_n\} = \sum_{i\in I} P_i P_{ii_1} P_{i_1 i_2} \cdots P_{i_{n-1} i_n}$$

证明过程从略.

6.3.4 马尔可夫链的一些简单例子

例 6.3.1 (无限制随机游动) 设质点在数轴上移动, 每次移动一格, 向右移动的概率为 P, 向左移动的概率为 $q = 1-P$, 这种运动称为无限制随机游动. 以 X_n 表示时刻质点所处的位置, 则 $\{X_n, n\in T\}$ 是一个齐次马尔可夫链, 试写出它的一步和 k 步转移概率.

解 显然 $\{X_n, n\in T\}$ 的状态空间 $I = \{0, \pm1, \pm2, \cdots\}$, 其一步转移概率矩阵为

$$P = \begin{pmatrix} & \vdots & \vdots & \vdots & \vdots & \\ \cdots & q & 0 & p & 0 & \cdots \\ \cdots & 0 & q & 0 & p & \cdots \\ & \vdots & \vdots & \vdots & \vdots & \end{pmatrix}$$

设在 k 步转移中向右移了 x 步, 向左移了 y 步, 且经过 k 步转移状态从 i 进入 j, 则

$$\begin{cases} x+y=k \\ x-y=j-i \end{cases}$$

从而

$$x = \frac{k+(j-i)}{2}, \quad y = \frac{k-(j-i)}{2}$$

由于 x, y 都只能取整数, 所以 $k\pm(j-i)$ 必须是偶数. 又在 k 步中哪 x 步向右, 哪 y 步向左是任意的, 选取的方法有 C_k^x 种. 于是

$$P_{ij}^{(k)} = \begin{cases} \mathrm{C}_k^x p^x q^y, & k+(j-i) \text{ 为偶数} \\ 0, & k+(j-i) \text{ 为奇数} \end{cases}$$

例 6.3.2 (天气预报问题) 设昨日、今日都下雨, 明日有雨的概率为 0.7; 昨日无雨, 今日有雨, 明日有雨的概率为 0.5; 昨日有雨, 今日无雨, 明日有雨的概率为 0.4; 昨日、今日均无雨, 明日有雨的概率为 0.2. 若星期一、星期二均下雨, 求星期四下雨的概率.

解 设昨日、今日连续有雨称为状态 0 (RR), 昨日无雨、今日有雨称为状态 1 (NR), 昨日有雨、今日无雨称为状态 2 (RN), 昨日、今日无雨称为状态 3 (NN), 于是天气预报模型可以看成一个四个状态的马尔可夫链, 转移概率为

$$\begin{aligned}
&P_{00}=P\left\{R_{今}R_{明}|R_{昨}R_{今}\right\}=P\left\{连续三天有雨\right\}=P\left\{R_{明}|R_{昨}R_{今}\right\}=0.7,\\
&P_{01}=P\left\{N_{今}R_{明}|R_{昨}R_{今}\right\}=0,\\
&P_{02}=P\left\{R_{今}R_{明}|R_{昨}R_{今}\right\}=P\left\{N_{明}|R_{昨}R_{今}\right\}=0.3,\\
&P_{03}=P\left\{N_{今}N_{明}|R_{昨}R_{今}\right\}=0.
\end{aligned}$$

其中 R 代表有雨, N 代表无雨. 类似可得所有状态的一步转移概率. 其一步转移概率矩阵为

$$P=\begin{pmatrix} P_{00} & P_{01} & P_{02} & P_{03}\\ P_{10} & P_{11} & P_{12} & P_{13}\\ P_{20} & P_{21} & P_{22} & P_{23}\\ P_{30} & P_{31} & P_{32} & P_{33}\end{pmatrix}=\begin{pmatrix} 0.7 & 0 & 0.3 & 0\\ 0.5 & 0 & 0.5 & 0\\ 0 & 0.4 & 0 & 0.6\\ 0 & 0.2 & 0 & 0.8\end{pmatrix}$$

其两步转移概率矩阵为

$$\begin{aligned}
P^2&=\begin{pmatrix} 0.7 & 0 & 0.3 & 0\\ 0.5 & 0 & 0.5 & 0\\ 0 & 0.4 & 0 & 0.6\\ 0 & 0.2 & 0 & 0.8\end{pmatrix}\times\begin{pmatrix} 0.7 & 0 & 0.3 & 0\\ 0.5 & 0 & 0.5 & 0\\ 0 & 0.4 & 0 & 0.6\\ 0 & 0.2 & 0 & 0.8\end{pmatrix}\\
&=\begin{pmatrix} 0.49 & 0.12 & 0.21 & 0.18\\ 0.35 & 0.20 & 0.15 & 0.30\\ 0.20 & 0.12 & 0.20 & 0.48\\ 0.10 & 0.16 & 0.10 & 0.64\end{pmatrix}
\end{aligned}$$

由于星期四下雨意味着过程说处的状态为 0 或 1, 因此星期一、星期二连续下雨, 星期四下雨的概率为

$$P=P_{00}^{(2)}+P_{01}^{(2)}=0.49+0.12=0.61$$

例 6.3.3 设质点在线段 $[1,4]$ 上随机游动, 假设它只能在时刻 $n\in T$ 发生移动, 且只能停留在 1,2,3,4 点上. 当质点转移到 2, 3 时, 它以 $\dfrac{1}{3}$ 的概率向左或向右移动一格, 或停留在原处. 当质点移动到点 1 时, 它以概率 1 停留在原处. 当质点移动到点 4 时, 它以概率 1 移动到点 3. 若以 X_n 表示质点在时刻 n 所处的位置, 则 $\{X_n, n\in T\}$ 是一个齐次马尔可夫链, 其转移概率矩阵为

$$P = \begin{pmatrix} 1 & 0 & 0 & 0 \\ \frac{1}{3} & \frac{1}{3} & \frac{1}{3} & \frac{1}{3} \\ 0 & \frac{1}{3} & \frac{1}{3} & \frac{1}{3} \\ 0 & 0 & 1 & 0 \end{pmatrix}$$

各状态之间的转移关系及相应的转移概率如图 6.1 所示

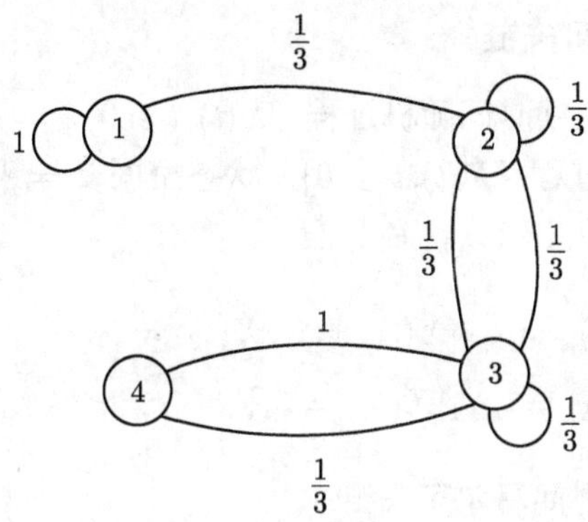

图 6.1 各状态之间的转移关系及相应的转移概率

例 6.3.4 (生灭链) 观察某种生物群体, 以 X_n 表示在时刻 n 群体的数目, 设为 i 个数量单位, 如在时刻 $n+1$ 增生到 $i+1$ 个数量单位的概率为 b_i，减灭到 $i-1$ 个数量单位的概率为 a_i, 保持不变的概率为 $r_i = 1-(a_i+b_i)$, 则 $\{X_n, n \geqslant 0\}$ 为齐次马尔可夫链, $I = \{0, 1, 2, \cdots\}$, 其转移概率为

$$P_{ij} = \begin{cases} b_i, & j = i+1, \\ r_i, & i = j, \qquad a_0 = 0 \\ a_i, & j = i-1, \end{cases}$$

称此马尔可夫链为生灭链.

例 6.3.5 一台计算机经常出故障, 研究者每隔 15 分钟观察一次计算机运行状态, 收集了 24 小时的数据 (共作 97 次观察) 用 1 表示正常状态, 用 0 表示不正常状态, 所得的数据序列如下：

1110010011111110011110111111001111111110001101101

111011011010111101110111101111110011011111100111

分析如下：

设 X_n 为第 $n\,(n = 1, \cdots, 97)$ 个时段的计算机状态, 状态空间: $I = \{0,1\}$, 96 次状态转移的情况：

$$0 \to 0, 8 \text{ 次}; \quad 0 \to 1, 18 \text{ 次}; \quad 1 \to 0, 18 \text{ 次}; \quad 1 \to 1, 52 \text{ 次}$$

因此, 一步转移概率可用频率近似地表示为

$$P_{00}=P\{X_{n+1}=0|X_n=0\}\approx\frac{8}{8+18}=\frac{8}{26}$$
$$P_{01}=P\{X_{n+1}=1|X_n=0\}\approx\frac{8}{8+18}=\frac{8}{26}$$
$$P_{10}=P\{X_{n+1}=0|X_n=1\}\approx\frac{8}{18+52}=\frac{8}{70}$$
$$P_{11}=P\{X_{n+1}=1|X_n=1\}\approx\frac{8}{18+52}=\frac{8}{70}$$

6.3.5 连续时间马尔可夫链

考虑取非负整数值的连续时间随机过程 $\{X(t),t\geqslant 0\}$.

定义 6.3.8 设随机过程 $\{X(t),t\geqslant 0\}$. 状态空间 $I=\{i_n,n\geqslant 0\}$, 若对任意 $0\leqslant t_1<t_2<\cdots<t_{n+1}$ 及 $i_1,i_2,\cdots,i_{n+1}\in I$, 有

$$\begin{aligned}&P\{X(t_{n+1})=i_{n+1}|X(t_1)=i_1,X(t_2)=i_2,\cdots,X(t_n)=i_n\}\\=&P\{X(t_{n+1})=i_{n+1}|X(t_n)=i_n\}\end{aligned}\tag{6.3.1}$$

则称 $\{X(t),t\geqslant 0\}$ 为**连续时间马尔可夫链**.

由定义知, 连续时间马尔可夫链是具有马尔可夫性的随机过程, 即过程在已知现在时刻 t_n 及一切过去时刻所处状态的条件下, 将来时刻 t_{n+1} 的状态只依赖于现在状态而与过去无关.

记 (6.3.1) 式条件概率一般形式为

$$P\{X(s+t)=j\,|X(s)=i\}=p_{ij}(s,t)\tag{6.3.2}$$

它表示系统在 s 时刻处于状态 i, 经过时间 t 后转移到状态 j 的转移概率.

定义 6.3.9 若 (6.3.2) 式的转移概率与 s 无关, 则称连续时间马尔可夫链**具有平稳的或齐次的转移概率**, 此时转移概率简记为

$$p_{ij}(s,t)=p_{ij}(t)$$

其转移概率矩阵简记为 $P(t)=(p_{ij}(t))\ (i,j\in I,t\geqslant 0)$.

以下的讨论均假定我们所考虑的连续时间马尔可夫链都具有齐次转移概率, 简称为**齐次马尔可夫过程**.

假设在某时刻, 比如说时刻 0, 马尔可夫链进入状态 i, 而且接下来的 s 个单位时间单位过程中未离开状态 i (即未发生转移), 问随后的 t 个单位时间中过程仍不离开状态 i 的概率是多少呢? 由马尔可夫性我们知道, 过程在时刻 s 处于状态 i 条件下, 在区间 $[s,s+t]$ 中仍然处于 i 的概率正是它处于 i 至少 t 个单位的无条件概率. 若记 h_i 为过程在转移到另一个状态之前停留在状态 i 的时间, 则对一切 $s,t\geqslant 0$ 有

$$P\{h_i>s+t\,|h_i>s\}=P\{h_i>t\}$$

可见, 随机变量 h_i 具有无记忆性, 因此 h_i 服从指数分布.

由此可见, 一个连续时间马尔可夫链, 每当它进入状态 i, 具有如下性质:

(1) 在转移到另一状态之前处于状态 i 的时间服从参数为 v_i 的指数分布;

(2) 当过程离开状态 i 时, 接着以概率 p_{ij} 进行状态 j, $\sum\limits_{j\neq i} p_{ij}=1$.

上述性质也是我们构造连续时间马尔可夫链的一种方法.

当 $v_i=\infty$ 时, 称状态 i 为瞬时状态, 因为过程一旦进入此状态立即就离开. 当 $v_i=0$ 时, 称状态 i 为吸收状态, 因为过程一旦进入状态就永远不再离开了. 尽管瞬时状态在理论上是可能的, 但以后假设对一切 i, $0\leqslant v_i<\infty$. 因此, 实际上一个连续时间的马尔可夫链是一个这样的随机过程, 它按照一个离散时间的马尔可夫链从一个状态转移到另一个状态, 但在转移到下一个状态之前, 它在各个状态停留的时间服从指数分布. 此外在状态 i 过程停留的时间与下一个到达的状态必须是相互独立的随机变量. 因此下一个到达的状态依赖于 h_i, 那么过程处于状态 i 已有多久的信息与一个状态的预报有关, 这与马尔可夫性的假定相矛盾.

定理 6.3.4 齐次马尔可夫过程的转移概率具有下列性质:

(1) $p_{ij}\geqslant 0$;

(2) $\sum\limits_{j\in I} p_{ij}=1$;

(3) $p_{ij}(t+s)=\sum\limits_{k\in I} p_{ik}(t)p_{kj}(s)$.

其中 (3) 即连续时间齐次马尔可夫链的切普曼–柯尔莫哥洛夫方程.

证明 只证 (3). 由全概率公式及马尔可夫性可得

$$
\begin{aligned}
p_{ij}(t+s)&=P\{X(t+s)=j\,|X(0)=i\}\\
&=\sum_{k\in I}P\{X(t+s)=j,X(t)=k\,|X(0)=i\}\\
&=\sum_{k\in I}P\{X(t)=k\,|X(0)=i\}P\{X(t+s)=j\,|X(t)=k\}\\
&=\sum_{k\in I}p_{ik}(t)p_{kj}(s)
\end{aligned}
$$

对于转移概率 $p_{ij}(t)$, 一般还假定它满足:

$$
\lim_{t\to 0}p_{ij}(t)=\begin{cases}1, & i=j\\ 0, & i\neq j\end{cases}
$$

该式称为正则条件. 正则条件说明, 过程刚进入某状态不可能立即又跳跃到另一状态. 这正好说明一个物理系统要在有限时间内发生有限多次跳跃, 从而消耗无穷多的能量是不可能的.

练习 3

1. 只传输数字 0 和 1 的串联系统 (0-1 传输系统), 如图 6.2 所示.

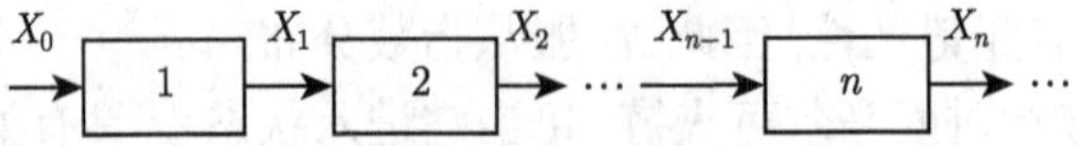

图 6.2 0-1 传输系统

其中 X_0 是第一级的输入, X_n 是第 n 级的输出 $(n \geqslant 1)$.

设一个单位时间传输一级, 每一级的传真率为 p, 误码率为 $q=1-p$, 易知: $\{X, n=0, 1, 2, \cdots\}$ 是一随机过程, 状态空间 $I=\{0,1\}$. 且当 $X_n=i, i \in I$ 为已知时, X_{n+1} 所处的状态分布只与 $X_n=i$ 有关, 而与时刻 n 以前所处的状态无关, 所以它是一个马氏链, 且是齐次的 n 步转移概率

$$P_{ij}=P\{X_{n+1}=j|X_n=i\}=\begin{cases} p, & j=i, \\ q, & j \neq i, \end{cases} \quad i, j=0,1$$

一步转移概率矩阵为

$$P=\begin{matrix} & \begin{matrix} 0 & 1 \end{matrix} \\ \begin{matrix} 0 \\ 1 \end{matrix} & \begin{pmatrix} p & q \\ q & p \end{pmatrix} \end{matrix}$$

在 0-1 传输系统中,

(1) 设 $p=0.9$, 求系统二级传输后的传真率与三级传输后的误码率;

(2) 设初始分布 $P_1(0)=P\{X_0=1\}=\alpha, P_0(0)=P\{X_0=0\}=\alpha$, 系统经 n 级传输后输出为 1, 问原发字符也是 1 的概率是多少?

2. 设 $\{X_n, n \in T\}$ 是具有三个状态 0,1,2 的齐次马氏链, 一步转移概率

$$P=\begin{matrix} & \begin{matrix} 0 & 1 & 2 \end{matrix} \\ \begin{matrix} 0 \\ 1 \\ 2 \end{matrix} & \begin{pmatrix} \frac{3}{4} & \frac{1}{4} & 0 \\ \frac{1}{4} & \frac{1}{2} & \frac{1}{4} \\ 0 & \frac{3}{4} & \frac{1}{4} \end{pmatrix} \end{matrix}$$

初始分布

$$P_i(0)=P\{X_0=i\}=\frac{1}{3}, \quad i=0,1,2$$

试求: (1) $P\{X_0=0, X_2=1\}$; (2) $P\{X_2=1, X_4=1, X_5=1\}$.

3. 把两只黑球和两只白球平均放在两个坛子中, 每次从坛子中随机地各取出一球, 然后把被取出的球交换放到坛子中. 设 $X(0)$ 表示开始时第一个坛子中的白球数, 对于 $n \geqslant 1, X(n)$ 表示经过 n 次交换后, 第一个坛子中的白球数.

(1) 说明 $X(n)$ 构成一个齐次马尔可夫链, 并写出状态空间; (2) 写出一步和二步转移概率矩阵.

6.4 鞅

鞅的定义是从条件期望出发, 即: 如果每次赌博的输赢机会是均等的, 并且赌博策略依赖于前面的赌博结果, 赌博是 “公平的”; 则任何赌博者都不可能通过改变赌博策略将公平的赌博变成有利的赌博. 如果将 “鞅” 描述为 “公平” 的赌博, 下鞅和上鞅分别描述了 “有利” 赌博与 “不利” 赌博.

6.4.1 鞅的基本概念及性质

定义 6.4.1 概率空间 (Ω, F, P) 中, 称 $\{F_n\}_{n=0}^{\infty}$ 为一个滤波, 如果满足 $F_0 \subset F_1 \subset F_2 \subset \cdots$. 随机变量族 $\{X_n\}$ 称为 $\{F_n\}$ 适应的, 如果 $\forall n, X_n \in F_n$ 可测. $\{X_n\}$ 称为 (F_n-) 鞅, 如果满足:

i) $E(X_n) < \infty$;

ii) X_n 是 F_n 适应的;

iii) $\forall n, E(X_{n+1}|F_n) = X_n$.

称 $\{X_n\}$ 为 (F_n-)**下鞅**, 如果满足:

i) $E(X_n^+) < \infty$;

ii) X_n 是 F_n 适应的;

iii) $\forall n, E(X_{n+1}|F_n) \geqslant X_n$.

称 $\{X_n\}$ 为 (F_n-)**上鞅**, 如果满足:

i) $E(X_n^-) < \infty$;

ii) X_n 是 F_n 适应的;

iii) $\forall n, E(X_{n+1}|F_n) \leqslant X_n$.

定理 6.4.1 若 X_n 是上鞅, 则 $\forall n > m, E(X_n|F_m) \leqslant X_m$; 若 X_n 是下鞅, 则 $\forall n > m, E(X_n|F_m) \geqslant X_m$; 若 X_n 是鞅, 则 $\forall n > m, E(X_n|F_m) = X_m$.

证明 记 $n = m + k, k \geqslant 1$, 若 $k = 1$, 结论就是定义; 若 $k \geqslant 2$, 则

$$E(X_{m+n}|F_m) = E(E(X_{m+k}|F_{m+k-1})|F_m) \leqslant E(X_{m+k-1}|F_m) \leqslant \cdots \leqslant E(X_m|F_m),$$

即由归纳法得证.

定理 6.4.2 若 X_n 是鞅, φ 是凸函数, $E|\varphi(X_n)| < \infty, (\forall n)$, 则 $\varphi(X_n)$ 是下鞅.

证明 $E(\varphi(X_{n+1}|F_n)) \overset{\text{詹森不等式}}{\geqslant} \varphi(E(X_{n+1}|F_n)) = \varphi(X_n)$.

注 (1) X_n 是下鞅, φ 是凸函数且单调上升, 则 $\varphi(X_n)$ 也是下鞅;

(2) X_n 是鞅, φ 是凹函数, 则 $\varphi(X_n)$ 是上鞅;

(3) X_n 是上鞅, φ 是凹函数且单调上升, 则 $\varphi(X_n)$ 是上鞅.

推论 6.4.1 (1) $P \geqslant 1, X_n$ 是鞅, $E|X_n|^p < \infty \Rightarrow |X_n|^p$ 是下鞅;

(2) X_n 是下鞅, 则 $(X_n - a)^+$ 是下鞅;

(3) X_n 是上鞅, 则 $X_n \wedge a$ 是上鞅.

定义 6.4.2 $\{F_n\}_{n\geqslant 1}$ 是一族 r.v.s $H_n \geqslant 0$ 称为 (F_n-) **可料的**, 如果 $H_n \in F_{n-1}, \forall n \geqslant 1$.

定理 6.4.3 定义 $(H\cdot X)_n=\sum\limits_{m=1}^{n}H_m(X_m-X_{m-1})$, 则

(1) $\{X_n\}_{n\geqslant 0}$ 是上鞅, $H_n\geqslant 0$ 可料有界, 则 $(H\cdot X)$ 也是上鞅;

(2) $\{X_n\}_{n\geqslant 0}$ 是下鞅, $H_n\geqslant 0$ 可料有界, 则 $(H\cdot X)$ 也是下鞅;

(3) $\{X_n\}_{n\geqslant 0}$ 是鞅, H_n 可料有界, 则 $(H\cdot X)$ 也是鞅.

证明

$$
\begin{aligned}
&E((H\cdot X)_{n+1}|F_n)=E((H\cdot X)_n+H_{n+1}(X_{n+1}-X_n)|F_n)\\
&=(H\cdot X)_n+E(H_{n+1}(X_{n+1}-X_n)|F_n)\\
&=(H\cdot X)_n+H_{n+1}(E(X_{n+1}|F_n)-X_n)\leqslant(H\cdot X)
\end{aligned}
$$

例 6.4.1 设 $\{y_n,n\geqslant 0\}$ 为相互独立的随机变量, 且 $E\left[|y_n|\right]<\infty$, $Ey_n=0,n\geqslant 0$. g_k 是 k 维的博雷尔可测函数, 令

$$
b_n=g_n(y_0,y_1,\cdots,y_{n-1}),\quad n\geqslant 1
$$

并假设 $E\left[|b_n|\right]<\infty,n\geqslant 1$. 定义随机变量的序列

$$
x_n=x_0+\sum_{k=1}^{n}b_ky_k\quad (x_0\ \text{为常数})
$$

$$
\mathscr{F}_n=\sigma(y_0,y_1,\cdots,y_n),\quad n\geqslant 1
$$

则 $\{x_n,\mathscr{F}_n,n\geqslant 1\}$ 是鞅. 事实上,

$$
|x_n|\leqslant|x_0|+\sum_{k=1}^{n}|b_k|\,|y_k|
$$

$$
E\left[|x_n|\right]\leqslant E[|x_0|]+\sum_{k=1}^{n}E[|b_k|\,|y_k|]<\infty
$$

又

$$
x_{n+1}=x_n+b_{n+1}y_{n+1}
$$

$$
\begin{aligned}
E\left[x_{n+1}\left|\mathscr{F}_n\right.\right]&=E\left[x_n\left|\mathscr{F}_n\right.\right]+E\left[b_{n+1}y_{n+1}\left|\mathscr{F}_n\right.\right]\\
&=x_n+E\left[b_{n+1}y_{n+1}\left|\mathscr{F}_n\right.\right]
\end{aligned}
$$

因为

$$
b_{n+1}=g_n(y_0,y_1,\cdots,y_n)\in B^n
$$

所以 b_{n+1} 是 $\mathscr{F}_n$ 可测的, 故

$$
E\left[b_{n+1}y_{n+1}\left|\mathscr{F}_n\right.\right]=b_{n+1}E\left[y_{n+1}\left|\mathscr{F}_n\right.\right]
$$

又因为 y_{n+1} 和 y_n 是独立的, $\sigma(y_{n+1})$ 与 $\mathscr{F}_n=\sigma(y_0,y_1,\cdots,y_n)$ 也独立, 故

$$
E\left[y_{n+1}\left|\mathscr{F}_n\right.\right]=E\left[y_{n+1}\right]=0
$$

$$E[x_{n+1}|\mathscr{F}_n] = x_n$$

由此知 $\{x_n, \mathscr{F}_n, n \geqslant 1\}$ 是鞅.

这个例子的直观意思为, 设赌徒每局赢的概率为 $\dfrac{1}{2}$, 事件 $\{y_n = 1\}$ 表示第 n 局赢, $\{y_n = -1\}$ 表示第 n 局输, 所以

$$P(y_n = 1) = P(y_n = -1) = \frac{1}{2}$$

$$E[y_n] = 0$$

假定 $\{y_n, n \geqslant 0\}$ 是独立的, 而赌者在第 n 局的策略 g_n 依赖于以前 $n-1$ 局的战绩, 即赌注 b_n 是 $y_{n-1}, \cdots, y_2, y_1, y_0$ 的函数, 我们记之为

$$b_n = g(y_0, y_1, \cdots, y_{n-1})$$

则第 n 局的盈亏为

$$x_n = x_0 + \sum_{k=1}^{n} b_k y_k$$

这里设初始赌注为 $x_0 \geqslant 0$, 于是我们可知

$$E[x_n - x_{n-1}] = 0$$

即, 平均地讲, 净利的平均值为零. 事实上

$$\begin{aligned} E[x_n - x_{n-1}] &= E[x_n] - E[x_{n-1}] \\ &= E[E[x_n|F_{n-1}]] - E[x_{n-1}] \\ &= E[x_{n-1}] - E[X_{n-1}] = 0 \end{aligned}$$

6.4.2 停时定理

定义 6.4.3 设 $(\Omega, \mathscr{F}, P)$ 为完备概率空间, $N = \{0, 1, 2, \cdots\}$, 若 $\mathscr{F}$ 的子 σ 域族 $\mathbf{F} = \{\mathscr{F}_{n,}, n \in N\}$ 满足

(i) $\mathscr{F}_0$ 包含一切 $\mathscr{F}$ 中的可略集;

(ii) 对每个 $n \in N$, $\mathscr{F}_n \subset \mathscr{F}_{n+1} \subset \mathscr{F}$.

则称 $\mathbf{F}$ 为 σ**域流**, $(\Omega, \mathscr{F}, \mathbf{F}, P)$ 称为带流的概率空间.

定义 6.4.4 设 $(\Omega, \mathscr{F}, \mathbf{F}, P)$ 为带流的概率空间, 随机变量序列 $\{X_n, n \geqslant 1\}$ 称为是**适应的**, 如果对每个 $n \geqslant 1$, X_n 关于 $\mathscr{F}_n$ 是可测的 (常记作 $X_n \in \mathscr{F}_n$).

注 设 $\{X_n, n \geqslant 1\}$ 为概率空间 $(\Omega, \mathscr{F}, P)$ 上的随机变量序列, 令 $\mathscr{F}_n = \sigma(X_j, j \leqslant n) \vee N$, 这里 $\sigma(X_j, j \leqslant n)$ 是使 $X_j, 1 \leqslant j \leqslant n$ 为可测变量的最小 σ 域, N 为 $\mathscr{F}_n$ 中的可略集的全体, $\sigma(X_j, j \leqslant n) \vee N$ 表示由 $\sigma(X_j, j \leqslant n)$ 和 N 生成的 σ 代数, 那么 $(\mathscr{F}_n, n \geqslant 1)$ 称为 $\{X_n, n \geqslant 1\}$ 的自然流. 另外

$$\mathscr{F}_\infty = \bigvee_n \mathscr{F}_n \Delta \sigma(\mathscr{F}_n, n \in N)$$

即 $\mathscr{F}_n$ 为由 $\mathscr{F}_n, n \in N$ 生成的 σ 域.

对 $(\Omega, \mathscr{F}, P)$ 上的随机变量 $\{X_n, n \geqslant 1\}$, 若 $\mathbf{F}$ 取做它的自然流, 则 $\{X_n, n \geqslant 1\}$ 必为适应的, 且 $\mathbf{F}$ 是使 $\{X_n, n \geqslant 1\}$ 为适应的最小 σ 域流.

定义 6.4.5 设 $(\Omega, \mathscr{F}, \mathbf{F}, P)$ 为带流的概率空间, $T(\omega)$ 是取非负整数的随机变量 (可取 $T(\omega) = +\infty$), 如果

$$\{\omega; T(\omega) \leqslant n\} \in \mathscr{F}_n$$

或等价地

$$\{\omega; T(\omega) = n\} \in \mathscr{F}_n$$

则称 $T(\omega)$ 为**停时**. 停时的全体记为 $\mathscr{T}$.

显然对 $k \in N$, 取 $T(\omega) = k$, 则 $T(\omega)$ 为一个停时.

定理 6.4.4 (停时定理) 设 (Ω, F, P) 为概率空间, F_t 满足通常条件. M_t 为右连续 F_t-鞅 (或下鞅, 上鞅). 令 $\{\sigma_t\}, t \geqslant 0$ 为有界 F_t-停时, 满足

$$P(\sigma_s \leqslant \sigma_t) = 1, \quad s \leqslant t, \quad \text{a.s.}$$

则 $\{M_{\sigma_t}, t \geqslant 0\}$ 是 $F_{\sigma t}$-鞅.

命题 6.4.1 设 B 为 $\mathbf{R}'$ 上的博雷尔集, $\{X_n, n \geqslant 1\}$ 为随机变量的序列, 则

(i) $T_B(\omega) = \inf\{n; X_n(\omega) \in B\}$ 为停时, 称它为初遇;

(ii) 设 T 为停时, 则

$$S(\omega) = \inf\{n; n > T(\omega), X_n(\omega) \in B\}$$

也是停时.

证明 (i) 显然 $\{\omega; T_B(\omega) = n\}$ 由这样的 ω 组成, 即对 $m=1,2,\cdots,n-1, X(\omega) \notin B$, 即 $X_m(\omega) \in B^c$, 而 $X_n(\omega) \in B$, 所以

$$\{\omega; T_B(\omega) = n\} = \bigcap_{m=1}^{n-1} \{\omega; X_m(\omega) \in B^c\} \cap \{\omega; X_n(\omega) \in B\} \in \mathscr{F}_n$$

从而 $T_B(\omega)$ 也是停时.

(ii) 设 $S(\omega) = \inf\{n; n > T(\omega),\ X_n(\omega) \in B\} = n$, $T(\omega) = k$, 则

$$T(\omega) = k < n, \quad X_p(\omega) \notin B, \quad k \leqslant p \leqslant n-1, \quad X_n(\omega) \in B$$

这意味着

$$\omega \in \{\omega; T(\omega) = k\} \bigcap_{p=k}^{n-1} \{\omega; X_p(\omega) \notin B\} \cap \{\omega; X_n(\omega) \in B\}$$

又因为 k 可取 $0, 1, \cdots, n-1$, 所以

$$\{\omega; S(\omega) = n\} = \bigcup_{k=0}^{n-1} \left[\{\omega; T(\omega) = k\} \bigcap_{p=k}^{n-1} \{\omega; X_p(\omega) \notin B\} \cap \{\omega; X_n(\omega) \in B\} \right],$$

可知 $S(\omega)$ 为停时.

定理 6.4.5 若 N 是停时, X_n 是上鞅, 则 $X_{N\wedge n}$ 是上鞅;
若 N 是停时, X_n 是下鞅, 则 $X_{N\wedge n}$ 是下鞅;
若 N 是停时, X_n 是鞅, 则 $X_{N\wedge n}$ 是鞅.

证明 取 $H_n = 1_{\{N\geqslant n\}} = 1^c_{\{N\leqslant n-1\}} \in F_{n-1}$,

$$\begin{aligned}(H\cdot X)_n &= \sum_{m=1}^{n} 1_{\{N\geqslant m\}}(X_m - X_{m-1}) = 1_{\{N\geqslant n\}}X_n \\ &\quad + \sum_{m=2}^{n}(1_{\{N\geqslant m-1\}} - 1_{\{N\geqslant m\}})X_{m-1} - 1_{\{N\geqslant 1\}}X_0 \\ &= 1_{\{N\geqslant n\}}X_n + \sum_{m=1}^{n-1} 1_{\{N=m\}}X_m - X_0 = X_{N\wedge n} - X_0\end{aligned}$$

$\{X_n\}_{n\geqslant 0}$ 是下鞅, $a<b$, $N_0=-1$, 对 $k\geqslant 1$, 令 $N_{2k-1}=\inf\{m>N_{2k-2}:X_m<a\}$, 令 $N_{2k}=\inf\{m>N_{2k-1}:X_m>b\}$, $X(N_{2k-1})\leqslant a, X(N_{2k})\geqslant b$, N_{2k-1} 到 N_{2k} 之间, X_m 从 a 下方穿到 b 上方.

定义 $H_m = \begin{cases} 1, & N_{2k-1}<m<N_{2k}, \text{对某个 } k, \\ 0, & \text{其他}, \end{cases}$ H_m 是可料的, 记 $U_m = \sup\{k: N_{2k}\leqslant n\}$ 表示 n 之前 (包括 n) X_m 从 a 上穿到 b 的次数, 则有以下定理.

定理 6.4.6 (上穿不等式) 若 $X_m, m\geqslant 0$ 是下鞅, 则

$$(b-a)EU_n \leqslant E(X_n-a)^+ - E(X_0-a)^+$$

证明 令 $Y_m = a+(X_m-a)^+$, Y_m 是下鞅. Y_m 上穿 $[a,b]$ 的次数与 X_m 一样.

$$\begin{aligned}(b-a)U_n &\leqslant (H\cdot Y)_n = \sum_{m=1}^{n} H_m(X_m - X_{m-1}) \\ &= \sum_{k=1}^{U_n}\sum_{N_{2k-1}}^{N_{2k}} H_m(X_m-X_{m-1}) = \sum_{k-1}^{U_n}(X_{N_{2k}} - X_{N_{2k-1}}) \geqslant (b-a)U_n\end{aligned}$$

令 $K_m = 1-H_m$,

$$Y_n - Y_0 = (H\cdot Y)_n + (K\cdot Y)_n$$

由 (Y_n 是下鞅 $\Rightarrow (K\cdot Y)_n$ 也是下鞅 $\Rightarrow E\left(K\cdot Y\right)_n \geqslant E(K\cdot Y)_0\geqslant 0$)

$$EY_n - EY_0 \geqslant E(H\cdot Y)_n \geqslant E((b-a)U_n) = (b-a)EU_n$$

6.4.3 一致可积性

定义 6.4.6 $X=\{X_n, n\geqslant 0\}$ 为随机序列, 称 X 为一致可积的, 如果

$$\lim_{\lambda\to\infty}\int_{\{|X_n|\geqslant\lambda\}} |X_n|\mathrm{d}P = 0$$

关于 $n \geqslant 0$ 一致成立.

定理 6.4.7 设 $X=\{X_n, n\geqslant 0\}$ 是鞅 (下鞅), 且一致可积, 则存在可积的随机变量 X_∞, X_∞ 关于 $\mathscr{F}_\infty$ 可测, 使

(i) $\lim\limits_{n\to\infty} X_n = X_\infty$, a.e.;

(ii) $\lim\limits_{n\to\infty} E|X_n - X_\infty| = 0$;

(iii) $\{X_n;\ 0\leqslant n\leqslant\infty\}$ 是鞅 (下鞅), 即对一切 $n\geqslant 0$, 都有

$$E[X_\infty|\mathscr{F}_n] = X_n(\geqslant X_n),\quad \text{a.e.}$$

证明 因为 $X=\{X_n, n\geqslant 0\}$ 一致可积, 所以当 λ 充分大时, 对 n 一致地有

$$E|X_n| \leqslant \int_{\{|X_n|<\lambda\}} |X_n|\mathrm{d}P + \int_{\{|X_n|\geqslant\lambda\}} |X_n|\mathrm{d}P \leqslant \lambda+\varepsilon$$

由此可知, $\sup\limits_{n\geqslant 0} E[X_n] < \infty$. 由定理 6.4.7 知, 存在关于 $\mathscr{F}_\infty$ 可测且可积的 X_∞, 使 $\lim\limits_{n\to\infty} X_n = X_\infty$, a.e..

$\forall A\in\mathscr{F}_n\subseteq\mathscr{F}_\infty$, 因为 $E[X_m|\mathscr{F}_n]=X_n$, 由条件概率的定义知

$$\int_A X_n\mathrm{d}P = \int_A X_m\mathrm{d}P = E[X_m I_A] \to E[X_\infty I_A],\quad m\to\infty$$

再由条件概率的定义和性质知, $E[X_\infty|\mathscr{F}_n] = X_n(\geqslant X_n)$, a.e.

推论 6.4.2 设 $\{\mathscr{F}_n, n\geqslant 0\}$ 为 σ 代数流, $\mathscr{F}_\infty = \bigvee\limits_{n=0}^{\infty}\mathscr{F}_n$, Y 是可积的随机变量, 令

$$X_n = E[Y|\mathscr{F}_n],\quad n\geqslant 0$$

则 (i) $\{X_n\}$ 一致可积; (ii) $\lim\limits_{n\to\infty} X_n = E[Y|\mathscr{F}_\infty]$, a.e., 且 $\lim\limits_{n\to\infty} E|X_n - E(Y|\mathscr{F}_\infty)| = 0$.

证明 (i) 由马尔可夫不等式

$$P(|X_n|\geqslant\lambda) \leqslant \lambda^{-1}E|X_n| \leqslant \lambda^{-1}E|Y| \to 0,\quad \lambda\to\infty$$

所以

$$\begin{aligned}
\int_{\{|X_n|\geqslant\lambda\}} |X_n|\mathrm{d}P &\leqslant \int_{\{|X_n|\geqslant\lambda\}} |Y|\mathrm{d}P \\
&= \int_{\{|Y|<k\}\cap\{|X_n|\geqslant\lambda\}} |Y|\mathrm{d}P + \int_{\{|Y|\geqslant k\}\cap\{|X_n|\geqslant\lambda\}} |Y|\mathrm{d}P \\
&= k\int\limits_{\{|X_n|\geqslant\lambda\}} \mathrm{d}P + \int_{\{|Y|\geqslant k\}} |Y|\mathrm{d}P \\
&= kP(|X_n|\geqslant\lambda) + \int_{\{|Y|\geqslant k\}} |Y|\mathrm{d}P
\end{aligned}$$

对 $\forall\varepsilon>0, \exists K$, 当 $k>K$ 时,

$$\int_{\{|Y|\geqslant k\}} |Y|\mathrm{d}P < \frac{\varepsilon}{2}$$

对所取的 k, 取充分大的 λ_k, 使 $\lambda > \lambda_k$ 时,

$$kP(|X_n| \geqslant \lambda) < \frac{\varepsilon}{2},$$

所以 λ 充分大时,

$$\int_{\{|X_n| \geqslant \lambda\}} |X_n| \mathrm{d}P < \frac{\varepsilon}{2} + \frac{\varepsilon}{2} = \varepsilon,$$

$\{X_n\}$ 一致可积.

(ii) 因为

$$E[X_{n+1}|\mathscr{F}_n] = E[E[Y|\mathscr{F}_{n+1}]|\mathscr{F}_n] = E[Y|\mathscr{F}_n] = X_n,$$

所以 $\{X_n; n \geqslant 0\}$ 是鞅, 又因为 $\{X_n; n \geqslant 0\}$ 一致可积, 由定理 6.4.7 知存在 $X_\infty \in \mathscr{F}_\infty$, $E|X_\infty| < \infty$, 使得 $\lim\limits_{n\to\infty} X_n = X_\infty$, a.e..

往证 $X_\infty = E[Y|\mathscr{F}_\infty]$. 因为

$$E|X_n - X_\infty| \to 0, \quad n \to \infty,$$

所以对 $\forall A \in \mathscr{F}_\infty$,

$$E[X_n I_A] \to E[X_\infty I_A], \quad n \to \infty.$$

从而对 $\forall A \in \mathscr{F}_n \subset \mathscr{F}_\infty$, 有

$$\int_A Y \mathrm{d}P = \int_A X_n \mathrm{d}P \to \int_A X_\infty \mathrm{d}P, \quad n \to \infty,$$

所以

$$E[YI_A] = E[X_\infty I_A].$$

上式对 $\forall A \in \bigcup\limits_{n=0}^{\infty} \mathscr{F}_n$ 成立. 由 λ-系法知, 对 $\forall A \in \sigma\left(\bigcup\limits_{n=0}^{\infty} \mathscr{F}_n\right)$, 上式也成立. 由条件概率的定义知

$$X_\infty = E[Y|\mathscr{F}_\infty].$$

6.4.4 鞅收敛定理

鞅收敛定理 (一致有界 → 收敛) 若 X_n 是下鞅, $\sup EX_n^+ < \infty$, 则 $\lim\limits_{n\to\infty} X_n$ 存在 a.s. 设为 X, 且有 $E|X| < \infty$.

证明 $(X-a)^+ \leqslant X^+ + |a|$. 由上穿不等式

$$(b-a)EU_n \leqslant E(X_n^+ + |a|) = EX_n^+ + |a| \Rightarrow EU_n \leqslant \frac{1}{b-a}(EX_n^+ + |a|).$$

$n \uparrow \infty, U_n \uparrow$, 设极限为 $U \Rightarrow EU < \infty \Rightarrow U < \infty$. a.s.

因为

$$P\left(\left\{\varliminf_{n\to\infty} X_n < a < b < \varlimsup_{n\to\infty} X_n\right\}\right) = 0,$$

所以

$$P\left(\bigcup_{a,b\in Q}^{\forall a,b}\left\{\varliminf_{n\to\infty} X_n < a < b < \varlimsup_{n\to\infty} X_n\right\}\right) = 0 \Rightarrow \varliminf_{n\to\infty} X_n = \varlimsup_{n\to\infty} X_n$$

存在性证毕, 下证有界性.

要证 $E|X| < \infty$, 设 $\lim_{n\to\infty} X_n = X, X_n^+ \to X^+$, 由法图 (Fatou) 引理,

$$E\left(\lim_{n\to\infty} X^+\right) = E\left(\varliminf_{n\to\infty} X^+\right) \leqslant \varliminf_{n\to\infty} X_n^+ \Rightarrow EX^+ < \infty$$

对 X_n^- 用法图引理 $X_n^- = X_n^+ - X_n$, 所以

$$EX_n^- = EX_n^+ - EX_n \leqslant EX_n^+ - EX_0 < \infty \text{ (由 } X_n \text{ 是下鞅}, EX_n \geqslant EX_0),$$

至此有界性证毕.

推论 6.4.3 $X_n \geqslant 0$ 是上鞅 $\Rightarrow X_n \to X$, a.s. 且 $EX \leqslant EX_0$

证明 $-X_n$ 是下鞅, 且 $E(-X_n)^+ = 0$, 所以 $-X_n$ 收敛 a.s.

关于满足鞅收敛定理 (或其推论) 的条件时, r.v. 不收敛的反例:

$$S_0 = 1, \quad S_n = S_{n-1} + \xi_n, \quad \xi_1, \cdots, \xi_n, \text{ i.i.d. } \; P(\xi_i = 1) = P(\xi_i = -1) = \frac{1}{2}$$

$N = \inf\{n : S_n = 0\}$, $X_n = S_{N\wedge n}$ 是鞅, 非负, X_n 收敛 $X_n \to X_\infty < \infty$, 必有 $X_\infty \equiv 0$ 但 $EX_n = EX_0 = 1$.

练习 4

证明: 设 $\{x_n, n \geqslant 1\}$ 为独立随机变量序列, $E[x_n] = 0$, 则 $x_n = \sum_{k=1}^{n} x_k$ 为鞅序列, 这里 $\mathscr{F}_n = \sigma(x_k, k \leqslant n)$.

6.5 布朗运动

1828 年, 英国植物学家布朗观察到悬浮在液体中的花粉的无规则运动, 后来发现这种无规则的运动是由于大量的液体分子碰撞花粉造成的. 1905 年, 爱因斯坦从统计物理的原理出发, 发现了这种无规则或者说随机运动的概率分布. 1923 年, 维纳设粒子在时刻 $t \geqslant 0$ 的位置是一个三维的随机向量 B_t, 用随机过程的理论建立了这种运动的精确数学模型 —— 这就是我们今天所说的布朗运动或维纳过程.

6.5.1 基本概念和性质

每个单位时间等可能地向左或向右走一个单位步子的运动称为对称随机游动, 若加速此过程, 在越来越小的时间间隔中走越来越小的步子, 并以正确的方式趋于极限, 得到

的就是布朗运动 $X(t)=\Delta x\left(X_1+\cdots+X_{[t/\Delta t]}\right)$, 其中 Δt: 时间的长短, Δx: 步子的大小. 易知

$$E(X_i)=0,\quad \operatorname{Var}(X_i)=1,\quad E(X(t))=0,\quad \operatorname{Var}(X(t))=(\Delta\mathcal{X})^2\left[\frac{t}{\Delta t}\right].$$

若令 $\Delta\mathcal{X}=\sigma\sqrt{\Delta t}$, 可得 $E(X(t))=0$, $\operatorname{Var}(X(t))\to\sigma^2 t$.

由中心极限定理, 得到 $X(t)$ 的一些性质:

(1) $X(t)$ 是正态的, 均值为 0, 方差为 $\sigma^2 t$;

(2) $\{X(t),t\geqslant 0\}$ 有独立增量 (因为随机游动在不重叠时间内变化独立);

(3) $\{X(t),t\geqslant 0\}$ 有平稳增量 (因为随机游动任一时间区间内变化分布只依赖区间长度).

接下来我们给出布朗运动的严格定义.

定义 6.5.1 设 (Ω,F,P) 是带有滤子 F_t 的概率空间. 若一维实值连续 F_t 适应的随机过程 B_t 满足下列条件:

(1) $B_0=0$ a.s.;

(2) 对任意 $0\leqslant s<t<\infty$, B_t-B_s 服从均值为零, 方差为 $t-s$ 的正态分布, 也就是 $B_t-B_s\sim N(0,t-s)$;

(3) 对任意 $0\leqslant s<t<\infty$, B_t-B_s 与 F_s 独立.

则 B_t 称为布朗运动, 也称为维纳过程.

(**等价定义**) 布朗运动是具有下述性质的随机过程 $\{B(t),t\geqslant 0\}$.

(1) (正态增量) $B(t)-B(s)\sim N(0,t-s)$, 即 $B(t)-B(s)$ 服从均值为 0, 方差为 $t-s$ 的正态分布. 当 $s=0$ 时, $B(t)-B(0)\sim N(0,t)$.

(2) (独立增量) $B(t)-B(s)$ 独立于过程的过去状态 $B(u),0\leqslant u\leqslant s$.

(3) (路径的连续性) $B(t)$, $t\geqslant 0$ 是 t 的连续函数.

注 没有假定 $B(0)=0$ 的运动被称为始于 x 的布朗运动, 记为 $\{B^{\mathcal{X}}(t)\}$; 始于 0 的布朗运动记为 $\{B^0(t)\}$. 易见,

$$B^{\mathcal{X}}(t)-\mathcal{X}=B^0(t)$$

该式称为布朗运动的空间齐次性. 也说明, $B^{\mathcal{X}}(t)$ 和 $\mathcal{X}+B^0(t)$ 是相同的, 我们只需要研究始于 0 的布朗运动就可以了, 如不加说明, 布朗运动就是始于 0 的布朗运动.

定义 6.5.2 设 $\{X(t),t\geqslant 0\}$ 是随机过程, 如果它的有限维分布是空间平移不变的, 即

$$\begin{aligned}&P\{X(t_1)\leqslant x_1,X(t_2)\leqslant x_2,\cdots,X(t_n)\leqslant x_n|X(0)=0\}\\&=P\{X(t_1)\leqslant x_1+x,X(t_2)\leqslant x_2+x,\cdots,X(t_n)\leqslant x_n+x|X(0)=x\}\end{aligned}$$

则称此过程为**空间齐次**的.

布朗运动的数字特征:

(1) $\mu_x(t)=E(X(t))=0$, $D_x(t)=D(X(t))=\sigma^2 t$;

(2) $C_x(s,t)=R_x(s,t)$

$$=\begin{cases}E\left[X(s)\left(X(s)+X(t)-X(s)\right)\right]=E\left[X(s)^2\right]=\sigma^2 s,\ s\leqslant t,\\ E\left[\left(X(s)-X(t)+X(t)\right)X(t)\right]=E\left[X(t)^2\right]=\sigma^2 t,\ \ s>t\end{cases}=\sigma^2\min\{s,t\},\quad s,t>0.$$

例 6.5.1 设 $\{B(t),t\geqslant 0\}$ 是标准布朗运动, 计算 $P\{B(2)\leqslant 0\}$ 和 $P\{B(t)\leqslant 0, t=0,1,2\}$,

解 由于 $B(2)\sim N(0,2)$, 所以 $P\{B(2)\leqslant 0\}=\dfrac{1}{2}$, 因此 $B(0)=0$, 所以 $P\{B(t)\leqslant 0, t=0,1,2\}=P\{B(t)\leqslant 0,t=1,2\}=P\{B(1)\leqslant 0,B(2)\leqslant 0\}$.

虽然 $B(1)$ 和 $B(2)$ 不是独立的, 但由等价定义 (2) 和 (3) 可知, $B(2)-B(1)$ 与 $B(1)$ 是互相独立的标准正态分布随机变量, 于是利用分解式

$$B(2)=B(1)+(B(2)-B(1))$$

可得

$$\begin{aligned}&P\{B(1)\leqslant 0,B(2)\leqslant 0\}\\&=P\{B(1)\leqslant 0,B(1)+(B(2)-B(1))\leqslant 0\}\\&=P\{B(1)\leqslant 0,B(2)-B(1)\leqslant -B(1)\}\\&=\int_{-\infty}^{0}P\{B(2)-B(1)\leqslant -x\}\varphi(x)\mathrm{d}x\\&=\int_{-\infty}^{0}\Phi(-x)\mathrm{d}\Phi(x),\end{aligned}$$

这里 Φ 和 φ 分别表示标准正态分布的分布函数和密度函数. 由积分替换公式

$$\int_{0}^{\infty}\Phi(x)\varphi(-x)\,\mathrm{d}x=\int_{0}^{\infty}\Phi(x)\,\mathrm{d}\Phi(x)=\int_{\frac{1}{2}}^{1}y\mathrm{d}y=\frac{3}{8}$$

如果过程从 x 开始, $B(0)=x$, 则 $B(t)\sim N(x,t)$, 于是

$$P_x\left\{B(t)\in(a,b)=\int_a^b\frac{1}{\sqrt{2\pi t}}\mathrm{e}^{-\frac{(y-x)^2}{2t}}\mathrm{d}y\right\}$$

这里, 概率 P_x 的下标 x 表示过程始于 x. 积分号中的函数 $P_t(x,y)$

$$P_t=\frac{1}{\sqrt{2\pi t}}\mathrm{e}^{-\frac{(y-x)^2}{2t}}$$

称之为布朗运动的转移概率速度, 利用独立增量性以及转移概率密度, 我们可以计算任意布朗运动的有限维分布

$$\begin{aligned}&P_x\{B(t_1)\leqslant x_1,\cdots,B(t_n)\leqslant x_n\}\\&=\int_{-\infty}^{x_1}p_{t_1}(x,y_1)\mathrm{d}y_1\int_{-\infty}^{x_2}p_{t_2-t_1}(y_1,y_2)\mathrm{d}y_2\cdots\int_{-\infty}^{x_n}p_{t_n-t_{n-1}}(y_{n-1},y_n)\,\mathrm{d}y_n\end{aligned}$$

布朗运动有如下性质.

(1) 马尔可夫性:

$$\begin{aligned}
&P\{X(t+s)\leqslant a|X(s)=x,X(u),0\leqslant u\leqslant s\}\\
&=P\{X(t+s)-X(s)\leqslant a-x|X(s)=x,X(u),0\leqslant u\leqslant s\}\\
&=P\{X(t+s)-X(s)|X(s)=x\}
\end{aligned}$$

(2) 标准布朗运动: 若 $X(t)$ 为布朗运动, 均值为 0, 方差为

$$f(x_1,\cdots,x_n)=f_{t_1}f_{t_2-t_1}(x_2-x_1)\cdots f_{t_n-t_{n-1}}(x_n-x_{n-1})$$

例 6.5.2 设 $X(t)$ 为布朗运动, 均值为 0, 方差为 t, 求 $X(t)=B$ 给定时, $X(s)$ 的条件分布, 其中 $s<t$.

解 条件密度是

$$\begin{aligned}
f_{s/t}(x|B)&=\frac{f_s(x)f_{t-s}(B-x)}{f_t(B)}=K_1\exp\left\{\frac{-x^2}{2s}-\frac{(B-x)^2}{2(t-s)}\right\}\\
&=K_2\exp\left\{-\frac{t(x-Bs/t)^2}{2s(t-s)}\right\}
\end{aligned}$$

例 6.5.3 在有两人比赛的自行车赛中, 以 $Y(t)$ 记当 $t\%$ 的竞赛完成时, 从内道出发的竞赛者领先的时间秒数, 且假设 $Y(t)$ 可以有效地用方差参数为 σ 的布朗运动建模. 求:

(1) 如果在赛道的中点, 内道竞赛者领先 σ 秒, 问他取胜的概率是多少?

(2) 如果内道竞赛者在竞赛中领先 σ 秒获胜, 问他在竞赛中点领先的概率是多少?

解 (1) $P\left\{Y(1)>0\middle|Y\left(\frac{1}{2}\right)=\sigma\right\}$

$$\begin{aligned}
&=P\left\{Y(1)-Y\left(\frac{1}{2}\right)>-\sigma\middle|Y\left(\frac{1}{2}\right)=\sigma\right\}\\
&=P\left\{Y(1)-Y\left(\frac{1}{2}\right)>-\sigma\right\}=P\left\{Y\left(\frac{1}{2}\right)>-\sigma\right\}\\
&=P\frac{Y\left(\frac{1}{2}\right)}{\sigma/\sqrt{2}}>-\sqrt{2}\approx 0.9213
\end{aligned}$$

(2) 需要计算 $P\left\{Y\left(\frac{1}{2}\right)>0\middle|Y(1)=\sigma\right\}$.

首先需要确定, 在 $s<t$ 时, 给定 $Y(t)=C$ 时 $Y(s)$ 的条件分布.

若令 $X(t)=\dfrac{Y(t)}{\sigma}$, 则 $\{X(t)|t\geqslant 0\}$ 是标准布朗运动, 由例 6.5.2, 可得当给定 $X(t)=\dfrac{C}{\sigma}$ 时, $X(s)$ 的条件分布的均值为 $\dfrac{sC}{t\sigma}$, 方差为 $\dfrac{s(t-s)}{t}$ 的正态分布. 因此给定 $Y(t)=C$ 时, $Y(s)=\sigma X(s)$, 方差 $\dfrac{\sigma^2 s(t-s)}{t}$ 的正态分布.

因此, $P\left\{Y\left(\frac{1}{2}\right)>0\middle|Y(1)=\sigma\right\}=P\left\{N\left(\frac{\sigma}{2},\frac{\sigma^2}{4}\right)>0\right\}=\Phi(1)\approx 0.8413$,

$$\begin{aligned}\operatorname{Cov}(Z(s),Z(t))&=\operatorname{Cov}(X(s)-sX(1),X(t)-tX(1))\\&=\operatorname{Cov}(X(s),X(t))-t\operatorname{Cov}(X(s),X(1))\\&\quad-s\operatorname{Cov}(X(1),X(t))+st\operatorname{Cov}(X(1),X(1))\\&=s-st-st+st=s(1-t)\end{aligned}$$

此外, 布朗运动 B_t 还有如下重要性质:

(1) 布朗运动 B_t 是几乎确定无处可微的, 也就是说, 它几乎所有的样本轨道都是确定性的无处可微函数;

(2) 布朗运动 B_t 在任何有限区间上几乎确定是无界变差的, 也就是说, 它几乎所有样本轨道在任何有限区间上都是确定性的无界变差函数;

(3) 布朗运动 B_t 是连续的平方可积鞅, 其二次变分 $\langle B_t,B_t\rangle_t=t\,(t\geqslant 0)$;

(4) 由 (3) 及强大数定律立即推得

$$\lim_{t\to\infty}\frac{B_t}{t}=0\quad\text{a.s.}$$

(5) (重对数律) 如下极限成立:

$$\limsup_{t\to\infty}\frac{B_t}{\sqrt{2t\ln\ln t}}=1\quad\text{a.s.}$$

$$\liminf_{t\to\infty}\frac{B_t}{\sqrt{2t\ln\ln t}}=-1\quad\text{a.s.}$$

定义 6.5.3 一个 n 维的随机过程 $B_t=\left(B_t^1,\cdots,B_t^n\right)\ (t\geqslant 0)$ 称为 n 维布朗运动, 如果它的每一个分量 $B_t^i\,(i=1,\cdots,n)$ 都是一维布朗运动且 $B_t^1,\cdots,B_t^n$ 是独立的.

6.5.2 高斯过程

所谓高斯过程是指所有有限维分布都是多元正态分布的随机过程, 定义如下:

定义 6.5.4 设 $\{X(t),t\in T\}$ 是一随机过程, 如果对于任意 $n\geqslant 1$, 任意 $t_1,t_2,\cdots,t_n\in T$, $(X(t_1),X(t_2),\cdots,X(t_n))$ 是 n 维正态随机变量, 则称 $\{X(t),t\in T\}$ 为**正态过程或高斯过程**.

易知, 布朗运动是一种特殊的高斯过程, 即 $B(t)$ 的任何有限维分布都是正态的.

引理 6.5.1 设 $X\sim N(\mu_{1,\sigma_1^2}),Y\sim N(\mu_{2,\sigma_2^2})$ 是相互独立的, 则 $(X,X+Y)\sim N(\mu,\Sigma)$. 其中均值 $\mu=(\mu_1,\mu_1+\mu_2)^{\mathrm{T}}$, 协方差阵 $\Sigma=\begin{pmatrix}\sigma_1^2&\sigma_1^2\\\sigma_1^2&\sigma_1^2+\sigma_2^2\end{pmatrix}$.

定理 6.5.1 布朗运动是均值函数为 $m(t)=0$, 协方差函数为 $\gamma(s,t)$ 的高斯过程.

证明 由于布朗运动的均值是 0, 所以协方差函数为

$$\gamma(s,t)=\operatorname{Cov}[B(t),B(s)]=E[B(t)B(s)]$$

若 $t<s$, 则 $B(s)=B(t)+B(s)-B(t)$, 由独立增量性可得

$$E[B(t)B(s)]=E\left[B^2(t)\right]+E[B(t)(B(s)-B(t))]=E\left[B^2(t)\right]=t$$

类似地, 若 $t>s$, 则 $E[B(t)B(s)]=s$. 再由上述引理及数学归纳法, 我们得到 $B(t)$ 的任何有限维分布是正态的.

例 6.5.4 设 $B(t)$ 是布朗运动, 求 $B(1)+B(2)+B(3)+B(4)$ 的分布.

解 考虑随机向量 $X=(B(1),B(2),B(3),B(4))^{\mathrm{T}}$, 由定理 6.5.1 可知 X 服从多元正态分布且具有零均值和协方差矩阵

$$\Sigma=\begin{pmatrix}1&1&1&1\\1&2&2&2\\1&2&3&3\\1&2&3&3\end{pmatrix}$$

令 $A=(1,1,1,1)$ 则

$$AX=X_1+X_2+X_3+X_4=B(1)+B(2)+B(3)+B(4)$$

具有均值为零, 方差为 $A\Sigma A'=30$ 的正态分布, 于是 $B(1)+B(2)+B(3)+B(4)$ 是服从均值为 0, 方差为 30 的正态分布.

定义 6.5.5 若 $\{X(t),t\geqslant 0\}$ 为布朗运动过程, 则条件随机过程

$$\{X(t),0\leqslant t\leqslant 1\,|\,X(1)=0\}$$

是高斯过程, 称之为布朗桥.

布朗桥过程完全由其边际均值和协方差确定:

(1) $E(X(s)\,|\,X(1)=0)=0$;

(2) $\mathrm{Cov}(X(s),X(t)\,|\,X(1)=0)=E(X(s),X(t)\,|\,X(1)=0)=s(1-t),s<t<1$.

例 6.5.5 设 $X(t)$ 为布朗运动, 则 $Z(t)=X(t)-tX(1)$ 时, $\{Z(t),0\leqslant t\leqslant 1\}$ 是布朗桥

证明 设 $\{Z(t),t\geqslant 0\}$ 显然是高斯过程, 需要验证的只是 $E(Z(t))=0$ 及 $s<t$ 时, $\mathrm{Cov}(Z(s),Z(t))=s(1-t)$.

例 6.5.6 求 $B\left(\dfrac{1}{4}\right)+B\left(\dfrac{1}{2}\right)+B\left(\dfrac{3}{4}\right)+B(1)$ 的分布.

解 考虑随机向量 $Y=\left(B\left(\dfrac{1}{4}\right),B\left(\dfrac{1}{2}\right),B\left(\dfrac{3}{4}\right),B(1)\right)^{\mathrm{T}}$, 易见, Y 与上例中的 X 具有相同的情形, 所以它的协方差矩阵为 $\dfrac{1}{4}\Sigma$. 因此 $AY=B\left(\dfrac{1}{4}\right)+B\left(\dfrac{1}{2}\right)+B\left(\dfrac{3}{4}\right)+B(1)$ 服从均值为 0, 方差为 $\dfrac{30}{4}$ 的正态分布.

6.5.3 布朗运动的鞅性

接下来讨论与布朗运动相联系的几个鞅, 首先回忆连续鞅的定义, 随机过程 $\{X(t), t\geqslant 0\}$ 称为鞅, 如果 $\forall t$, $E[|X(t)|]<\infty$, 且 $\forall s>0$, 有

$$E[X(t+s)|\mathcal{F}_t]=X(t),\quad \text{a.s.},$$

这里 $\mathcal{F}_t=\sigma\{X(u), 0\leqslant u\leqslant t\}$ 是由 $\{X(u), 0\leqslant u\leqslant t\}$ 生成的 σ 代数, 该等式是几乎必然成立的, 在后面有关证明中, 有时也省略 a.s..

定理 6.5.2 设 $\{B(t)\}$ 是布朗运动, 则

(1) $\{B(t)\}$ 是鞅;

(2) $\{B(t)^2-t\}$ 是鞅;

(3) 对于任意实数 u, $\exp\left\{uB(t)-\dfrac{u^2}{2}t\right\}$ 是鞅.

证明 首先 $B(t+s)-B(t)$ 与 $\mathcal{F}_t$ 的独立性可知, 对任意函数 $g(x)$, 有

$$E[g(B(t+s)-B(t))|\mathcal{F}_t]=E[g(B(t+s)-B(t))]$$

由布朗运动的定义, $B(t)\sim N(0,t)$, 所以 $B(t)$ 可积, 且 $E[B(t)]=0$. 再由其他性质得

$$\begin{aligned}E[B(t+s)|\mathcal{F}_t]&=E[B(t)+(B(t+s)-B(t))|\mathcal{F}_t]\\&=E[B(t)|\mathcal{F}_t]+E[B(t+s)-B(t)|\mathcal{F}_t]\\&=B(t)+[B(t+s)-B(t)]=B(t+s)\end{aligned}$$

从而 (1) 得证.

由于 $E[B^2(t)]=t<\infty$, 所以 $B^2(t)$ 可积. 于是得到

$$\begin{aligned}B^2(t+s)&=[B(t)+B(t+s)-B(t)]^2\\&=B(t)^2+2B(t)[B(t+s)-B(t)]+[B(t+s)-B(t)]^2\end{aligned}$$

$$\begin{aligned}E[B^2(t+s)|\mathcal{F}_t]&=B^2(t)+2E[B(t)(B(t+s)-B(t))|\mathcal{F}_t]+E\left[[B(t+s)-B(t)]^2|\mathcal{F}_t\right]\\&=B^2(t)+s\end{aligned}$$

这里我们利用了 $B(t+s)-B(t)$ 与 $\mathcal{F}_t$ 的独立性且具有均值 0, 并对 $g(x)=x^2$ 应用式 (7.3.2). 在式 (7.3.3) 两端同时减去 $t+s$, 则 (2) 得证.

考虑 $B(t)\sim N(0,t)$ 的矩母函数 $E[\mathrm{e}^{uB(t)}]=\mathrm{e}^{tu^2/2}<\infty$, 这蕴含着 $\mathrm{e}^{uB(t)}$ 是可积的, 并且

$$E\left[\mathrm{e}^{uB(t)-\frac{u^2}{2}t}\right]=1$$

取 $g(x)=\mathrm{e}^{ux}$ 可得

$$E\left[\mathrm{e}^{uB(t+s)}\middle|\mathcal{F}_t\right]$$

$$
\begin{aligned}
&= E\left[\mathrm{e}^{uB(t)+u(B(t+s)-B(t))}\middle|\mathcal{F}_t\right]\\
&= \mathrm{e}^{uB(t)}E\left[\mathrm{e}^{u(B(t+s)-B(t))}\middle|\mathcal{F}_t\right]\\
&= \mathrm{e}^{uB(t)}E\left[\mathrm{e}^{u(B(t+s)-B(t))}\right]\\
&= \mathrm{e}^{uB(t)}\mathrm{e}^{\frac{u^2}{2}s}
\end{aligned}
$$

两端同时乘以 $\mathrm{e}^{-\frac{u^2}{2}(t+s)}$, 则 (3) 得证.

注 上述定理所给的这 3 个鞅在理论上也有着十分重要的意义, 比如鞅 $\{B(t)^2-t\}$ 就是布朗运动的特征, 即, 如果连续鞅 $\{X(t)\}$ 使得 $\{X(t)^2-t\}$ 也是鞅, 则 $\{X(t)\}$ 是布朗运动.

例 6.5.7 设 $B(t)$ 为一标准布朗运动, 令 $T=\min\{t:B(t)=2-4t\}$, 即 T 是标准布朗运动首次击中 $2-4t$ 的时间, 用鞅的定理求 $E[T]$.

解 由鞅的停止定理 $E[B(T)]=E[B(0)]=0$, 由 $B(t)=2-4t$, 所以 $2-4E[T]=0$, 求得 $E[T]=\dfrac{1}{2}$.

6.5.4 布朗运动的马尔可夫性

所谓马尔可夫性指在知道过程的现在与过去的状态的条件下, 过程将来的表现与过去无关. 换言之, 过程依赖于现在, 但是并不记忆现在的状态是如何得到的, 即 “遗忘性”. 在前面我们介绍了马尔可夫链和连续时间离散状态的马尔可夫过程, 而在这里我们讨论的马尔可夫运动是连续时间状态过程, 为此我们从连续马尔可夫过程的定义开始.

定义 6.5.6 设 $\{X(t),t\geqslant 0\}$ 是一个连续随机过程, 如果 $\forall t,s>0$, 有

$$
P\{X(t+s)\leqslant y|\mathcal{F}_t\}=P\{X(t+s)\leqslant y|X(t)\}\quad \text{a.s.}
$$

则 $\{X(t)\}$ 为马尔可夫过程, 这里 $F_t=\sigma\{X(u),0\leqslant u\geqslant t\}$. 该性质称为马尔可夫性.

定理 6.5.3 布朗运动 $\{B(t)\}$ 具有马尔可夫性.

证明 用矩母函数方法容易得 $B(t+s)$ 在给定条件 $\mathcal{F}_t$ 下的分布与在给定条件 $B(t)$ 下的分布是一致的, 事实上,

$$
\begin{aligned}
E[\mathrm{e}^{uB(t+s)}|\mathcal{F}_t] &= \mathrm{e}^{uB(t)}E[\mathrm{e}^{u(B(t+s)-B(t))}|\mathcal{F}_t]\\
&= \mathrm{e}^{uB(t)}E[\mathrm{e}^{u(B(t+s)-B(t))}]\quad \left(\text{因为}\mathrm{e}^{u(B(t+s)-B(t))}\text{ 独立}\right)\\
&= \mathrm{e}^{uB(t)}\mathrm{e}^{\frac{u^2}{2}s}\,(\text{因为 } B(t+s)-B(t)\sim N(0,t))\\
&= \mathrm{e}^{uB(t)}E[\mathrm{e}^{u(B(t+s)-B(t))}|B(t)]\\
&= E[\mathrm{e}^{uB(t+s)}|B(t)]
\end{aligned}
$$

所以 $\{B(t)\}$ 具有马尔可夫性.

连续状态的马尔可夫过程 $\{X(t)\}$ 的转移概率定义为在时刻 s 过程处于状态 x 的条件下, 过程在时刻 t 的分布函数

$$
F(y,t,x,s)=P\{X(x)\leqslant y|X(x)=x\}
$$

在布朗运动的情况下, 这一分布函数是正态的

$$F(y,t,x,s)=\int_{-\infty}^{y}\frac{1}{\sqrt{2\pi(t-s)}}\mathrm{e}^{-\frac{(u-x)^2}{2(t-s)}}\mathrm{d}u$$

布朗运动的转移概率函数满足方程 $F(y,t,x,s)=F(y,t-s,x,0)$, 换言之,

$$P\{B(t)\leqslant y|B(s)=x\}=P\{B(t-s)\leqslant y|B(0)=x\},$$

当 $s=0$ 时 $F(y,t,x,0)$ 具有密度函数

$$p_{t(x,y)=}\frac{1}{\sqrt{2\pi t}}\mathrm{e}^{-\frac{(y-x)^2}{2t}}$$

该性质称为布朗运动的时齐性, 即分布不随时间的平移变化而变化. 显然, 布朗运动的所有有限维分布都是时齐的.

下面讨论布朗运动的强马尔可夫性, 为此给出关于 $B(t)$ 停时的定义.

定义 6.5.7 如果非负随机变量 T 可以取无穷值, 即 $T:\Omega\to[0,\infty]$ 并且 $\forall t$ 有 $\{T\leqslant t\}\in\mathcal{F}_t=\sigma\{B(u),0\leqslant u\leqslant t\}$, 则称 T 为关于 $\{B(t),t\geqslant 0\}$ 的停时.

所谓强马尔可夫性, 实际上是将马尔可夫性中固定的时间 t 用停时 T 来代替. 下面我们不加证明地给出关于布朗运动的强马尔可夫性定理.

定理 6.5.4 设 T 是关于布朗运动 $\{B(t)\}$ 的有限停时,

$$\mathcal{F}_T=\{A\in F,A\cap\{T\leqslant t\}\in\mathcal{F}_t,\forall t\geqslant 0\}$$

则

$$P\{B(T+t)\leqslant y|\mathcal{F}_T\}=P\{B(T+t)\leqslant y|B(T)\},\quad \text{a.s.}$$

即布朗运动 $\{B(t)\}$ 具有强马尔可夫性.

由此定理可以看出, 如果定义

$$\hat{B}(t)=B(T+t)-B(T)$$

则 $\hat{B}(t)$ 是始于 0 的布朗运动并且独立于 $\mathcal{F}_T$.

练习 5

1. 设 B_t 为布朗运动. 对固定的 t_0, 证明过程 $\{\tilde{B}_t=B_{t_0+t}-B_{t_0},t\geqslant 0\}$ 也为布朗运动.

2. 设 B_t 为二维布朗运动. 给定 $\rho>0$, 计算 $P(|B_t|<\rho)$.

3. 设 B_t 为 n 维布朗运动. 考虑 $n\times n$ 正交矩阵 U, 即 $UU^{\mathrm{T}}=\mathrm{I}$, 证明过程 $\tilde{B}_t=UB_t$ 也为布朗运动.

4. 计算几何布朗运动的均值函数和自协方差函数, 并判断它是否为高斯过程.

5. 设 B_t 为布朗运动. 求分别在 $B_{t_1},B_{t_2},(B_{t_1},B_{t_2})$ 条件下的条件分布, 其中

$$t_1<t<t_2$$

6.6 随机积分和伊藤公式

在生物学和生态学中存在许多数学模型, 当试图考虑这些数学模型所受到随机因素的干扰时, 经常要用到随机积分作为基本的数学工具.

6.6.1 基本概念及性质

设 (Ω, F, P, F_t) 是带有滤子的概率空间. $B_t\,(t \geqslant 0)$ 是定义在其上的一维布朗运动. 设 $0 \leqslant a < b < \infty$. 令 $M^2([a,b];\mathbf{R})$ 表示所有可测 F_t 适应的且满足条件

$$\|\phi\|_{a,b}^2 := E\int_a^b |\phi(t)|^2 \mathrm{d}t < \infty$$

的随机过程 $\phi(t)\ (t \in [a,b])$ 所构成的空间. 若 $\phi, \psi \in M^2([a,b];\mathbf{R})$ 且 $\|\phi - \psi\|_{a,b}^2 = 0$, 则称 ϕ 和 ψ 是等价的, 并把它们等同起来. 在这个等价关系之下, 把 $M^2([a,b];\mathbf{R})$ 看成商空间, 然后赋予范数 $\|\cdot\|_{a,b}^2$, 则 $M^2([a,b];\mathbf{R})$ 成为一个巴拿赫空间.

一个实值随机过程 $\phi(t)\ (t \in [a,b])$ 称为**简单过程**, 如果存在 $[a,b]$ 区间的一个分割 $a = t_0 < t_1 < \cdots < t_k = b$ 和有界随机变量 $\xi_i\,(0 \leqslant i \leqslant k-1)$, 使得 ξ_i 是 F_t 可测的, 并且

$$\phi(t) = \xi_0 I_{[t_0,t_1]} + \sum_{i=1}^{k-1} \xi_i I_{[t_i,t_{i+1}]}$$

定义 $M_0([a,b];\mathbf{R})$ 为所有简单过程所构成的空间. 显然, $M_0([a,b];\mathbf{R}) \subset M^2([a,b];\mathbf{R})$.

下面给出简单过程的伊藤积分的定义.

定义 6.6.1 设简单过程 $\phi(t) \in M_0([a,b];\mathbf{R})$, 满足 $\phi(t) = \xi_0 I_{[t_0,t_1]} + \sum\limits_{i=1}^{k-1} \xi_i I_{[t_i,t_{i+1}]}$, 则称

$$\int_a^b \phi(t)\,\mathrm{d}B_t = \sum_{i=0}^{k-1} \xi_i \left(B_{t_i+1} - B_{t_i}\right)$$

为关于布朗运动 B_t 的**伊藤积分**.

对任意 $\psi \in M^2([a,b];\mathbf{R})$, 存在简单过程序列 $\phi_n \in M_0([a,b];\mathbf{R})$, 使得

$$\lim_{n\to\infty} E\int_a^b |\psi(t) - \phi_n(t)|^2\,\mathrm{d}t = 0$$

定义 6.6.2 设 $\psi \in M^2([a,b];\mathbf{R})$. ψ 关于 B_t 的伊藤积分定义为

$$\int_a^b \psi(t)\mathrm{d}B_t = \lim_{n\to\infty}\int_a^b \phi_n(t)\,\mathrm{d}B_t$$

上面的定义是与简单过程序列的 ϕ_n 选取无关的.

伊藤积分有如下重要性质.

设 $\phi, \psi \in M^2([a,b];\mathbf{R})$, p, q 是给定实数, 则有

(1) $\displaystyle\int_a^b [p\phi(t) + q\psi(t)]\mathrm{d}B_t = p\int_a^b \phi(t)\,\mathrm{d}B_t + q\int_a^b \psi(t)\,\mathrm{d}B_t$;

(2) $\int_a^b \phi(t)\,\mathrm{d}B_t$ 是 F_b 可测的;

(3) $E\int_a^b \phi(t)\,\mathrm{d}B_t = 0$;

(4) $E\left(\int_a^b \phi(t)\,\mathrm{d}B_t\right)^2 = E\int_a^b \phi^2(t)\,\mathrm{d}t$.

下面把伊藤积分推广到高维的情况. 设 $B_t = \left(B_t^1, \cdots, B_t^m\right)^{\mathrm{T}}$ $(t \geqslant 0)$ 是定义在概率空间 (Ω, F, P) 上 F_t 适应的 m 维布朗运动. 令 $M^2([0,T];\mathbf{R}^{n\times m})$ 表示所有 $n\times m$ 矩阵值的 F_t 适应的并满足 $E\int_0^T |f(t)|^2\mathrm{d}t < \infty$ 的随机过程的集合, 其中 $|A|$ 表示矩阵 A 的迹模, 即 $|A| = \sqrt{\mathrm{tr}(A^{\mathrm{T}}A)}$.

定义 6.6.3 设 $f \in M^2([0,T];\mathbf{R}^{n\times m})$, 定义 f 的伊藤积分为

$$\int_0^T f(t)\,\mathrm{d}B_t = \int_0^T \begin{pmatrix} f_{11}(t) & \cdots & f_{1m}(t) \\ \vdots & & \vdots \\ f_{n1}(t) & \cdots & f_{nm}(t) \end{pmatrix} \begin{pmatrix} \mathrm{d}B_t^1 \\ \vdots \\ \mathrm{d}B_t^m \end{pmatrix}$$

它是一个 n 维列向量值的随机过程, 其第 i 个分量是一维伊藤积分之和

$$\sum_{j=1}^m \int_0^T f_{ij}(t)\,\mathrm{d}B_t^j$$

若 $b > a \geqslant 0$, 则定义 $\int_a^b f(t)\,\mathrm{d}B_t = \int_0^b f(t)\,\mathrm{d}B_t - \int_0^a f(t)\,\mathrm{d}B_t$

显然, 此伊藤积分是 $\mathbf{R}^n$ 值的关于 F_t 的连续鞅, 它具有下面的性质:

(1) $E\int_0^T f(t)\,\mathrm{d}B_t = 0$;

(2) $E\left|\int_0^T f(t)\,\mathrm{d}B_t\right|^2 = E\int_0^T |f(t)|^2\,\mathrm{d}t$.

6.6.2 伊藤积分过程

定义 6.6.4 如果实值连续 F_t 适应的随机过程 $x(t) = (x_1(t), \cdots, x_n(t))^{\mathrm{T}}$ $(t \geqslant 0)$ 可以表示成

$$x(t) = x(0) + \int_0^t f(s)\,\mathrm{d}s + \int_0^t g(s)\,\mathrm{d}B_s$$

其中 $f = (f_1, \cdots, f_n)^{\mathrm{T}} \in L^1(\mathbf{R}_+, \mathbf{R}^n)$, $g = (g_{ij})_{n\times m} \in L^2(\mathbf{R}_+, \mathbf{R}^{n\times m})$, 则称为 n 维伊藤过程.

在定义 6.6.4 中, $L^1(\mathbf{R}_+, \mathbf{R}^n)$ 和 $L^2(\mathbf{R}_+, \mathbf{R}^{n\times m})$ 分别表示绝对可积函数空间和平方可积函数空间.

为方便起见, 称上述伊藤过程 $x(t)$ 具有随机微分 $\mathrm{d}x(t)$ $(t \geqslant 0)$, 记为

$$\mathrm{d}x(t) = f(t)\,\mathrm{d}t + g(t)\,\mathrm{d}B_t$$

这样的表示会给理论推导带来很大的方便. 当写出式子

$$\mathrm{d}x(t)=f(t)\,\mathrm{d}t+g(t)\,\mathrm{d}B_t,\quad t\in[a,b]$$

时, 我们的意思是伊藤过程 $x(t)\,(t\in[a,b])$ 满足.

$$x(t)=x(a)+\int_a^t f(s)\mathrm{d}s+\int_a^t g(s)\mathrm{d}B_s,\quad t\in[a,b]$$

为了简便起见, 有时也将右端的两个积分合写成

$$\int_{t_0}^t [f(s)\,\mathrm{d}s+g(s)\,\mathrm{d}w(s)]$$

但应注意, $\int_a^t f(s)\,\mathrm{d}s$ 与 $\int_a^t g(s)\,\mathrm{d}w(s)$ 是性质上很不相同的两类积分: 前者是通常的勒贝格积分而后者是伊藤积分. 一个看似无意义但影响深远的步骤是, 先作形式约定:

$$\mathrm{d}x(t)=f(t)\,\mathrm{d}t+g(t)\,\mathrm{d}w(t)$$

或简写作 $\mathrm{d}x(t)=f\mathrm{d}t+g\mathrm{d}w$, 并称 $\mathrm{d}x$ 为 x 的随机微分或伊藤微分. 注意到, 上式只不过是一种人为的记号设定, 在作这一设定时并未赋予它任何实质上新的含义. 然而, 借助于这一记号, 现在可将伊藤改写成

$$\int_{t_0}^t \mathrm{d}x(s)=x(s)\big|_{t_0}^t$$

在形式上, 我们得到了一个 "牛顿–莱布尼茨公式", 尽管上式只不过是伊藤的一种改写, 其中并未注入任何真正的新意, 然而我们将看到, 它将像一个真正的牛顿–莱布尼茨公式那样发挥重大作用. 为了使这样的公式有效发挥作用, 必须有一套计算随机微分的方便规则, 而伊藤 (1951) 通过建立他的著名公式做到了这一点, 这一成就正是伊藤微积分学诞生的标志.

设 $C^{2,1}(\mathbf{R}^n\times\mathbf{R}_+;\mathbf{R})$ 表示所有定义在 $\mathbf{R}^n\times\mathbf{R}_+$ 上关于 $t\in\mathbf{R}_+$ 连续可微且关于 $x\in\mathbf{R}^n$ 连续二阶可微的 (x,t) 的实值函数 $V(x,t)$ 所构成的空间.

对 $V\in C^{2,1}(\mathbf{R}^n\times\mathbf{R}_+;\mathbf{R})$, 令

$$V_t=\frac{\partial V}{\partial t},\quad V_x=\left(\frac{\partial V}{\partial x_1},\cdots,\frac{\partial V}{\partial x_n}\right)^{\mathrm{T}},\quad V_{xx}=\left(\frac{\partial^2 V}{\partial x_i\partial x_j}\right)_{n\times n}$$

如果 $V(x,t)\in C^{2,1}(\mathbf{R}^n\times\mathbf{R}_+;\mathbf{R})$ 且 $x(t)\ (t\geqslant 0)$ 是伊藤过程, 问复合函数 $V(x(t),t)$ $(t\geqslant 0)$ 是否仍然是伊藤过程, 如果是, 其随机微分是什么? 在实际应用和理论推导中, 经常会遇到这类问题. 下面的伊藤公式回答了这个问题.

定理 6.6.1 (伊藤公式) 设 $x(t)\ (t\geqslant 0)$ 是伊藤过程, 其随机微分为

$$\mathrm{d}x(t)=f(t)\,\mathrm{d}t+g(t)\,\mathrm{d}B_t$$

其中 $f \in L^1(\mathbf{R}_+, \mathbf{R}^n)$, $g \in L^2(\mathbf{R}_+, \mathbf{R}^{n\times m})$. 若 $V(x,t) \in C^{2,1}(\mathbf{R}^n \times \mathbf{R}_+; \mathbf{R})$, 则 $V(x(t), t)$ 仍然是伊藤过程, 具有如下随机微分:

$$\mathrm{d}V(x(t),t) = \left[V_t(x(t),t) + V_x(x(t),t) f(t) + \frac{1}{2}\mathrm{tr}\left(g^{\mathrm{T}}(t) V_{xx}(x(t),t) g(t)\right)\right]\mathrm{d}t + V_x(x(t),t) g(t)\,\mathrm{d}B_t, \quad \text{a.s.}$$

由以下随机微分的乘法公式:

$$\mathrm{d}t\mathrm{d}t = 0, \quad \mathrm{d}B_i\mathrm{d}t = 0, \quad \mathrm{d}B_i\mathrm{d}B_j = 0,\ i \neq j, \quad \mathrm{d}B_i\mathrm{d}B_i = \mathrm{d}t$$

可将伊藤公式写为

$$\mathrm{d}V(x(t),t) = V_t(x(t),t)\,\mathrm{d}t + V_x(x(t),t)\,\mathrm{d}x(t) + \frac{1}{2}\mathrm{d}x^{\mathrm{T}}(t) V_{xx}(x(t),t)\,\mathrm{d}x(t)$$

上式右端最后一项有时称为伊藤修正项. 因而伊藤公式可以这样来记忆, 复合函数的随机微分等于先使用数学分析中经典的微分链式法则, 再加上伊藤修正项.

设 $V \in C^{2,1}(\mathbf{R}^n \times \mathbf{R}_+; \mathbf{R})$, 如下定义算子 $\mathrm{L}V: \mathbf{R}^n \times \mathbf{R}_+ \to \mathbf{R}$:

$$\mathrm{L}Vx(t) = V_t + V_x x(t) f(t) + \frac{1}{2}\mathrm{tr}\left(g^{\mathrm{T}}(t) V_{xx} x(t) g(t)\right)$$

称 $\mathrm{L}V$: $\mathbf{R}^h \times \mathbf{R}_+ \to \mathbf{R}$ 为伊藤过程关于 $C^{2,1}$ 函数 $V(x,t)$ 的扩散算子. 利用扩散算子, 伊藤公式又可以写为

$$\mathrm{d}V(x(t),t) = \mathrm{L}V(x(t),t)\,\mathrm{d}t + V_x(x(t),t) g(t)\,\mathrm{d}B_t$$

这种形式的伊藤公式在使用李雅普诺夫第二方法分析稳定性或有界性时特别有用.

当对含有马尔可夫转换的随机微分方程的解使用伊藤公式时, 公式的形式会有一些变化, 称为推广的伊藤公式. 但是, 只要所使用的李雅普诺夫函数不显含马尔可夫链, 对伊藤公式取均值后形式就没有变化.

在经典微分学中, 复合函数微分规则实际上涵盖了所有其他微分规则, 在随机微分学中, 伊藤公式正好起类似的作用, 现在就来说明这一点.

设 $x(t) = x(a) + \int_a^t f(s)\mathrm{d}s + \int_a^t g(s)\mathrm{d}Bs, t \in [a,b]$, 将 $x(t), y(t), x_i(t)$ 简写作 x, y, x_i, 则由定理 6.6.1 可知以下结论.

(1) 设 $V(\cdot) \in C^2(\mathbf{R})$, 有

$$\mathrm{d}V(x) = V'(x)\,\mathrm{d}x + \frac{1}{2}V''(x)(\mathrm{d}x)^2$$

(2) **对数微分法**. 取 $V(x) = \mathrm{e}^x$ 或 $\ln x$, 则有

$$\begin{cases} \mathrm{d}\mathrm{e}^x = \mathrm{e}^x\left[\mathrm{d}x + \dfrac{1}{2}(\mathrm{d}x)^2\right] \\ \mathrm{d}\ln x = \dfrac{\mathrm{d}x}{x} - \dfrac{(\mathrm{d}x)^2}{2x^2} \end{cases}$$

令 $V=V(t,x(t))$, 以 $\ln V$ 取代 $\mathrm{d}\mathrm{e}^{x}=\mathrm{e}^{x}\left[\mathrm{d}x+\frac{1}{2}(\mathrm{d}x)^{2}\right]$ 中的 x, 可得

$$V^{-1}\mathrm{d}V=V^{-1}\mathrm{d}\mathrm{e}^{\ln V}=\mathrm{d}\ln V+\left(\frac{1}{2}\right)(\mathrm{d}\ln V)^{2}$$

这就是对数微分公式, 它特别适用于 V 表示为连乘积的情况.

(3) **积规则**. 设 $V=C\prod\limits_{i=1}^{n}x_{i}^{ai},C,\alpha_{i}$ 是常数, $C>0$, 则用对数微分公式可导出

$$\frac{\mathrm{d}V}{V}=\sum_{i}\frac{\alpha_{i}\mathrm{d}x_{i}}{x_{i}}+\frac{1}{2}\sum_{i}\alpha_{i}(\alpha_{i}-1)\frac{(\mathrm{d}x_{i})^{2}}{x_{i}^{2}}+\sum_{i<j}\alpha_{i}\alpha_{j}\frac{\mathrm{d}x_{i}\mathrm{d}x_{j}}{x_{i}x_{j}}$$

特别地, 取 $V=x_{1}x_{2}\cdots x_{n}$, 则有

$$\frac{\mathrm{d}(x_{1}x_{2}\cdots x_{n})}{x_{1}x_{2}\cdots x_{n}}=\sum_{i}\frac{\mathrm{d}x_{i}}{x_{i}}+\sum_{i<j}\frac{\mathrm{d}x_{i}\mathrm{d}x_{j}}{x_{i}x_{j}}$$

特别地, 令 $V=xy$, 有

$$\mathrm{d}(xy)=y\mathrm{d}x+x\mathrm{d}y+\mathrm{d}x\mathrm{d}y$$

进而可以得出分部积分公式:

$$\int_{t_{0}}^{T}y(t)\,\mathrm{d}x(t)=x(t)\,y(t)\big|_{t_{0}}^{T}-\int_{t_{0}}^{T}[x(t)\,\mathrm{d}y(t)+\mathrm{d}x(t)\,\mathrm{d}y(t)]$$

当 $\mathrm{d}x\mathrm{d}y=0$ 时, 上述两式分别重合于通常的积微分公式与分部积分公式.

(4) **商规则**. 在对数微分公式中取 $V=\dfrac{y}{x}$, 可得

$$\begin{aligned}\mathrm{d}\left(\frac{y}{x}\right)&=\left(\frac{x\mathrm{d}y-y\mathrm{d}x}{x^{2}}\right)\left(1-\frac{\mathrm{d}x}{x}\right)\\&=\frac{x\mathrm{d}y-y\mathrm{d}x}{x^{2}}+\frac{y(\mathrm{d}x)^{2}-x\mathrm{d}x\mathrm{d}y}{x^{3}}\end{aligned}$$

特别地, 当 $(\mathrm{d}x)^{2}=0=\mathrm{d}x\mathrm{d}y$ 时, 此式重合于通常的商微分规则.

(5) 设 $V\in C^{2}(\mathbf{R}^{d})$, 则有

$$\begin{cases}\mathrm{d}V(t,x)=\mathrm{L}V(t,x)\,\mathrm{d}t+V_{x}g\mathrm{d}w\\\mathrm{L}V(t,x)=V_{x}f+\left(\dfrac{1}{2}\right)\mathrm{tr}\left(g^{\mathrm{T}}V_{xx}g\right)\end{cases}$$

下面给出应用伊藤公式的若干例子, 设

$$x(t)=x(a)+\int_{a}^{t}f(s)\mathrm{d}s+\int_{a}^{t}g(s)\mathrm{d}Bs,\quad t\in[a,b]$$

例 6.6.1 (1) 设 $V=\left(x^{\mathrm{T}}Qx\right)^{P/2}$, Q 是一个正定矩阵, 算出

$$V_{x}=p\left(x^{\mathrm{T}}Qx\right)^{P/2-1}x^{\mathrm{T}}Q$$

$$V_{xx}=p\left(x^{\mathrm{T}}Qx\right)^{p/2-1}Q+p\left(p-2\right)\left(x^{\mathrm{T}}Qx\right)^{p/2-2}Qxx^{\mathrm{T}}Q$$

从而有

$$\left\{\begin{aligned}&\mathrm{d}V\left(t,x\right)=\mathrm{L}V\left(t,x\right)\mathrm{d}t+p\left(x^{\mathrm{T}}Qx\right)^{p/2-1}x^{\mathrm{T}}Qg\mathrm{d}w,\\&\mathrm{L}V\left(t,x\right)=\left(p/2\right)\left(x^{\mathrm{T}}Qx\right)^{p/2-1}\left[2x^{\mathrm{T}}Qf+\mathrm{tr}\left(g^{\mathrm{T}}Qg\right)\right.\\&\qquad\qquad\left.+\left(p-2\right)\left(x^{\mathrm{T}}Qx\right)^{-1}\left|x^{\mathrm{T}}Qg\right|^2\right]\end{aligned}\right.$$

常用的两种特殊情况是 (分别取 $p=2$ 与 $Q=I$)

$$\left\{\begin{aligned}&\mathrm{d}\left(x^{\mathrm{T}}Qx\right)=L\left(x^{\mathrm{T}}Qx\right)\mathrm{d}t+2x^{\mathrm{T}}Qg\mathrm{d}w\\&L\left(x^{\mathrm{T}}Qx\right)=2x^{\mathrm{T}}Qf+\mathrm{tr}\left(g^{\mathrm{T}}Qg\right)\end{aligned}\right.$$

$$\left\{\begin{aligned}&\mathrm{d}\left|x\right|^p=L\left|x\right|^p\mathrm{d}t+p\left|x\right|^{p-2}x^{\mathrm{T}}g\mathrm{d}w,\\&L\left|x\right|^p=\left(\frac{p}{2}\right)\left|x\right|^{p-2}\left[2x^{\mathrm{T}}+\left|g\right|^2+\left(p-2\right)\left|x\right|^{-2}\left|x^{\mathrm{T}}g\right|^2\right]\end{aligned}\right.$$

(2) 设 $V=\left(1+|x|^2\right)^{p/2}$, 则有

$$\left\{\begin{aligned}&\mathrm{d}V\left(t,x\right)=\mathrm{L}V(t,x)\mathrm{d}t+p(1+|x|^2)^{p/2-1}x^{\mathrm{T}}g\mathrm{d}w,\\&\mathrm{L}V\left(t,x\right)=\frac{p}{2}(1+|x|^2)^{p/2-1}\left[2x^{\mathrm{T}}f+|g|^2+\frac{(p-2)\left|x^{\mathrm{T}}g\right|^2}{1+|x|^2}\right]\end{aligned}\right.$$

(3) 设 $V\left(t,x\right)\in C^{1,2}\left(\mathbf{R}_+\times\mathbf{R}^d\right)$, 则以 $\ln V$ 代 V, 用对数微分公式可得

$$\mathrm{d}\ln V=\frac{LV}{V}\mathrm{d}t+Z\mathrm{d}w-\frac{1}{2}\left|Z\right|^2\mathrm{d}t,\quad Z=\frac{V_xg}{V}$$

(4) 设 $g\in C\left(J,\mathbf{R}^{1\times m}\right)$, $t_0\leqslant a\leqslant s<t<T$, 今建立

$$E_a\left[\exp\int_s^t g\left(r\right)\mathrm{d}w\left(r\right)\right]=\exp\left[\frac{1}{2}\int_s^t\left|g\left(r\right)\right|^2\mathrm{d}r\right]$$

$$E\mathrm{e}^{\sigma w(t)}=\mathrm{e}^{\sigma^2t/2},\quad\sigma\in\mathbf{R}$$

固定 s, 令 $\varphi\left(t\right)=E_a\left[\exp\int_s^t g(r)\mathrm{d}w(r)\right]$, 则

$$\begin{aligned}\varphi\left(r\right)|_a^t&=E_a\int_a^t\mathrm{d}\left[\exp\int_s^r g\left(\lambda\right)\mathrm{d}w\left(\lambda\right)\right]\\&=E_a\int_a^t\mathrm{e}^{(\cdots)}\left[g\left(\lambda\right)\mathrm{d}w\left(\lambda\right)+\frac{\left|g\left(\lambda\right)\right|^2}{2}\mathrm{d}\lambda\right]\\&=\frac{1}{2}\int_a^t\left|g\left(r\right)\right|^2\varphi\left(r\right)\mathrm{d}r\end{aligned}$$

注意到 $\varphi\left(s\right)=1$, 从上面的线性微分方程解出 $\varphi\left(t\right)$, 即可得

$$E_a\left[\exp\int_s^t g(r)\mathrm{d}w(r)\right]=\exp\left[\frac{1}{2}\int_s^t|g(r)|^2\mathrm{d}r\right]$$

练习 6

1. 某公司投资于一种风险资产, 它的价格变化为 W_t, $f(t)$ 是投资人选取的交易策略, $f(t)>0(<0)$ 表示在 t 时刻买进 (卖出) 该风险资产的份额. 问: 在给定的交易策略下, 该投资人在 $t=T$ 时刻的总收益为多少?

2. 证明: $J=\int_0^t s\mathrm{d}B(s)\sim N\left(0,\dfrac{t^3}{3}\right)$.

3. 求随机微分 $\mathrm{d}(W^2(t))$.

4. 利用伊藤公式证明: $\int_0^t W^2(s)\mathrm{d}W(s)=\dfrac{W^3(t)}{3}-\int_0^t W(s)\mathrm{d}s$.

习题 6

一、填空题

1. 设随机过程 $X(t)=A\cos(\omega t+\varPhi)$, $-\infty\leqslant t<\infty$ 其中 ω 为正常数, A 和 $\varPhi$ 是相互独立的随机变量, 且 A 和 $\varPhi$ 服从在区间 $[0,1]$ 上的均匀分布, 则 $X(t)$ 的数学期望为 __________.

2. 强度为 λ 的泊松过程的点间间距是相互独立的随机变量, 且服从均值为 ______ 的同一指数分布.

3. 设 $\{W_n,n\geqslant 1\}$ 是与泊松过程 $\{X(t),t\geqslant 0\}$ 对应的一个等待时间序列, 则 W_n 服从 __________ 分布.

4. 袋中放有一个白球, 两个红球, 每隔单位时间从袋中任取一球, 取后放回, 对每一个确定的 t 对应随机变量 $X(t)=\begin{cases}\dfrac{t}{3}, & \text{如果 } t \text{ 时取得红球},\\ \mathrm{e}^t, & \text{如果 } t \text{ 时取得白球},\end{cases}$ 则这个随机过程的状态空间 __________.

5. 设马氏链的一步转移概率矩阵 $P=(p_{ij})$, n 步转移矩阵 $P^{(n)}=\left(p_{ij}^{(n)}\right)$, 二者之间的关系为 __________.

6. 设 $\{X_n,n\geqslant 0\}$ 为马氏链, 状态空间为 I, 初始概率 $p_i=P(X_0=i)$, 绝对概率 $p_j(n)=P\{X_n=j\}$, n 步转移概率 $p_{ij}^{(n)}$, 三者之间的关系为 __________.

7. 设 $\{X(t),t\geqslant 0\}$ 是泊松过程, 且对于任意 $t_2>t_1\geqslant 0$ 则 $P\{X(5)=6\mid X(3)=4\}=$ __________.

二、证明题

1. 设 $\{X(t),t\geqslant 0\}$ 是独立增量过程, 且 $X(0)=0$, 证明 $\{X(t),t\geqslant 0\}$ 是一个马尔可夫过程.

2. 设 $\{X_n,n\geqslant 0\}$ 为马尔可夫链, 状态空间为 I, 则对任意整数 $n\geqslant 0, 1\leqslant I<n$ 和 $i,j\in I$, n 步转移概率为 $p_{ij}^{(n)}=\sum\limits_{k=I}p_{ij}^{(I)}p_{kj}^{(n-1)}$, 称此式为切普曼–柯尔莫哥洛夫方程, 证明此式并说明其意义.

3. 设 $\{N(t),t\geqslant 0\}$ 是强度为 λ 的泊松过程, $\{Y_k,k=1,2,\cdots\}$ 是一列独立同分布

随机变量, 且与 $\{N(t), t \geqslant 0\}$ 独立, 令 $X(t)=\sum\limits_{k=1}^{N(t)} Y_k, t \geqslant 0$, 证明: 若 $E\left(Y_1^2<\infty\right)$, 则 $E[X(t)]=\lambda t E\left\{Y_1\right\}$.

三、计算题

1. 设齐次马氏链的一步转移概率矩阵为 $P=\begin{pmatrix} \frac{1}{3} & \frac{2}{3} & 0 \\ \frac{1}{3} & 0 & \frac{2}{3} \\ 0 & \frac{1}{3} & \frac{2}{3} \end{pmatrix}$, 求其平稳分布.

2. 设顾客以每分钟 2 人的速率到达, 顾客流为泊松流, 求在 2 分钟内到达的顾客不超过 3 人的概率.

3. 设明天是否有雨仅与今天的天气有关, 而与过去的天气无关. 又设今天下雨而明天也下雨的概率为 α, 而今天无雨明天有雨的概率为 β; 规定有雨天气为状态 0, 无雨天气为状态 1. 设 $\alpha=0.7, \beta=0.4$, 求今天有雨且第四天仍有雨的概率.

4. 设有四个状态 $I=\{0,1,2,3\}$ 的马氏链, 它的一步转移概率矩阵

$$P=\begin{pmatrix} \frac{1}{2} & \frac{1}{2} & 0 & 0 \\ \frac{1}{2} & \frac{1}{2} & 0 & 0 \\ \frac{1}{4} & \frac{1}{4} & \frac{1}{4} & \frac{1}{4} \\ 0 & 0 & 0 & 1 \end{pmatrix}$$

(1) 画出状态转移图;

(2) 对状态进行分类:

(3) 对状态空间 I 进行分解.

附　表

附表 1　标准正态分布下分位数表

$$\Phi(x)=\frac{1}{\sqrt{2\pi}}\int_{-\infty}^{x}\mathrm{e}^{-\frac{t^2}{2}}\mathrm{d}t$$

x	0.00	0.01	0.02	0.03	0.04	0.05	0.06	0.07	0.08	0.09
0.0	0.5000	0.5040	0.5080	0.5120	0.5160	0.5199	0.5239	0.5279	0.5319	0.5359
0.1	0.5398	0.5438	0.5478	0.5517	0.5557	0.5596	0.5636	0.5675	0.5714	0.5753
0.2	0.5793	0.5832	0.5871	0.5910	0.5948	0.5987	0.6026	0.6064	0.6103	0.6141
0.3	0.6179	0.6217	0.6255	0.6293	0.6331	0.6368	0.6406	0.6443	0.6480	0.6517
0.4	0.6554	0.6591	0.6628	0.6664	0.6700	0.6736	0.6772	0.6808	0.6844	0.6879
0.5	0.6915	0.6950	0.6985	0.7019	0.7054	0.7088	0.7123	0.7157	0.7190	0.7224
0.6	0.7257	0.7291	0.7324	0.7357	0.7389	0.7422	0.7454	0.7486	0.7517	0.7549
0.7	0.7580	0.7611	0.7642	0.7673	0.7704	0.7734	0.7764	0.7794	0.7823	0.7852
0.8	0.7881	0.7910	0.7939	0.7967	0.7995	0.8023	0.8051	0.8078	0.8106	0.8133
0.9	0.8159	0.8186	0.8212	0.8238	0.8264	0.8289	0.8315	0.8340	0.8365	0.8389
1.0	0.8413	0.8438	0.8461	0.8485	0.8508	0.8531	0.8554	0.8577	0.8599	0.8621
1.1	0.8643	0.8665	0.8686	0.8708	0.8729	0.8749	0.8770	0.8790	0.8810	0.8830
1.2	0.8849	0.8869	0.8888	0.8907	0.8925	0.8944	0.8962	0.8980	0.8997	0.9015
1.3	0.9032	0.9049	0.9066	0.9082	0.9099	0.9115	0.9131	0.9147	0.9162	0.9177
1.4	0.9192	0.9207	0.9222	0.9236	0.9251	0.9265	0.9279	0.9292	0.9306	0.9319
1.5	0.9332	0.9345	0.9357	0.9370	0.9382	0.9394	0.9406	0.9418	0.9429	0.9441
1.6	0.9452	0.9463	0.9474	0.9484	0.9495	0.9505	0.9515	0.9525	0.9535	0.9545
1.7	0.9554	0.9564	0.9573	0.9582	0.9591	0.9599	0.9608	0.9616	0.9625	0.9633
1.8	0.9641	0.9649	0.9656	0.9664	0.9671	0.9678	0.9686	0.9693	0.9699	0.9706
1.9	0.9713	0.9719	0.9726	0.9732	0.9738	0.9744	0.9750	0.9756	0.9761	0.9767
2.0	0.9772	0.9778	0.9783	0.9788	0.9793	0.9798	0.9803	0.9808	0.9812	0.9817
2.1	0.9821	0.9826	0.9830	0.9834	0.9838	0.9842	0.9846	0.9850	0.9854	0.9857
2.2	0.9861	0.9864	0.9868	0.9871	0.9875	0.9878	0.9881	0.9884	0.9887	0.9890
2.3	0.9893	0.9896	0.9898	0.9901	0.9904	0.9906	0.9909	0.9911	0.9913	0.9916
2.4	0.9918	0.9920	0.9922	0.9925	0.9927	0.9929	0.9931	0.9932	0.9934	0.9936
2.5	0.9938	0.9940	0.9941	0.9943	0.9945	0.9946	0.9948	0.9949	0.9951	0.9952
2.6	0.9953	0.9955	0.9956	0.9957	0.9959	0.9960	0.9961	0.9962	0.9963	0.9964
2.7	0.9965	0.9966	0.9967	0.9968	0.9969	0.9970	0.9971	0.9972	0.9973	0.9974
2.8	0.9974	0.9975	0.9976	0.9977	0.9977	0.9978	0.9979	0.9979	0.9980	0.9981
2.9	0.9981	0.9982	0.9982	0.9983	0.9984	0.9984	0.9985	0.9985	0.9986	0.9986
3.0	0.9987	0.9987	0.9987	0.9988	0.9988	0.9989	0.9989	0.9989	0.9990	0.9990
3.1	0.9990	0.9991	0.9991	0.9991	0.9992	0.9992	0.9992	0.9992	0.9993	0.9993
3.2	0.9993	0.9993	0.9994	0.9994	0.9994	0.9994	0.9994	0.9995	0.9995	0.9995
3.3	0.9995	0.9995	0.9995	0.9996	0.9996	0.9996	0.9996	0.9996	0.9996	0.9997
3.4	0.9997	0.9997	0.9997	0.9997	0.9997	0.9997	0.9997	0.9997	0.9997	0.9998
3.5	0.9998	0.9998	0.9998	0.9998	0.9998	0.9998	0.9998	0.9998	0.9998	0.9998
3.6	0.9998	0.9998	0.9999	0.9999	0.9999	0.9999	0.9999	0.9999	0.9999	0.9999

附表 2 t-分布下分位数表

$$P(t > t_{1-\alpha}(n)) = \alpha,\ t_\alpha(n) = -t_{1-\alpha}(n)$$

n	α					
	0.005	0.01	0.025	0.05	0.10	0.25
1	63.6567	31.8205	12.7062	6.3138	3.0777	1.0000
2	9.9248	6.9646	4.3027	2.9200	1.8856	0.8165
3	5.8409	4.5407	3.1824	2.3534	1.6377	0.7649
4	4.6041	3.7469	2.7764	2.1318	1.5332	0.7407
5	4.0321	3.3649	2.5706	2.0150	1.4759	0.7267
6	3.7074	3.1427	2.4469	1.9432	1.4398	0.7176
7	3.4995	2.9980	2.3646	1.8946	1.4149	0.7111
8	3.3554	2.8965	2.3060	1.8595	1.3968	0.7064
9	3.2498	2.8214	2.2622	1.8331	1.3830	0.7027
10	3.1693	2.7638	2.2281	1.8125	1.3722	0.6998
11	3.1058	2.7181	2.2010	1.7959	1.3634	0.6974
12	3.0545	2.6810	2.1788	1.7823	1.3562	0.6955
13	3.0123	2.6503	2.1604	1.7709	1.3502	0.6938
14	2.9768	2.6245	2.1448	1.7613	1.3450	0.6924
15	2.9467	2.6025	2.1314	1.7531	1.3406	0.6912
16	2.9208	2.5835	2.1199	1.7459	1.3368	0.6901
17	2.8982	2.5669	2.1098	1.7396	1.3334	0.6892
18	2.8784	2.5524	2.1009	1.7341	1.3304	0.6884
19	2.8609	2.5395	2.0930	1.7291	1.3277	0.6876
20	2.8453	2.5280	2.0860	1.7247	1.3253	0.6870
21	2.8314	2.5176	2.0796	1.7207	1.3232	0.6864
22	2.8188	2.5083	2.0739	1.7171	1.3212	0.6858
23	2.8073	2.4999	2.0687	1.7139	1.3195	0.6853
24	2.7969	2.4922	2.0639	1.7109	1.3178	0.6848
25	2.7874	2.4851	2.0595	1.7081	1.3163	0.6844
26	2.7787	2.4786	2.0555	1.7056	1.3150	0.6840
27	2.7707	2.4727	2.0518	1.7033	1.3137	0.6837
28	2.7633	2.4671	2.0484	1.7011	1.3125	0.6834
29	2.7564	2.4620	2.0452	1.6991	1.3114	0.6830
30	2.7500	2.4573	2.0423	1.6973	1.3104	0.6828

附表 3　χ^2-分布数值表

$$P(\chi^2 \leqslant \chi^2_\alpha(n)) = \alpha$$

n	α												
	0.005	0.01	0.025	0.05	0.1	0.25	0.5	0.75	0.9	0.95	0.975	0.99	0.995
1	0.0000	0.0002	0.0010	0.0039	0.0158	0.1015	0.4549	1.3233	2.7055	3.8415	5.0239	6.6349	7.8794
2	0.0100	0.0201	0.0506	0.1026	0.2107	0.5754	1.3863	2.7726	4.6052	5.9915	7.3778	9.2103	10.5966
3	0.0717	0.1148	0.2158	0.3518	0.5844	1.2125	2.3660	4.1083	6.2514	7.8147	9.3484	11.3449	12.8382
4	0.2070	0.2971	0.4844	0.7107	1.0636	1.9226	3.3567	5.3853	7.7794	9.4877	11.1433	13.2767	14.8603
5	0.4117	0.5543	0.8312	1.1455	1.6103	2.6746	4.3515	6.6257	9.2364	11.0705	12.8325	15.0863	16.7496
6	0.6757	0.8721	1.2373	1.6354	2.2041	3.4546	5.3481	7.8408	10.6446	12.5916	14.4494	16.8119	18.5476
7	0.9893	1.2390	1.6899	2.1673	2.8331	4.2549	6.3458	9.0371	12.0170	14.0671	16.0128	18.4753	20.2777
8	1.3444	1.6465	2.1797	2.7326	3.4895	5.0706	7.3441	10.2189	13.3616	15.5073	17.5345	20.0902	21.9550
9	1.7349	2.0879	2.7004	3.3251	4.1682	5.8988	8.3428	11.3888	14.6837	16.9190	19.0228	21.6660	23.5894
10	2.1559	2.5582	3.2470	3.9403	4.8652	6.7372	9.3418	12.5489	15.9872	18.3070	20.4832	23.2093	25.1882
11	2.6032	3.0535	3.8157	4.5748	5.5778	7.5841	10.3410	13.7007	17.2750	19.6751	21.9200	24.7250	26.7568
12	3.0738	3.5706	4.4038	5.2260	6.3038	8.4384	11.3403	14.8454	18.5493	21.0261	23.3367	26.2170	28.2995
13	3.5650	4.1069	5.0088	5.8919	7.0415	9.2991	12.3398	15.9839	19.8119	22.3620	24.7356	27.6882	29.8195
14	4.0747	4.6604	5.6287	6.5706	7.7895	10.1653	13.3393	17.1169	21.0641	23.6848	26.1189	29.1412	31.3193
15	4.6009	5.2293	6.2621	7.2609	8.5468	11.0365	14.3389	18.2451	22.3071	24.9958	27.4884	30.5779	32.8013
16	5.1422	5.8122	6.9077	7.9616	9.3122	11.9122	15.3385	19.3689	23.5418	26.2962	28.8454	31.9999	34.2672
17	5.6972	6.4078	7.5642	8.6718	10.0852	12.7919	16.3382	20.4887	24.7690	27.5871	30.1910	33.4087	35.7185
18	6.2648	7.0149	8.2307	9.3905	10.8649	13.6753	17.3379	21.6049	25.9894	28.8693	31.5264	34.8053	37.1565
19	6.8440	7.6327	8.9065	10.1170	11.6509	14.5620	18.3377	22.7178	27.2036	30.1435	32.8523	36.1909	38.5823
20	7.4338	8.2604	9.5908	10.8508	12.4426	15.4518	19.3374	23.8277	28.4120	31.4104	34.1696	37.5662	39.9968

续表

n	α												
	0.005	0.01	0.025	0.05	0.1	0.25	0.5	0.75	0.9	0.95	0.975	0.99	0.995
21	8.0337	8.8972	10.2829	11.5913	13.2396	16.3444	20.3372	24.9348	29.6151	32.6706	35.4789	38.9322	41.4011
22	8.6427	9.5425	10.9823	12.3380	14.0415	17.2396	21.3370	26.0393	30.8133	33.9244	36.7807	40.2894	42.7957
23	9.2604	10.1957	11.6886	13.0905	14.8480	18.1373	22.3369	27.1413	32.0069	35.1725	38.0756	41.6384	44.1813
24	9.8862	10.8564	12.4012	13.8484	15.6587	19.0373	23.3367	28.2412	33.1962	36.4150	39.3641	42.9798	45.5585
25	10.5197	11.5240	13.1197	14.6114	16.4734	19.9393	24.3366	29.3389	34.3816	37.6525	40.6465	44.3141	46.9279
26	11.1602	12.1981	13.8439	15.3792	17.2919	20.8434	25.3365	30.4346	35.5632	38.8851	41.9232	45.6417	48.2899
27	11.8076	12.8785	14.5734	16.1514	18.1139	21.7494	26.3363	31.5284	36.7412	40.1133	43.1945	46.9629	49.6449
28	12.4613	13.5647	15.3079	16.9279	18.9392	22.6572	27.3362	32.6205	37.9159	41.3371	44.4608	48.2782	50.9934
29	13.1211	14.2565	16.0471	17.7084	19.7677	23.5666	28.3361	33.7109	39.0875	42.5570	45.7223	49.5879	52.3356
30	13.7867	14.9535	16.7908	18.4927	20.5992	24.4776	29.3360	34.7997	40.2560	43.7730	46.9792	50.8922	53.6720
31	14.4578	15.6555	17.5387	19.2806	21.4336	25.3901	30.3359	35.8871	41.4217	44.9853	48.2319	52.1914	55.0027
32	15.1340	16.3622	18.2908	20.0719	22.2706	26.3041	31.3359	36.9730	42.5847	46.1943	49.4804	53.4858	56.3281
33	15.8153	17.0735	19.0467	20.8665	23.1102	27.2194	32.3358	38.0575	43.7452	47.3999	50.7251	54.7755	57.6484
34	16.5013	17.7891	19.8063	21.6643	23.9523	28.1361	33.3357	39.1408	44.9032	48.6024	51.9660	56.0609	58.9639
35	17.1918	18.5089	20.5694	22.4650	24.7967	29.0540	34.3356	40.2228	46.0588	49.8018	53.2033	57.3421	60.2748
36	17.8867	19.2327	21.3359	23.2686	25.6433	29.9730	35.3356	41.3036	47.2122	50.9985	54.4373	58.6192	61.5812
37	18.5858	19.9602	22.1056	24.0749	26.4921	30.8933	36.3355	42.3833	48.3634	52.1923	55.6680	59.8925	62.8833
38	19.2889	20.6914	22.8785	24.8839	27.3430	31.8146	37.3355	43.4619	49.5126	53.3835	56.8955	61.1621	64.1814
39	19.9959	21.4262	23.6543	25.6954	28.1958	32.7369	38.3354	44.5395	50.6598	54.5722	58.1201	62.4281	65.4756
40	20.7065	22.1643	24.4330	26.5093	29.0505	33.6603	39.3353	45.6160	51.8051	55.7585	59.3417	63.6907	66.7660

附表 4　F-分布数值表

$$P(F(n_1,n_2) \leqslant F_\alpha(n_1,n_2)) = \alpha$$

$$(\alpha = 0.01)$$

n_2	n_1																			
	1	2	3	4	5	6	7	8	9	10	11	12	13	14	15	16	17	18	19	20
1	0.0002	0.0002	0.0002	0.0002	0.0002	0.0002	0.0002	0.0002	0.0002	0.0002	0.0002	0.0002	0.0002	0.0002	0.0002	0.0002	0.0002	0.0002	0.0002	0.0002
2	0.0102	0.0101	0.0101	0.0101	0.0101	0.0101	0.0101	0.0101	0.0101	0.0101	0.0101	0.0101	0.0101	0.0101	0.0101	0.0101	0.0101	0.0101	0.0101	0.0101
3	0.0293	0.0325	0.0339	0.0348	0.0354	0.0358	0.0361	0.0364	0.0366	0.0367	0.0369	0.0370	0.0371	0.0371	0.0372	0.0373	0.0373	0.0374	0.0374	0.0375
4	0.0472	0.0556	0.0599	0.0626	0.0644	0.0658	0.0668	0.0676	0.0682	0.0687	0.0692	0.0696	0.0699	0.0702	0.0704	0.0707	0.0708	0.0710	0.0712	0.0713
5	0.0615	0.0753	0.0829	0.0878	0.0912	0.0937	0.0956	0.0972	0.0984	0.0995	0.1004	0.1011	0.1018	0.1024	0.1029	0.1033	0.1037	0.1041	0.1044	0.1047
6	0.0728	0.0915	0.1023	0.1093	0.1143	0.1181	0.1211	0.1234	0.1254	0.1270	0.1284	0.1296	0.1306	0.1315	0.1323	0.1330	0.1336	0.1342	0.1347	0.1352
7	0.0817	0.1047	0.1183	0.1274	0.1340	0.1391	0.1430	0.1462	0.1488	0.1511	0.1529	0.1546	0.1560	0.1573	0.1584	0.1594	0.1603	0.1611	0.1618	0.1625
8	0.0888	0.1156	0.1317	0.1427	0.1508	0.1570	0.1619	0.1659	0.1692	0.1720	0.1744	0.1765	0.1783	0.1799	0.1813	0.1826	0.1837	0.1848	0.1857	0.1866
9	0.0947	0.1247	0.1430	0.1557	0.1651	0.1724	0.1782	0.1829	0.1869	0.1902	0.1931	0.1956	0.1978	0.1998	0.2015	0.2031	0.2045	0.2058	0.2069	0.2080
10	0.0996	0.1323	0.1526	0.1668	0.1774	0.1857	0.1923	0.1978	0.2023	0.2062	0.2096	0.2125	0.2151	0.2174	0.2194	0.2212	0.2229	0.2244	0.2257	0.2270
11	0.1037	0.1388	0.1609	0.1764	0.1881	0.1973	0.2047	0.2108	0.2159	0.2203	0.2241	0.2274	0.2303	0.2329	0.2352	0.2373	0.2392	0.2409	0.2425	0.2440
12	0.1072	0.1444	0.1680	0.1848	0.1975	0.2074	0.2155	0.2223	0.2279	0.2328	0.2370	0.2407	0.2439	0.2468	0.2494	0.2517	0.2539	0.2558	0.2576	0.2592
13	0.1102	0.1492	0.1742	0.1921	0.2057	0.2164	0.2252	0.2324	0.2386	0.2439	0.2485	0.2525	0.2561	0.2592	0.2621	0.2647	0.2670	0.2691	0.2711	0.2729
14	0.1128	0.1535	0.1797	0.1986	0.2130	0.2244	0.2338	0.2415	0.2482	0.2538	0.2588	0.2631	0.2670	0.2704	0.2735	0.2763	0.2789	0.2812	0.2833	0.2853
15	0.1152	0.1573	0.1846	0.2044	0.2195	0.2316	0.2415	0.2497	0.2568	0.2628	0.2681	0.2728	0.2769	0.2806	0.2839	0.2869	0.2897	0.2922	0.2945	0.2966
16	0.1172	0.1606	0.1890	0.2095	0.2254	0.2380	0.2484	0.2571	0.2645	0.2709	0.2765	0.2815	0.2859	0.2898	0.2933	0.2966	0.2995	0.3022	0.3046	0.3069
17	0.1191	0.1636	0.1929	0.2142	0.2306	0.2438	0.2547	0.2638	0.2716	0.2783	0.2842	0.2894	0.2941	0.2982	0.3020	0.3054	0.3085	0.3113	0.3139	0.3163
18	0.1207	0.1663	0.1964	0.2184	0.2354	0.2491	0.2604	0.2699	0.2780	0.2850	0.2912	0.2967	0.3015	0.3059	0.3099	0.3134	0.3167	0.3197	0.3224	0.3250
19	0.1222	0.1688	0.1996	0.2222	0.2398	0.2539	0.2656	0.2754	0.2839	0.2912	0.2977	0.3033	0.3084	0.3130	0.3171	0.3209	0.3243	0.3274	0.3303	0.3330
20	0.1235	0.1710	0.2025	0.2257	0.2437	0.2583	0.2704	0.2806	0.2893	0.2969	0.3036	0.3095	0.3148	0.3195	0.3238	0.3277	0.3313	0.3346	0.3376	0.3404

续表

$(\alpha = 0.005)$

n_2	n_1																			
	1	2	3	4	5	6	7	8	9	10	11	12	13	14	15	16	17	18	19	20
1	0.0062	0.0050	0.0046	0.0045	0.0043	0.0043	0.0042	0.0042	0.0042	0.0041	0.0041	0.0041	0.0041	0.0041	0.0041	0.0041	0.0040	0.0040	0.0040	0.0040
2	0.0540	0.0526	0.0522	0.0520	0.0518	0.0517	0.0517	0.0516	0.0516	0.0516	0.0515	0.0515	0.0515	0.0515	0.0515	0.0515	0.0514	0.0514	0.0514	0.0514
3	0.0987	0.1047	0.1078	0.1097	0.1109	0.1118	0.1125	0.1131	0.1135	0.1138	0.1141	0.1144	0.1146	0.1147	0.1149	0.1150	0.1152	0.1153	0.1154	0.1155
4	0.1297	0.1440	0.1517	0.1565	0.1598	0.1623	0.1641	0.1655	0.1667	0.1677	0.1685	0.1692	0.1697	0.1703	0.1707	0.1711	0.1715	0.1718	0.1721	0.1723
5	0.1513	0.1728	0.1849	0.1926	0.1980	0.2020	0.2051	0.2075	0.2095	0.2112	0.2126	0.2138	0.2148	0.2157	0.2165	0.2172	0.2178	0.2184	0.2189	0.2194
6	0.1670	0.1944	0.2102	0.2206	0.2279	0.2334	0.2377	0.2411	0.2440	0.2463	0.2483	0.2500	0.2515	0.2528	0.2539	0.2550	0.2559	0.2567	0.2574	0.2581
7	0.1788	0.2111	0.2301	0.2427	0.2518	0.2587	0.2641	0.2684	0.2720	0.2750	0.2775	0.2797	0.2817	0.2833	0.2848	0.2862	0.2874	0.2884	0.2894	0.2903
8	0.1881	0.2243	0.2459	0.2606	0.2712	0.2793	0.2857	0.2909	0.2951	0.2988	0.3018	0.3045	0.3068	0.3089	0.3107	0.3123	0.3138	0.3151	0.3163	0.3174
9	0.1954	0.2349	0.2589	0.2752	0.2872	0.2964	0.3037	0.3096	0.3146	0.3187	0.3223	0.3254	0.3281	0.3305	0.3327	0.3346	0.3363	0.3378	0.3393	0.3405
10	0.2014	0.2437	0.2697	0.2875	0.3007	0.3108	0.3189	0.3256	0.3311	0.3358	0.3398	0.3433	0.3464	0.3491	0.3515	0.3537	0.3556	0.3574	0.3590	0.3605
11	0.2064	0.2511	0.2788	0.2979	0.3121	0.3231	0.3320	0.3392	0.3453	0.3504	0.3549	0.3587	0.3621	0.3651	0.3678	0.3702	0.3724	0.3744	0.3762	0.3779
12	0.2106	0.2574	0.2865	0.3068	0.3220	0.3338	0.3432	0.3511	0.3576	0.3632	0.3680	0.3722	0.3759	0.3792	0.3821	0.3848	0.3872	0.3893	0.3913	0.3931
13	0.2143	0.2628	0.2932	0.3146	0.3305	0.3430	0.3531	0.3614	0.3684	0.3744	0.3796	0.3841	0.3881	0.3916	0.3948	0.3976	0.4002	0.4026	0.4047	0.4067
14	0.2174	0.2675	0.2991	0.3213	0.3380	0.3512	0.3618	0.3706	0.3780	0.3843	0.3898	0.3946	0.3988	0.4026	0.4060	0.4091	0.4118	0.4144	0.4167	0.4188
15	0.2201	0.2716	0.3042	0.3273	0.3447	0.3584	0.3695	0.3787	0.3865	0.3931	0.3989	0.4040	0.4085	0.4125	0.4161	0.4193	0.4222	0.4249	0.4274	0.4296
16	0.2225	0.2752	0.3087	0.3326	0.3506	0.3648	0.3763	0.3859	0.3941	0.4010	0.4071	0.4124	0.4171	0.4214	0.4251	0.4285	0.4316	0.4345	0.4371	0.4395
17	0.2247	0.2784	0.3128	0.3373	0.3559	0.3706	0.3825	0.3925	0.4009	0.4082	0.4145	0.4201	0.4250	0.4294	0.4333	0.4369	0.4402	0.4431	0.4459	0.4484
18	0.2266	0.2813	0.3165	0.3416	0.3606	0.3758	0.3881	0.3984	0.4071	0.4146	0.4212	0.4270	0.4321	0.4367	0.4408	0.4445	0.4479	0.4510	0.4539	0.4565
19	0.2283	0.2839	0.3198	0.3454	0.3650	0.3805	0.3932	0.4038	0.4128	0.4205	0.4273	0.4333	0.4386	0.4433	0.4476	0.4515	0.4550	0.4582	0.4612	0.4639
20	0.2298	0.2863	0.3227	0.3489	0.3689	0.3848	0.3978	0.4087	0.4179	0.4259	0.4329	0.4391	0.4445	0.4494	0.4539	0.4579	0.4615	0.4649	0.4679	0.4708

续表

($\alpha = 0.1$)

n_2	n_1=1	2	3	4	5	6	7	8	9	10	11	12	13	14	15	16	17	18	19	20
1	0.0251	0.0202	0.0187	0.0179	0.0175	0.0172	0.0170	0.0168	0.0167	0.0166	0.0165	0.0165	0.0164	0.0164	0.0163	0.0163	0.0163	0.0162	0.0162	0.0162
2	0.1173	0.1111	0.1091	0.1082	0.1076	0.1072	0.1070	0.1068	0.1066	0.1065	0.1064	0.1063	0.1062	0.1062	0.1061	0.1061	0.1060	0.1060	0.1059	0.1059
3	0.1806	0.1831	0.1855	0.1872	0.1884	0.1892	0.1899	0.1904	0.1908	0.1912	0.1915	0.1917	0.1919	0.1921	0.1923	0.1924	0.1926	0.1927	0.1928	0.1929
4	0.2200	0.2312	0.2386	0.2435	0.2469	0.2494	0.2513	0.2528	0.2541	0.2551	0.2560	0.2567	0.2573	0.2579	0.2584	0.2588	0.2592	0.2595	0.2598	0.2601
5	0.2463	0.2646	0.2763	0.2841	0.2896	0.2937	0.2969	0.2995	0.3015	0.3033	0.3047	0.3060	0.3071	0.3080	0.3088	0.3096	0.3102	0.3108	0.3114	0.3119
6	0.2648	0.2887	0.3041	0.3144	0.3218	0.3274	0.3317	0.3352	0.3381	0.3405	0.3425	0.3443	0.3458	0.3471	0.3483	0.3493	0.3503	0.3511	0.3519	0.3526
7	0.2786	0.3070	0.3253	0.3378	0.3468	0.3537	0.3591	0.3634	0.3670	0.3700	0.3726	0.3748	0.3767	0.3784	0.3799	0.3812	0.3824	0.3835	0.3845	0.3854
8	0.2892	0.3212	0.3420	0.3563	0.3668	0.3748	0.3811	0.3862	0.3904	0.3940	0.3971	0.3997	0.4020	0.4040	0.4058	0.4074	0.4089	0.4102	0.4114	0.4124
9	0.2976	0.3326	0.3555	0.3714	0.3831	0.3920	0.3992	0.4050	0.4098	0.4139	0.4173	0.4204	0.4230	0.4253	0.4274	0.4293	0.4309	0.4325	0.4338	0.4351
10	0.3044	0.3419	0.3666	0.3838	0.3966	0.4064	0.4143	0.4207	0.4260	0.4306	0.4344	0.4378	0.4408	0.4434	0.4457	0.4478	0.4497	0.4514	0.4530	0.4544
11	0.3101	0.3497	0.3759	0.3943	0.4080	0.4186	0.4271	0.4340	0.4399	0.4448	0.4490	0.4527	0.4560	0.4589	0.4614	0.4638	0.4658	0.4677	0.4694	0.4710
12	0.3148	0.3563	0.3838	0.4032	0.4177	0.4290	0.4381	0.4455	0.4518	0.4571	0.4617	0.4657	0.4692	0.4723	0.4751	0.4776	0.4799	0.4819	0.4838	0.4855
13	0.3189	0.3619	0.3906	0.4109	0.4261	0.4380	0.4476	0.4555	0.4621	0.4678	0.4727	0.4770	0.4807	0.4841	0.4871	0.4897	0.4922	0.4944	0.4964	0.4983
14	0.3224	0.3668	0.3965	0.4176	0.4335	0.4459	0.4560	0.4643	0.4713	0.4772	0.4824	0.4869	0.4909	0.4945	0.4976	0.5005	0.5031	0.5054	0.5076	0.5096
15	0.3254	0.3710	0.4016	0.4235	0.4399	0.4529	0.4634	0.4720	0.4793	0.4856	0.4910	0.4958	0.5000	0.5037	0.5070	0.5101	0.5128	0.5153	0.5176	0.5197
16	0.3281	0.3748	0.4062	0.4287	0.4457	0.4591	0.4699	0.4789	0.4865	0.4931	0.4987	0.5037	0.5081	0.5120	0.5155	0.5187	0.5215	0.5241	0.5265	0.5287
17	0.3304	0.3781	0.4103	0.4333	0.4508	0.4646	0.4758	0.4851	0.4930	0.4998	0.5056	0.5108	0.5154	0.5194	0.5231	0.5264	0.5294	0.5321	0.5346	0.5370
18	0.3326	0.3811	0.4139	0.4375	0.4554	0.4696	0.4811	0.4907	0.4988	0.5058	0.5119	0.5172	0.5220	0.5262	0.5300	0.5334	0.5365	0.5394	0.5420	0.5444
19	0.3345	0.3838	0.4172	0.4412	0.4596	0.4741	0.4859	0.4958	0.5041	0.5113	0.5176	0.5231	0.5280	0.5323	0.5363	0.5398	0.5431	0.5460	0.5487	0.5512
20	0.3362	0.3862	0.4202	0.4447	0.4633	0.4782	0.4903	0.5004	0.5089	0.5163	0.5228	0.5284	0.5335	0.5380	0.5420	0.5457	0.5490	0.5521	0.5549	0.5575

附表 5 泊松分布表

$$P(X=m)=\frac{\lambda^m}{m!}\mathrm{e}^{-\lambda}$$

m	λ							
	0.1	0.2	0.3	0.4	0.5	0.6	0.7	0.8
0	0.904837	0.818731	0.740818	0.670320	0.606531	0.548812	0.496585	0.449329
1	0.090484	0.163746	0.222245	0.268128	0.303265	0.329287	0.347610	0.359463
2	0.004524	0.016375	0.033337	0.053626	0.075816	0.098786	0.121663	0.143785
3	0.000151	0.001092	0.003334	0.007150	0.012636	0.019757	0.028388	0.038343
4	0.000004	0.000055	0.000250	0.000715	0.001580	0.002964	0.004968	0.007669
5		0.000002	0.000015	0.000057	0.000158	0.000356	0.000696	0.001227
6			0.000001	0.000004	0.000013	0.000036	0.000081	0.000164
7					0.000001	0.000003	0.000008	0.000019
8							0.000001	0.000002
9								

m	λ							
	0.9	1.0	1.5	2.0	2.5	3.0	3.5	4.0
0	0.406570	0.367879	0.223130	0.135335	0.082085	0.049787	0.030197	0.018316
1	0.365913	0.367879	0.334695	0.270671	0.205212	0.149361	0.105691	0.073263
2	0.164661	0.183940	0.251021	0.270671	0.256516	0.224042	0.184959	0.146525
3	0.049398	0.061313	0.125511	0.180447	0.213763	0.224042	0.215785	0.195367
4	0.011115	0.015328	0.047067	0.090224	0.133602	0.168031	0.188812	0.195367
5	0.002001	0.003066	0.014120	0.036089	0.066801	0.100819	0.132169	0.156293
6	0.000300	0.000511	0.003530	0.012030	0.027834	0.050409	0.077098	0.104196
7	0.000039	0.000073	0.000756	0.003437	0.009941	0.021604	0.038549	0.059540
8	0.000004	0.000009	0.000142	0.000859	0.003106	0.008102	0.016865	0.029770
9		0.000001	0.000024	0.000191	0.000863	0.002701	0.006559	0.013231
10			0.000004	0.000038	0.000216	0.000810	0.002296	0.005292
11				0.000007	0.000049	0.000221	0.000730	0.001925
12				0.000001	0.000010	0.000055	0.000213	0.000642
13					0.000002	0.000013	0.000057	0.000197
14						0.000003	0.000014	0.000056
15						0.000001	0.000003	0.000015
16							0.000001	0.000004
17								0.000001

续表

m	λ							
	4.5	5.0	5.5	6.0	6.5	7.0	7.5	8.0
0	0.011109	0.006738	0.004087	0.002479	0.001303	0.000912	0.000353	0.000335
1	0.049990	0.033690	0.022477	0.014873	0.009772	0.006383	0.004148	0.002684
2	0.112479	0.084224	0.061812	0.044618	0.031760	0.022341	0.015555	0.010735
3	0.168718	0.140374	0.113323	0.089235	0.068814	0.052129	0.038889	0.028626
4	0.189808	0.175467	0.155814	0.133853	0.111822	0.041226	0.072916	0.057252
5	0.170827	0.175467	0.171401	0.160623	0.145369	0.127717	0.109375	0.091604
6	0.128120	0.146223	0.157117	0.160623	0.157483	0.149003	0.136718	0.122138
7	0.082363	0.104445	0.123449	0.137677	0.146234	0.149003	0.146484	0.139587
8	0.046329	0.065278	0.084871	0.103258	0.118815	0.130377	0.137329	0.139587
9	0.023165	0.036266	0.051866	0.068838	0.085811	0.101405	0.114440	0.124077
10	0.010424	0.018133	0.028526	0.041303	0.055777	0.070983	0.085830	0.099262
11	0.004264	0.008242	0.014263	0.022529	0.032959	0.045171	0.058521	0.072190
12	0.001599	0.003434	0.006537	0.011264	0.017853	0.026350	0.036575	0.048127
13	0.000554	0.001321	0.002766	0.005199	0.008926	0.014188	0.021101	0.029616
14	0.000178	0.000472	0.001087	0.002228	0.004144	0.007094	0.011304	0.016924
15	0.000053	0.000157	0.000398	0.000891	0.001796	0.003311	0.005652	0.009026
16	0.000015	0.000049	0.000137	0.000334	0.000730	0.001448	0.002649	0.004513
17	0.000004	0.000014	0.000044	0.000118	0.000279	0.000596	0.001169	0.002124
18	0.000001	0.000004	0.000014	0.000039	0.000101	0.000232	0.000487	0.000944
19		0.000001	0.000004	0.000012	0.000034	0.000085	0.000192	0.000397
20			0.000001	0.000004	0.000011	0.000030	0.000072	0.000159
21				0.000001	0.000003	0.000010	0.000026	0.000061
22					0.000001	0.000003	0.000009	0.000022
23						0.000001	0.000003	0.000008
24							0.000001	0.000003
25								0.000001

续表

m	λ							
	8.5	9.0	9.5	10	12	15	18	20
0	0.000203	0.000123	0.000075	0.000045	0.000006	0.000000	0.000000	0.000000
1	0.001729	0.001111	0.000711	0.000454	0.000074	0.000005	0.000000	0.000000
2	0.007350	0.004998	0.003378	0.002270	0.000442	0.000034	0.000002	0.000000
3	0.020826	0.014994	0.010696	0.007567	0.001770	0.000172	0.000015	0.000003
4	0.044255	0.033737	0.025403	0.018917	0.005309	0.000645	0.000067	0.000014
5	0.075233	0.060727	0.048266	0.037833	0.012741	0.001936	0.000240	0.000055
6	0.106581	0.091090	0.076421	0.063055	0.025481	0.004839	0.000719	0.000183
7	0.129419	0.117116	0.103714	0.090079	0.043682	0.010370	0.001850	0.000523
8	0.137508	0.131756	0.123160	0.112599	0.065523	0.019444	0.004163	0.001309
9	0.129869	0.131756	0.130003	0.125110	0.087364	0.032407	0.008325	0.002908
10	0.110388	0.118580	0.123502	0.125110	0.104837	0.048611	0.014985	0.005816
11	0.085300	0.097020	0.106661	0.113736	0.114368	0.066287	0.024521	0.010575
12	0.060421	0.072765	0.084440	0.094780	0.114368	0.082859	0.036782	0.017625
13	0.039506	0.050376	0.061706	0.072908	0.105570	0.095607	0.050929	0.027116
14	0.023986	0.032384	0.041872	0.052077	0.090489	0.102436	0.065480	0.038737
15	0.013592	0.019431	0.026519	0.034718	0.072391	0.102436	0.078576	0.051649
16	0.007221	0.010930	0.015746	0.021699	0.054293	0.096034	0.088397	0.064561
17	0.003610	0.005786	0.008799	0.012764	0.038325	0.084736	0.093597	0.075954
18	0.001705	0.002893	0.004644	0.007091	0.025550	0.070613	0.093597	0.084394
19	0.000763	0.001370	0.002322	0.003732	0.016137	0.055747	0.088671	0.088835
20	0.000324	0.000617	0.001103	0.001866	0.009682	0.041810	0.079804	0.088835
21	0.000131	0.000264	0.000499	0.000889	0.005533	0.029865	0.068403	0.084605
22	0.000051	0.000108	0.000215	0.000404	0.003018	0.020362	0.055966	0.076914
23	0.000019	0.000042	0.000089	0.000176	0.001574	0.013280	0.043800	0.066881
24	0.000007	0.000016	0.000035	0.000073	0.000787	0.008300	0.032850	0.055735
25	0.000002	0.000006	0.000013	0.000029	0.000378	0.004980	0.023652	0.044588
26	0.000001	0.000002	0.000005	0.000011	0.000174	0.002873	0.016374	0.034298
27		0.000001	0.000002	0.000004	0.000078	0.001596	0.010916	0.025406
28			0.000001	0.000001	0.000033	0.000855	0.007018	0.018147
29				0.000001	0.000014	0.000442	0.004356	0.012515
30					0.000005	0.000221	0.002613	0.008344
31					0.000002	0.000107	0.001517	0.005383
32					0.000001	0.000050	0.000854	0.003364
33						0.000023	0.000466	0.002039
34						0.000010	0.000246	0.001199
35						0.000004	0.000127	0.000685
36						0.000002	0.000063	0.000381
37						0.000001	0.000031	0.000206
38							0.000015	0.000108
39							0.000007	0.000056